영재학교, 영재교육원,
경시대회 준비를 위한

창의사고력
초등수학

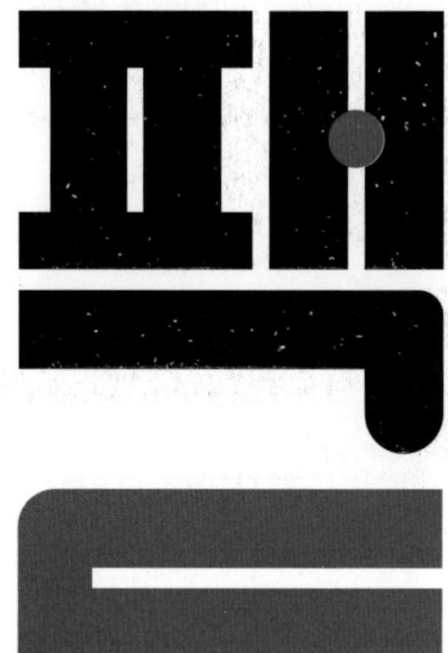

수 · 퍼즐 · 측정

머리말

“

서로 다른 펜토미노 조각 퍼즐을 맞추어
직사각형 모양을 만들어 본 경험이 있는지요?

한참을 고민하여 스스로 완성한 후 느끼는 행복은 꼭 말로 표현하지 않아도 알겠지요. 퍼즐 놀이를 했을 뿐인데, 여러분은 펜토미노 12조각을 어느 사이에 모두 외워버리게 된답니다. 또 보도블록을 보면서 조각 맞추기를 하고, 화장실 바닥과 벽면의 조각들을 보면서 멋진 퍼즐을 스스로 만들기도 한답니다.
이 과정에서 공간에 대한 감각과 또 다른 퍼즐 문제, 도형 맞추기, 도형 나누기 에 대한 자신감도 생기게 되지요. 완성했다는 행복감보다 더 큰 자신감과 수학에 대한 흥미가 생기게 되는 것입니다.

팩토가 만드는 창의사고력 수학은 바로 이런 것입니다.

수학 문제를 한 문제 풀었을 뿐인데, 그 결과는 기대 이상으로 여러분을 행복하게 해줍니다. 학교에서도 친구들과 다른 멋진 방법으로 문제를 해결할 수 있고, 중학생이 되어서는 더 큰 꿈을 이루는 밑거름이 되어 줄 것입니다.
물론 고민하고, 시행착오를 반복하는 것은 퍼즐을 맞추는 것과 같이 여러분들의 몫입니다. 팩토는 여러분에게 생각할 수 있는 기회를 주고, 그 과정에서 포기하지 않도록 여러분들을 도와주는 친구가 되어줄 것입니다.
자 그럼 시작해 볼까요?

”

Contents

Ⅰ 수

Ⅱ 퍼즐

Ⅲ 측정

구성과 특징

팩토를 공부하기 前 » 진단평가

1 매스티안 홈페이지 www.mathtian.com의 교재 자료실에서 해당 학년의 진단평가 시험지와 정답지를 다운로드 하여 출력한 후 정해진 시간 안에 풀어 봅니다.

2 학부모님 또는 선생님이 정답지를 참고하여 채점하고 채점한 결과를 홈페이지에 입력한 후 팩토 교재 추천을 받습니다.

팩토를 공부하는 방법

① 원리 탐구하기

하나의 주제에서 배우게 될 중요한 2가지 원리를 요약 정리하였습니다.

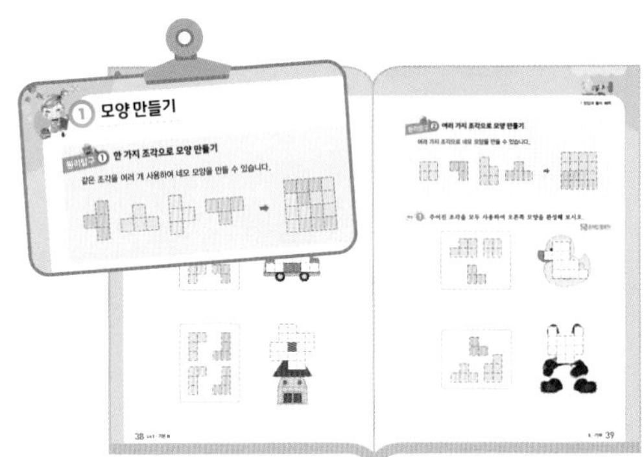

② 대표 유형 익히기

각종 경시대회, 영재교육원 기출 유형을 대표 문제로 소개하며 사고의 흐름을 단계별로 전개하였습니다.

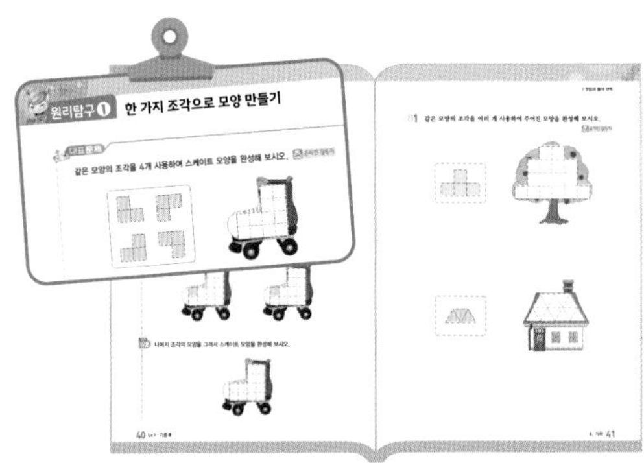

③ 실력 키우기

다양한 통합형 문제를 빠짐없이 수록하여 내실있는 마무리 학습을 제공합니다.

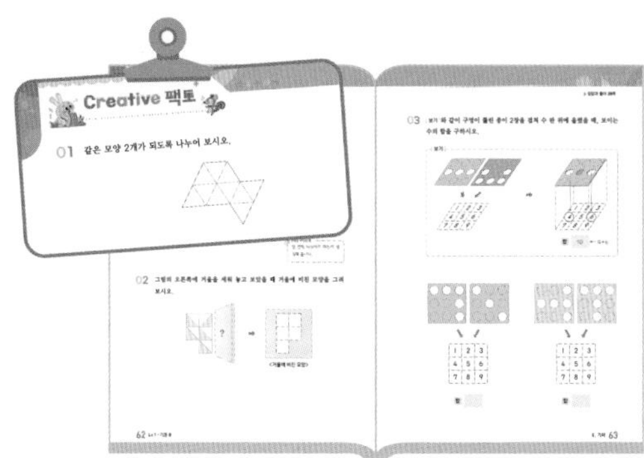

④ 영재교육원 다가서기

경시대회는 물론 새로워진 영재교육원 선발 문제인 영재성 검사를 경험할 수 있는 개방형, 다답형 문제를 담았습니다.

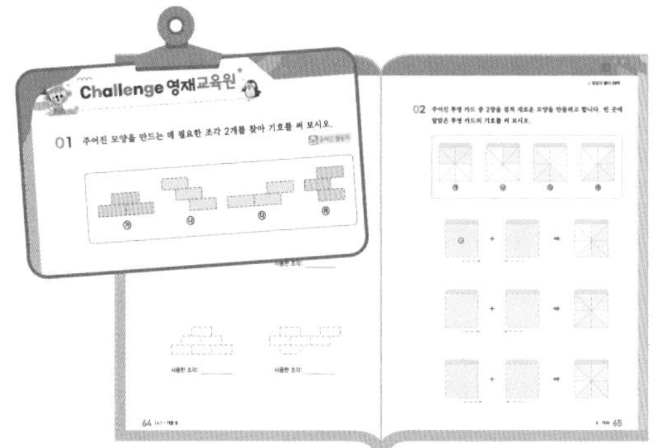

⑤ 명확한 정답 & 친절한 풀이

채점하기 편하게 직관적으로 정답을 구성하였고, 틀린 문제를 이해하거나 다양한 접근을 할 수 있도록 친절하게 풀이를 담았습니다.

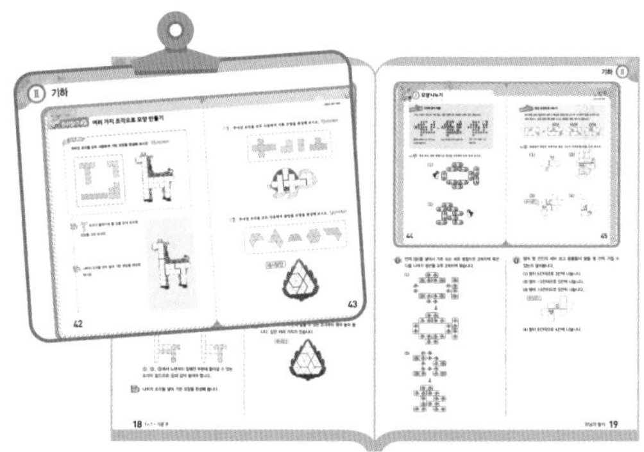

팩토를 공부하고 난 後 » 형성평가·총괄평가

1. 팩토 교재의 부록으로 제공된 형성평가와 총괄평가를 정해진 시간 안에 풀어 봅니다.
2. 학부모님 또는 선생님이 정답지를 참고하여 채점하고 채점한 결과를 매스티안 홈페이지 www.mathtian.com에 입력한 후 학습 성취도와 다음에 공부할 팩토 교재 추천을 받습니다.

I

수

계획한 대로 공부한 날은 😀 에, 공부하지 못한 날은 ☹ 에 ○표 하세요.

공부할 내용	공부할 날짜	확 인
1 수와 숫자	월 일	😀 ☹
2 디지털 숫자	월 일	😀 ☹
3 짝수와 홀수	월 일	😀 ☹
4 조건에 맞는 수	월 일	😀 ☹
Creative 팩토	월 일	😀 ☹
Challenge 영재교육원	월 일	😀 ☹

1 수와 숫자

원리탐구 1 수와 숫자의 개수

우리가 사용하고 있는 수는 0부터 9까지의 숫자로 이루어져 있습니다.

4, 5, 10, 26, 33

수의 개수: 4, 5, 10, 26, 33 → 5개

숫자의 개수: 4, 5, 1, 0, 2, 6, 3, 3 → 8개

확인 1. 수와 숫자를 구분하여 각각의 개수를 세어 보시오.

보기

4, 17, 29, 50

4, 17, 29, 50 →

수의 개수: 4 개

숫자의 개수: 7 개

4, 1, 7, 2, 9, 5, 0 →

1, 8, 36, 44, 62

수의 개수: ☐ 개

숫자의 개수: ☐ 개

7, 12, 43, 59, 86

수의 개수: ☐ 개

숫자의 개수: ☐ 개

3, 20, 51, 78, 100

수의 개수: ☐ 개

숫자의 개수: ☐ 개

원리탐구 ② 고대수

고대 로마 수는 I(1), V(5), X(10)…을 여러 번 사용하여 만듭니다.

큰 수가 작은 수보다 앞에 있으면 **더합니다.**	작은 수가 큰 수보다 앞에 있으면 **뺍니다.**
VI (5 1) ➡ 5+1=6	IV (1 5) ➡ 5−1=4
XI (10 1) ➡ 10+1=11	IX (1 10) ➡ 10−1=9

확인 1. 고대수의 규칙을 찾아 □ 안에 알맞은 고대수를 써넣으시오.

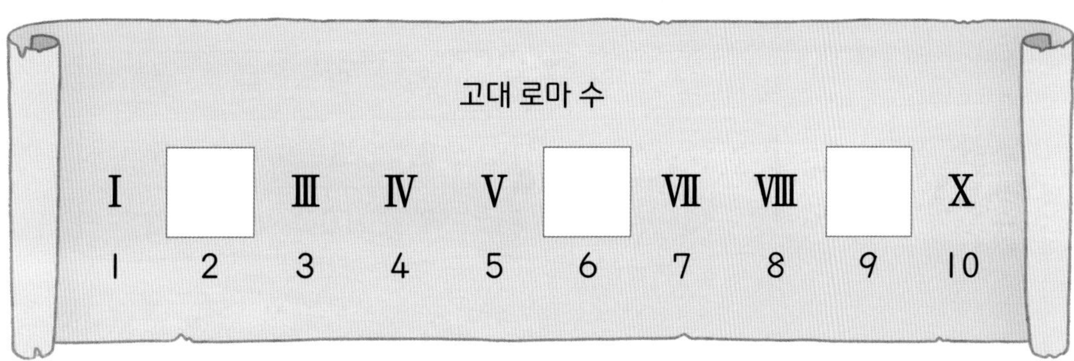

고대 중국 수

I	II	□	…	IIIII	ㅜ	ㅠ	…	□	一
1	2	3		5	6	7		9	10

수와 숫자의 개수

찢어진 달력에 있는 수의 개수와 숫자의 개수를 각각 세어 보시오.

12월

일	월	화	수	목	금	토
		1	2	3	4	5
6	7	8	9	10	11	12

STEP 01 달력에서 수를 찾아 ○표 하시오.

12월

일	월	화	수	목	금	토
		1	2	3	4	5
6	7	8	9	10	11	12

STEP 02 달력에서 숫자를 찾아 ○표 하시오.

12월

일	월	화	수	목	금	토
		1	2	3	4	5
6	7	8	9	10	11	12

수와 숫자의 개수는 각각 몇 개입니까?

› 정답과 풀이 3쪽

01 **1부터 30까지의 수 배열표가 있습니다. 물음에 답해 보시오.**

1	2	3	4	5	6	7	8	9	10
11	12	13	14	15	16	17	18	19	20
21	22	23	24	25	26	27	28	29	30

(1) 수는 모두 몇 개입니까?

(2) 숫자 9는 모두 몇 개입니까?

(3) 숫자 2는 모두 몇 개입니까?

고대수

대표문제

고대 로마 수는 Ⅰ, Ⅴ, Ⅹ를 여러 번 사용하여 만듭니다.

Ⅰ	Ⅴ	Ⅹ	Ⅲ	Ⅵ	Ⅸ
1	5	10	3	6	9

☐ 안에 알맞은 고대 로마 수를 써넣으시오.

Ⅱ + Ⅴ = ☐　　　　Ⅹ − Ⅵ = ☐

STEP 01 고대 로마 수가 나타내는 수를 써넣고 계산해 보시오.

Ⅱ + Ⅴ
2 + ☐ = ☐

Ⅹ − Ⅵ
☐ − ☐ = ☐

STEP 02 STEP 01의 계산 결과를 보고 고대 로마 수로 써 보시오.

Ⅱ + Ⅴ = ☐　　　　Ⅹ − Ⅵ = ☐

정답과 풀이 4쪽

01 다음은 고대 이집트 수입니다. ▢ 안에 알맞은 고대 이집트 수를 써넣으시오.

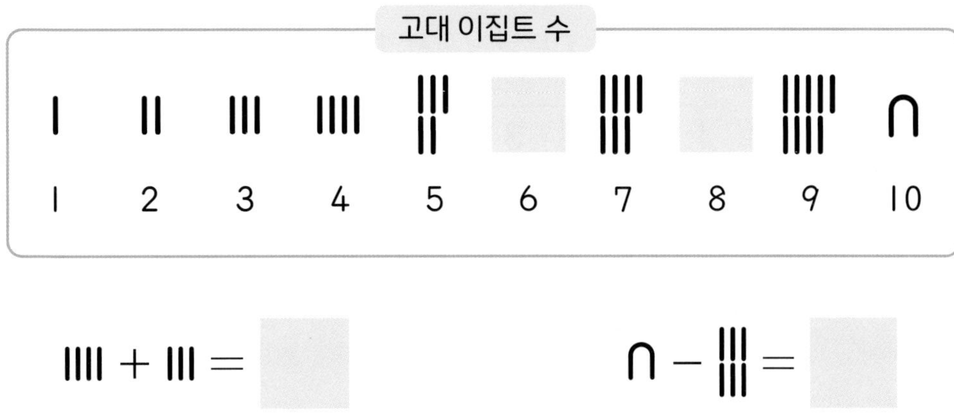

02 친구들이 쓴 고대 그리스 수 중 가장 큰 수와 가장 작은 수의 합을 고대 그리스 수로 써 보시오.

② 디지털 숫자

디지털 숫자 만들기

다음은 막대를 사용하여 만든 0부터 9까지의 디지털 숫자입니다.

숫자	0	1	2	3	4	5	6	7	8	9
디지털 숫자	0	1	2	3	4	5	6	7	8	9

확인 ①. 디지털 시계를 보고 몇 시 몇 분인지 써 보시오.

3:20

( ) 시 ( ) 분

8:35

( ) 시 ( ) 분

확인 ②. 주어진 수를 디지털 숫자로 나타내어 보시오.

2 ➡

4 ➡

7 ➡

9 ➡

원리탐구 ② 디지털 숫자 바꾸기

막대를 옮기거나, 더하거나 빼서 다른 숫자로 만들 수 있습니다.

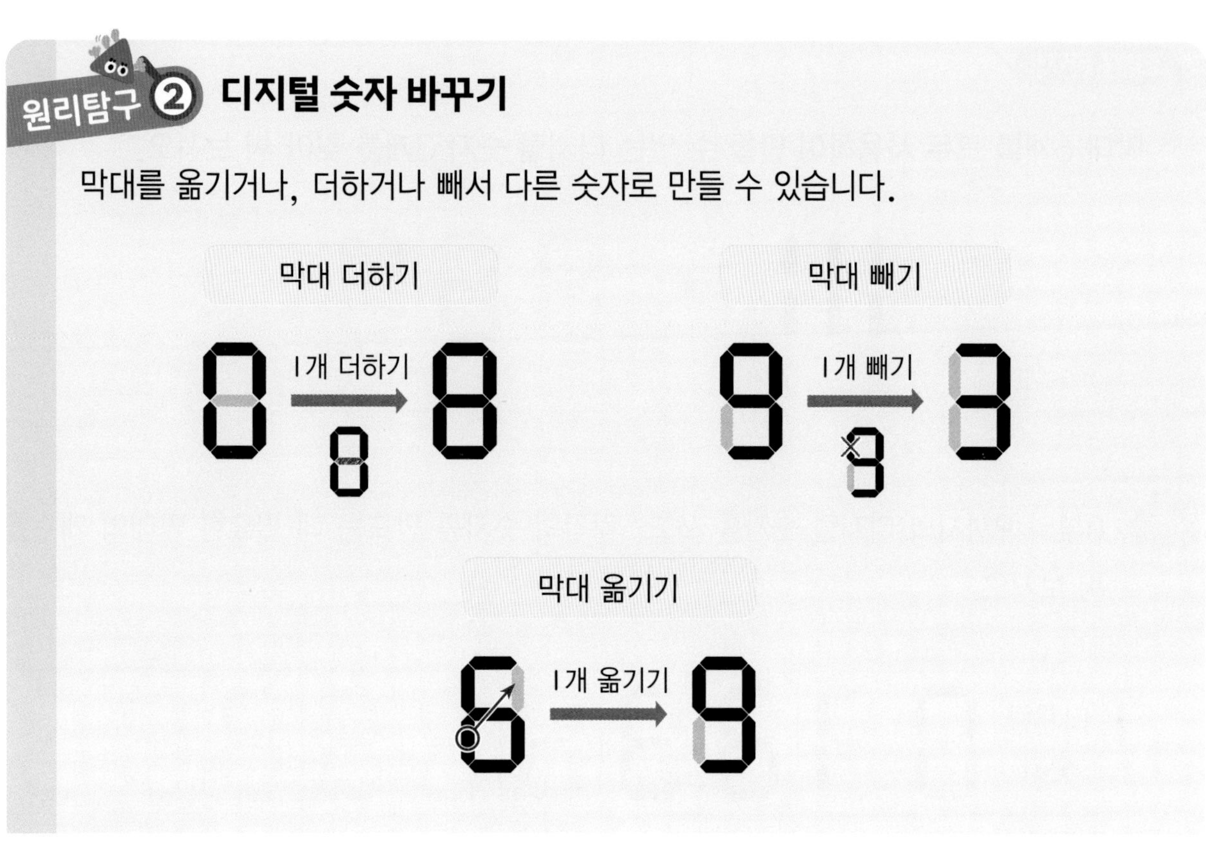

확인 1. 막대 1개를 더하거나 빼서 다른 숫자를 만들어 보시오. 온라인 활동지

확인 2. 막대 1개를 옮겨서 다른 숫자를 만들어 보시오. 온라인 활동지

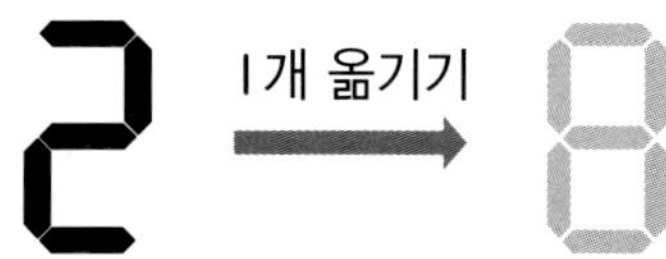

원리탐구 ❶ 디지털 숫자 만들기

대표문제

막대 6개를 모두 사용하여 만들 수 있는 디지털 숫자 3개를 찾아 써 보시오.

온라인 활동지

STEP 01 0부터 9까지의 디지털 숫자를 쓰고, 각각의 숫자를 만드는 데 필요한 막대의 개수를 써 보시오.

디지털 숫자	0	1	2	3						
막대 개수 (개)	6	2								

STEP 02 막대 6개를 모두 사용하여 만들 수 있는 디지털 숫자 3개를 찾아 써 보시오.

정답과 풀이 6쪽

01 디지털 숫자 2를 만드는 데 사용된 막대를 모두 사용하여 만들 수 있는 서로 다른 디지털 숫자 2개를 찾아 써 보시오. 온라인 활동지

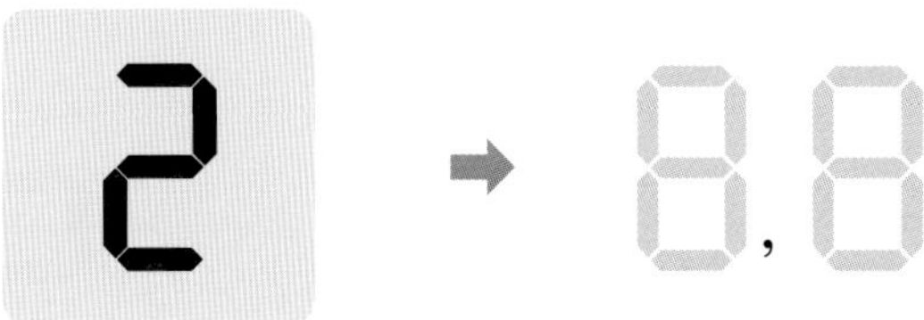

02 막대 4개를 모두 사용하여 만들 수 있는 디지털 수 중에서 더 큰 수를 써 보시오. 온라인 활동지

원리탐구 ② 디지털 숫자 바꾸기

대표문제

숫자 9에서 막대 1개를 옮기거나, 더하거나 빼서 다른 숫자를 만들어 보시오.

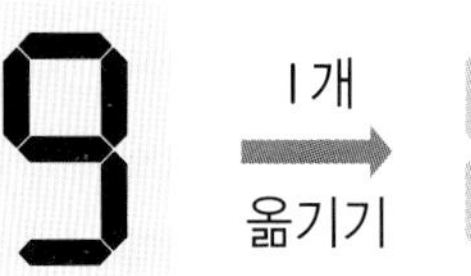

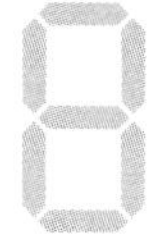

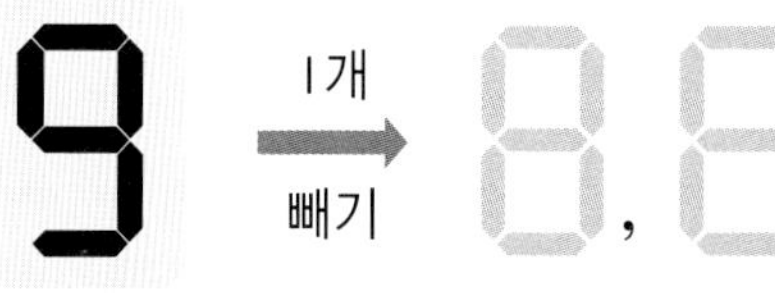

STEP 01 | 보기 |와 같은 방법으로 숫자 9에서 막대 1개를 옮기면서 다른 숫자를 만들어 보시오.

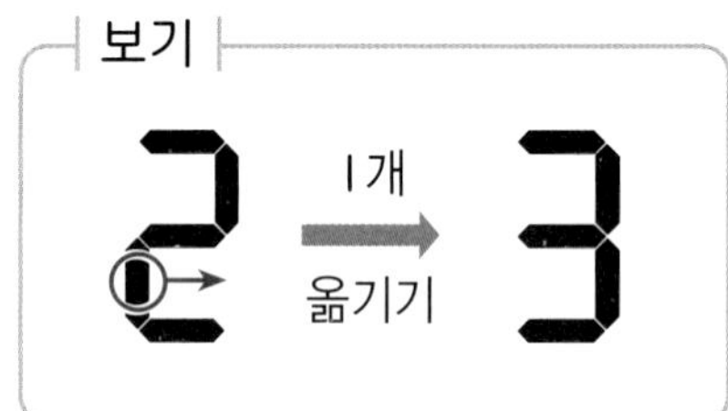

STEP 02 숫자 9에 막대 1개를 더해서 다른 숫자를 만들어 보시오.

STEP 03 | 보기 |와 같은 방법으로 숫자 9에서 막대 1개를 빼면서 다른 숫자를 만들어 보시오.

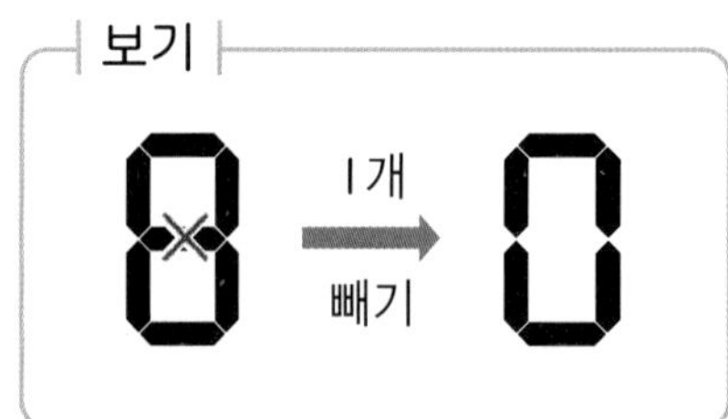

정답과 풀이 7쪽

01 숫자 3에서 막대 1개를 옮기거나 더해서 다른 숫자를 만들어 보시오.

온라인 활동지

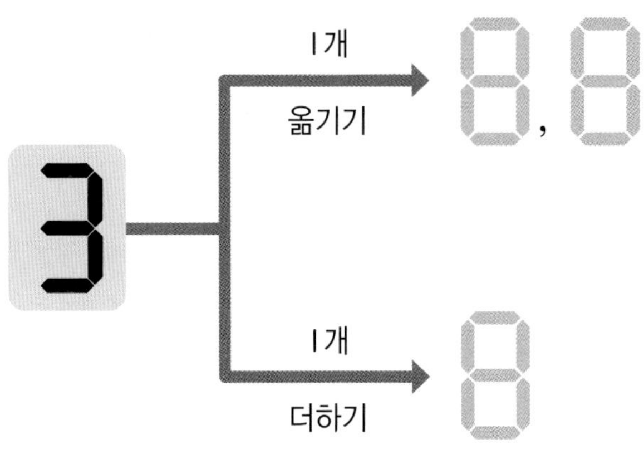

02 올바른 식이 되도록 주어진 식에서 빼야 할 막대 1개에 ×표 하고 올바른 식을 써 보시오.

보기

$8 < 3$ → $8 < 3$ → $0 < 3$

$4 > 9$ → ____________

3 짝수와 홀수

원리탐구 ① 짝수와 홀수의 합

- 짝수: 둘씩 짝을 지을 수 있는 수이며 일의 자리 숫자가 0, 2, 4, 6, 8인 수
- 홀수: 둘씩 짝을 지을 수 없는 수이며 일의 자리 숫자가 1, 3, 5, 7, 9인 수

- (홀수) + (홀수) = (짝수)
- (홀수) + (짝수) = (홀수)
- (짝수) + (홀수) = (홀수)
- (짝수) + (짝수) = (짝수)

확인 1. 계산 결과가 짝수인지 홀수인지 알맞은 말에 ○표 하시오.

2+1	5+3
(짝수, 홀수)	(짝수, 홀수)
4+8	9+7
(짝수, 홀수)	(짝수, 홀수)
24+15	36+32
(짝수, 홀수)	(짝수, 홀수)

정답과 풀이 8쪽

원리탐구 ② 카드 뒤집기

양면에 숫자면과 그림면이 있는 카드를 홀수 번과 짝수 번 뒤집으면 다음과 같습니다.

• 카드를 홀수 번 뒤집으면 처음과 다른 면이 나옵니다.

1번 뒤집기

3번 뒤집기

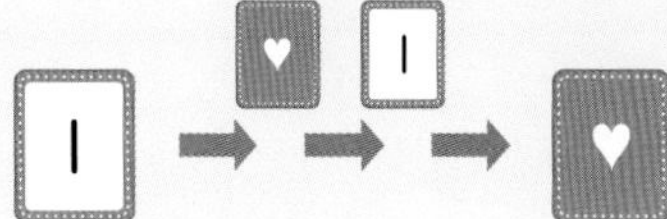

• 카드를 짝수 번 뒤집으면 처음과 같은 면이 나옵니다.

2번 뒤집기

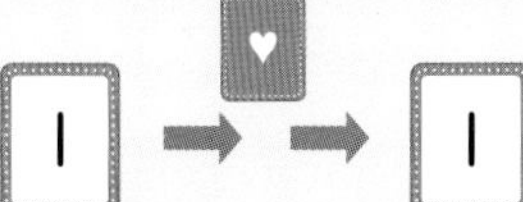

4번 뒤집기

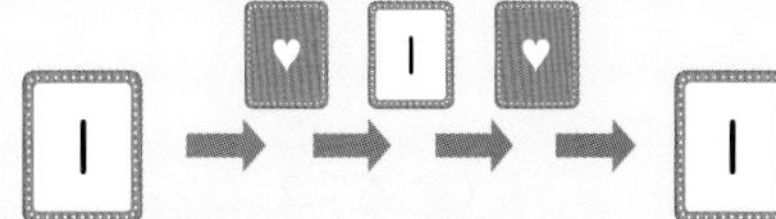

확인 **1.** 주어진 횟수만큼 카드를 뒤집었을 때, ? 에 알맞은 면을 찾아 ○표 하시오.

카드

7 숫자면 ♣ 그림면

7 →(1번) ?

(7, ♣)

7 →(4번) ?

(7, ♣)

7 →(5번) ?

(7, ♣)

원리탐구 ❶ 짝수와 홀수의 합

다음과 같은 과녁에 화살을 쏘아 4번 맞혔을 때, 점수의 합이 될 수 있는 것을 찾아 기호를 써 보시오.

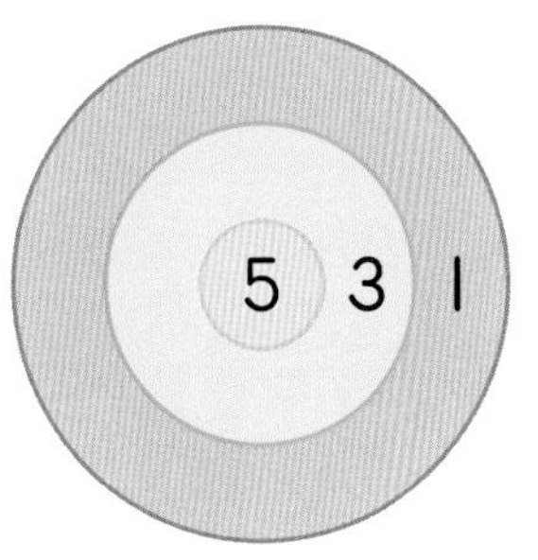

㉮ 2점 ㉯ 9점
㉰ 13점 ㉱ 18점

STEP 01 주어진 식의 계산 결과가 짝수인지 홀수인지 안에 알맞게 써넣으시오.

- (홀수)＋(홀수)＝(　　)
- (홀수)＋(홀수)＋(홀수)＝(　　)
- (홀수)＋(홀수)＋(홀수)＋(홀수)＝(　　)

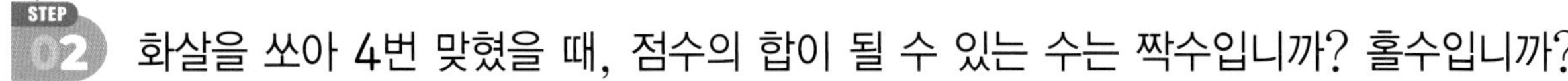

STEP 02 화살을 쏘아 4번 맞혔을 때, 점수의 합이 될 수 있는 수는 짝수입니까? 홀수입니까?

STEP 03 1점에 4번 맞혔을 경우와 5점에 4번 맞혔을 경우 점수의 합은 각각 몇 점입니까?

STEP 04 점수의 합이 될 수 있는 것을 찾아 기호를 써 보시오.

01 유빈이가 OX 퀴즈 대회에 나갔습니다. 맞히면 5점을 얻고, 틀리면 1점을 얻습니다. 5문제를 풀었다면 유빈이의 점수는 짝수입니까? 홀수입니까?

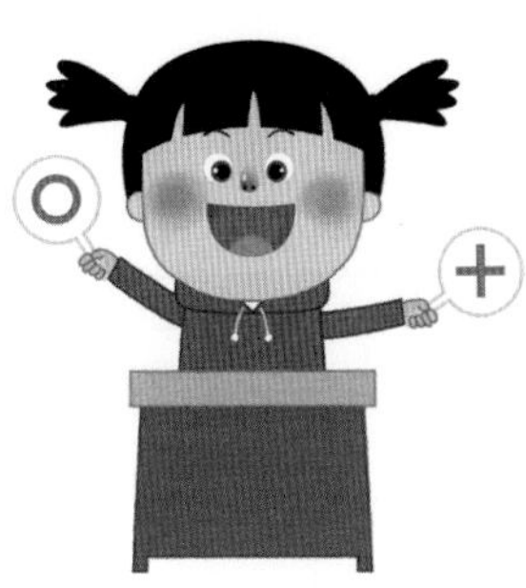

02 1부터 10까지의 수를 더한 값은 짝수입니까? 홀수입니까?

$$1 + 2 + 3 + 4 + 5 + 6 + 7 + 8 + 9 + 10$$

원리탐구 ② 카드 뒤집기

대표문제

동전 2개를 뒤집은 횟수의 합이 3번일 때, ? 에 알맞은 모양을 찾아 ○표 하시오. 온라인 활동지

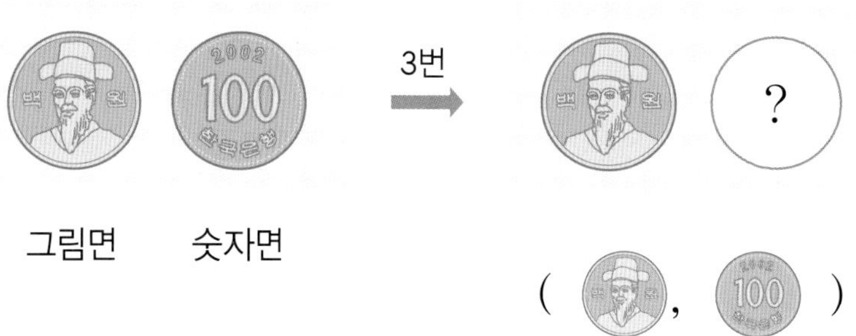

(,)

STEP 01 그림면의 동전을 다음과 같이 뒤집었을 때, 숫자면의 동전은 몇 번 뒤집혀야 하는지 안에 알맞은 수를 써넣으시오.

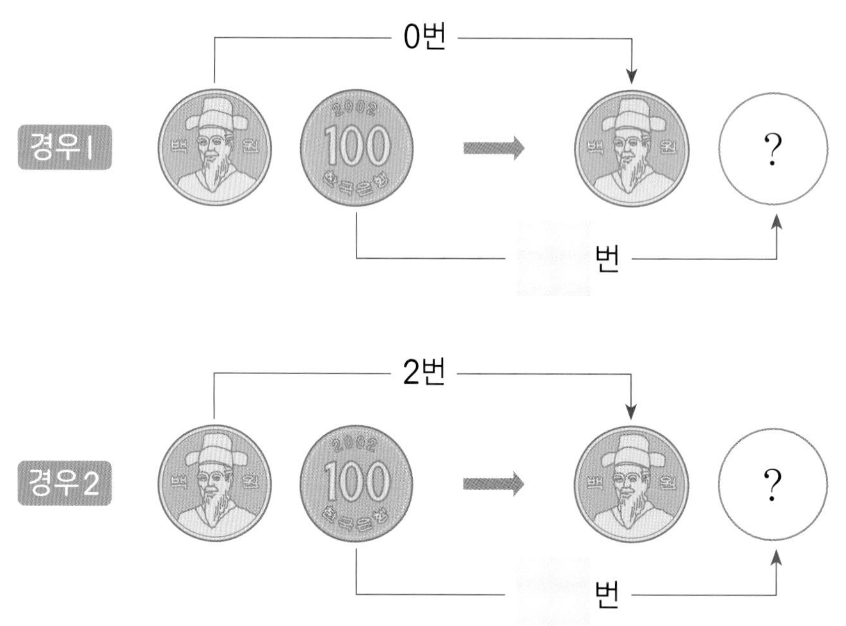

STEP 02 ? 에 알맞은 모양을 찾아 ○표 하시오.

정답과 풀이 10쪽

01 양면이 오른쪽과 같은 카드 2장이 있습니다. 카드 2장을 뒤집은 횟수의 합이 5번일 때, ? 에 알맞은 면은 그림면입니까? 숫자면입니까?

온라인 활동지

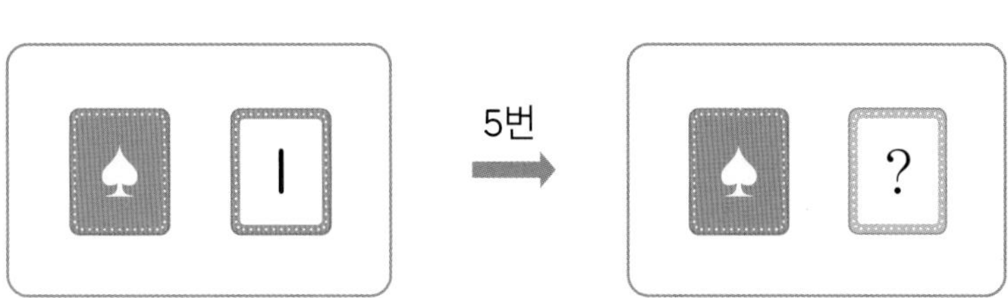

02 왼쪽 탁자 위에 놓여 있는 컵 2개를 각각 뒤집습니다. 컵을 모두 8번 뒤집어서 오른쪽 탁자 위에 놓여 있는 컵과 같은 모양이 되었습니다. ? 에 알맞은 컵의 모양을 찾아 ○표 하시오.

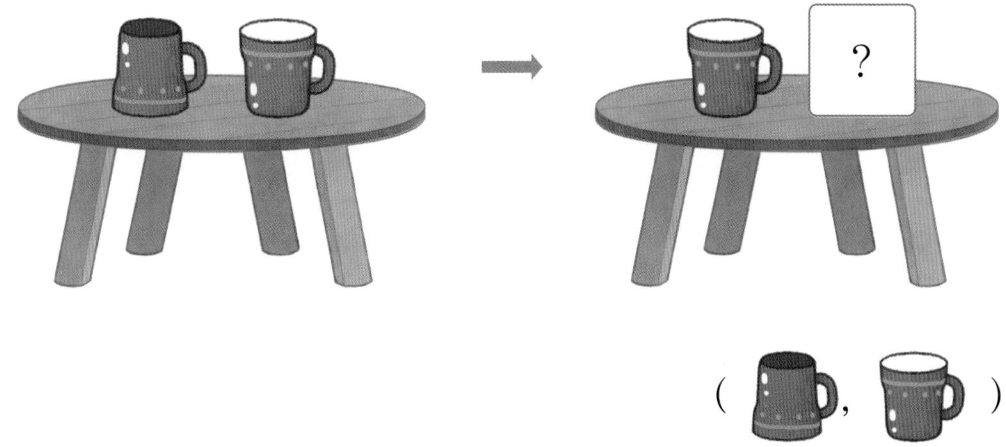

(,)

4 조건에 맞는 수

원리탐구 ① 큰 수와 작은 수 만들기

2, 7, 9 3장의 숫자 카드 중 2장을 사용하여 다음과 같이 두 자리 수를 만들 수 있습니다.

		만들 수 있는 두 자리 수
십의 자리 숫자가 2 인 경우	➡	27, 29
십의 자리 숫자가 7 인 경우	➡	72, 79
십의 자리 숫자가 9 인 경우	➡	92, 97

확인 1. 3장의 숫자 카드 중 2장을 사용하여 두 자리 수를 만들어 보시오.

1 5 9 ➡ □□, □□, □□
□□, □□, □□

0 2 8 ➡ □□, □□, □□
□□

3 3 6 ➡ □□, □□, □□

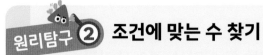

정답과 풀이 11쪽

원리탐구 ② 조건에 맞는 수 찾기

| 조건 |에 맞는 수를 찾을 때 단계별로 알아봅니다.

| 조건 |

10보다 크고 13보다 작은 수

STEP1	10보다 큰 수 찾기	➡	STEP2	13보다 작은 수 찾기

11, 12, 13, 14, 15⋯ 11, 12, ~~13~~, ~~14~~, ~~15~~✕

| 조건 |

십의 자리 수와 일의 자리 수의 합이 3인 두 자리 수

STEP1	합이 3인 두 수 찾기	➡	STEP2	두 자리 수 만들기

$0+3=3$ → 30

$1+2=3$ → 12, 21

확인 1. 다음 | 조건 |에 맞는 수를 모두 찾아 써 보시오.

| 조건 |

25보다 크고 30보다 작은 수

➡ ____________________

| 조건 |

십의 자리 수와 일의 자리 수의 합이 4인 두 자리 수

➡ ____________________

원리탐구 ① 큰 수와 작은 수 만들기

대표문제

4장의 숫자 카드 중 2장을 사용하여 만들 수 있는 두 자리 수 중에서 가장 큰 수와 가장 작은 수를 써 보시오.

STEP 01 4장의 숫자 카드 중 2장을 사용하여 만들 수 있는 두 자리 수를 모두 써 보시오.

십의 자리 숫자가 1인 경우	➡	[1][2], [1][3], [1][ ]
십의 자리 숫자가 2인 경우	➡	[2][1], [ ][ ], [ ][ ]
십의 자리 숫자가 3인 경우	➡	[3][ ], [ ][ ], [ ][ ]
십의 자리 숫자가 4인 경우	➡	[ ][ ], [ ][ ], [ ][ ]

STEP 02 STEP 01 에서 만든 수 중 가장 큰 수와 가장 작은 수를 찾아 써 보시오.

01 4장의 숫자 카드 중 2장을 사용하여 조건에 맞는 두 자리 수를 만들어 보시오.

2 4 4 9

| 조건 |
둘째 번으로 큰 두 자리 수 ➡ □□

0 4 6 7

| 조건 |
가장 작은 두 자리 수 ➡ □□

0 3 3 8

| 조건 |
둘째 번으로 작은 두 자리 수 ➡ □□

원리탐구 ❷ 조건에 맞는 수 찾기

다음 | 조건 |에 맞는 수를 찾아 써 보시오.

| 조건 |

① 60보다 큰 두 자리 수입니다.
② 70보다 작은 두 자리 수입니다.
③ 십의 자리 수와 일의 자리 수의 합은 13입니다.

STEP 01 조건 ①과 ②에 따라 60보다 크고 70보다 작은 두 자리 수를 모두 찾아 써 보시오.

STEP 02 STEP 01 에서 찾은 수 중 십의 자리 수와 일의 자리 수의 합이 13인 수를 찾아 써 보시오.

정답과 풀이 13쪽

01 표지판을 ①, ②, ③의 순서로 지나갈 때, 조건에 맞는 수를 □ 안에 써넣으시오.

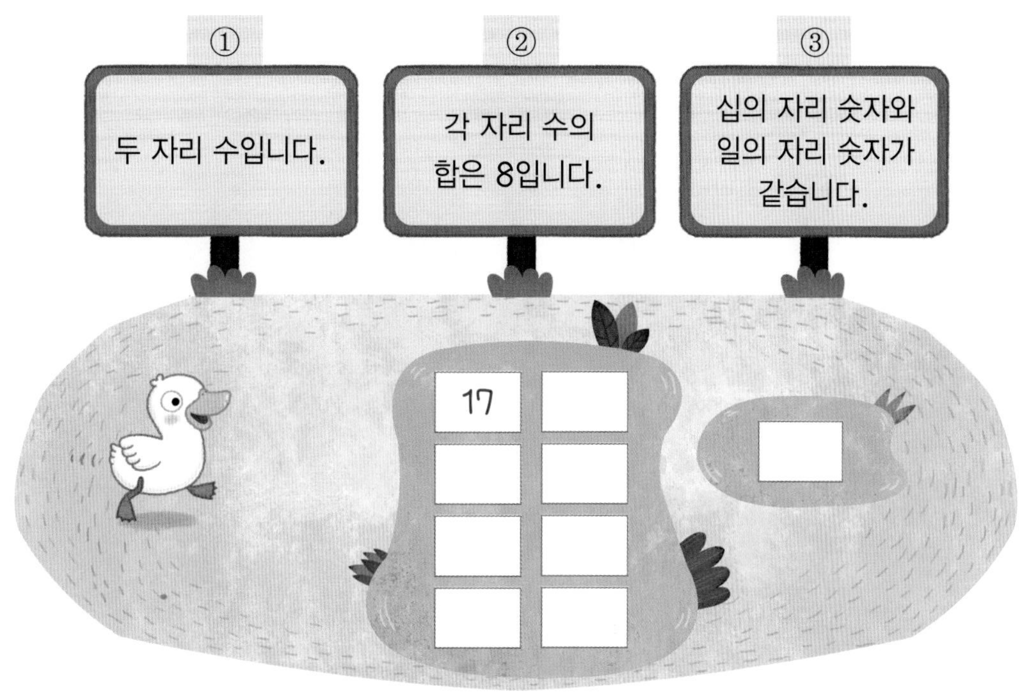
①
두 자리 수입니다.
②
각 자리 수의
합은 8입니다.
③
십의 자리 숫자와
일의 자리 숫자가
같습니다.
17

02 주어진 수 중에서 각 조건에 맞는 수를 찾아 빈 곳에 써넣고, 두 조건을 모두 만족하는 수를 구해 보시오.

12, 66, 73
57, 29, 24
48, 42, 75

조건1
십의 자리 수와
일의 자리 수의
합은 12입니다.

조건2
십의 자리 수가
일의 자리 수보다
더 큽니다.

01 다음은 고대 로마 수로 뛰어 세기 한 것입니다. ? 에 알맞은 고대 로마 수를 써 보시오.

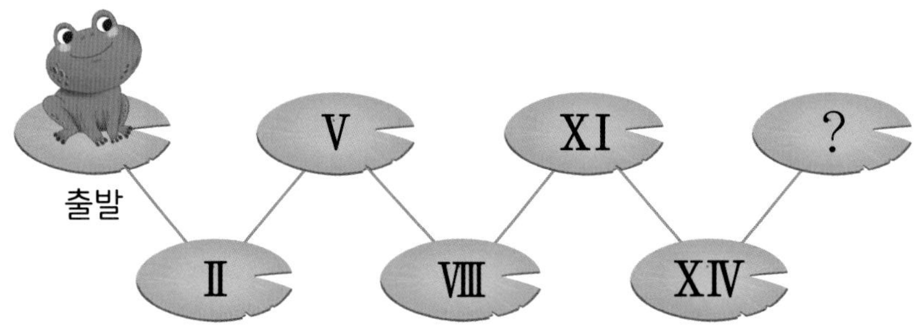

02 막대를 사용하여 만든 디지털 수 59에서 막대 1개를 더하거나 빼서 만들 수 있는 수 중 각각 가장 큰 수를 만들어 보시오. 온라인 활동지

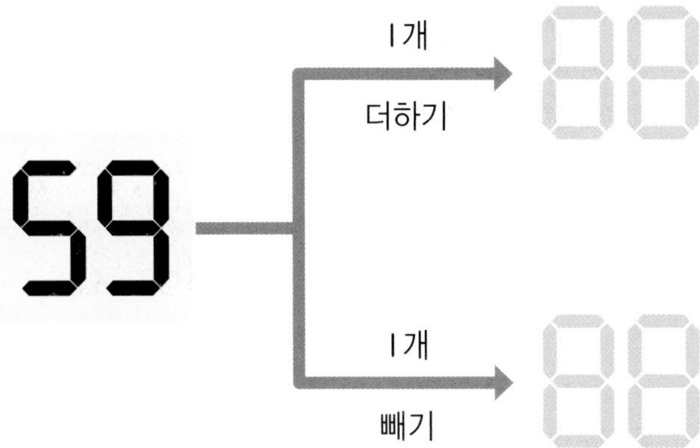

정답과 풀이 14쪽

03 | 보기 |와 같은 방법으로 퍼즐을 완성해 보시오.

보기

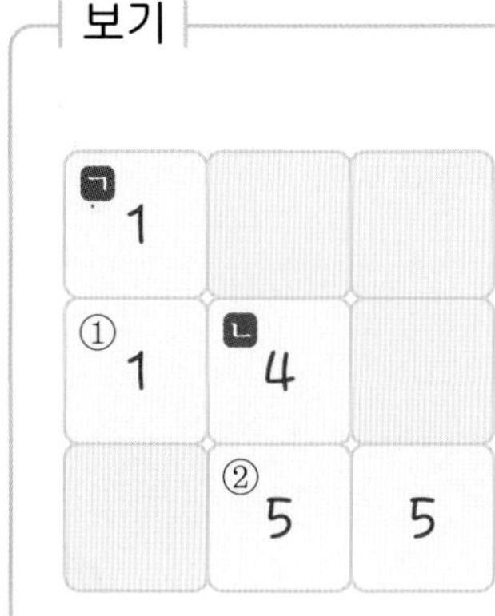

[세로 열쇠]

ㄱ 13보다 작은 두 자리 홀수 → 11

ㄴ 일의 자리 수가 십의 자리 수보다 1 큰 수 → 45

[가로 열쇠]

① 십의 자리 수와 일의 자리 수의 합이 5인 수 → 14

② 십의 자리와 일의 자리 숫자를 바꾸어도 같은 수 → 55

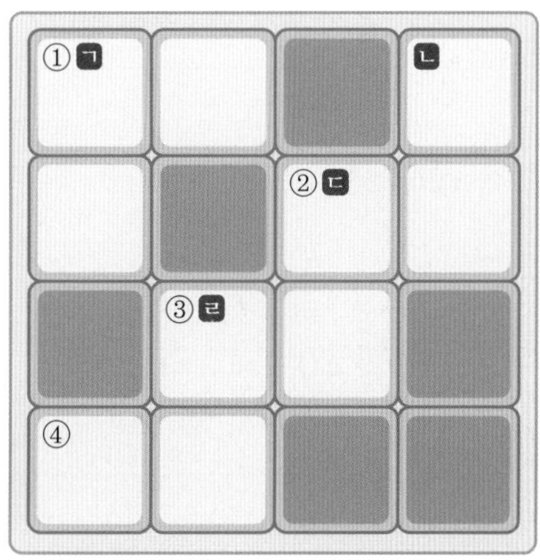

가로 열쇠

① 십의 자리 숫자가 7인 가장 큰 두 자리 수

② 십의 자리 수와 일의 자리 수의 합이 8인 두 자리 수

③ 십의 자리 숫자가 8인 가장 작은 두 자리 수

④ 가장 큰 두 자리 수

세로 열쇠

ㄱ 십의 자리 수와 일의 자리 수의 합이 7인 두 자리 수

ㄴ 십의 자리 수와 일의 자리 수의 합이 9인 30과 40 사이의 수

ㄷ 십의 자리 수와 일의 자리 수의 합이 2인 두 자리 수

ㄹ 십의 자리 숫자가 8인 가장 큰 두 자리 수

01 다연이와 성수가 수 알아맞히기 게임을 하고 있습니다. 다연이가 생각한 수는 무엇인지 ☐ 안에 써넣으시오.

다연: 내가 생각한 두 자리 수를 맞혀 봐!

성수: 50보다 작은 수니?

다연: 응!

성수: 음… 숫자 7이 들어 있니?

다연: 응!

성수: 20과 40 중에서 어느 수에 더 가까이 있니?

다연: 20에 더 가까워.

성수: 20보다 큰 수니?

다연: 아니!

성수: 네가 생각한 수는 ☐ 이지!

다연: 맞아!

정답과 풀이 15쪽

02 주어진 수들 사이에 공통점이 생기도록 ▢ 안에 알맞은 수를 써넣고, 수들의 공통점을 2가지씩 써 보시오.

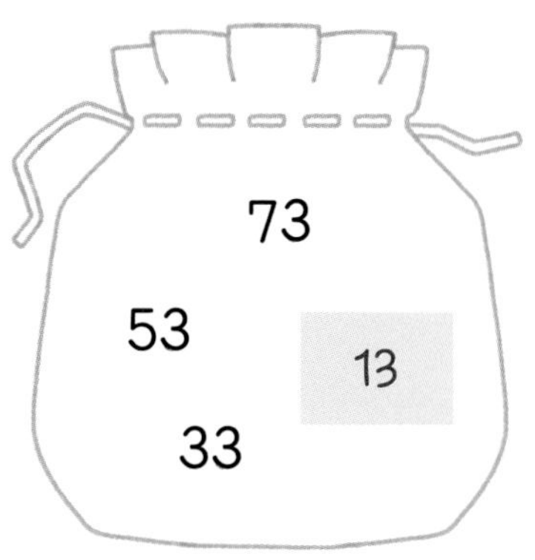

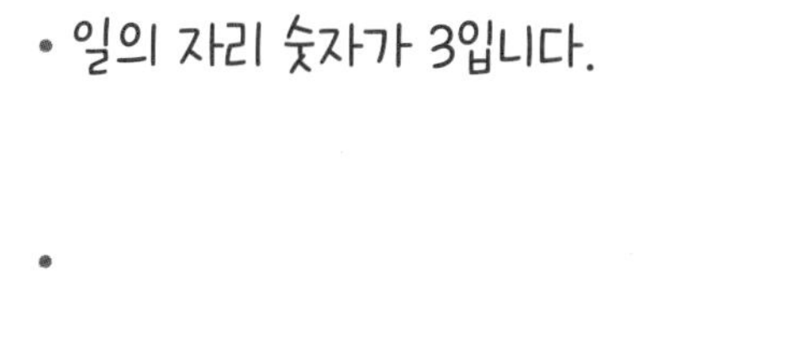

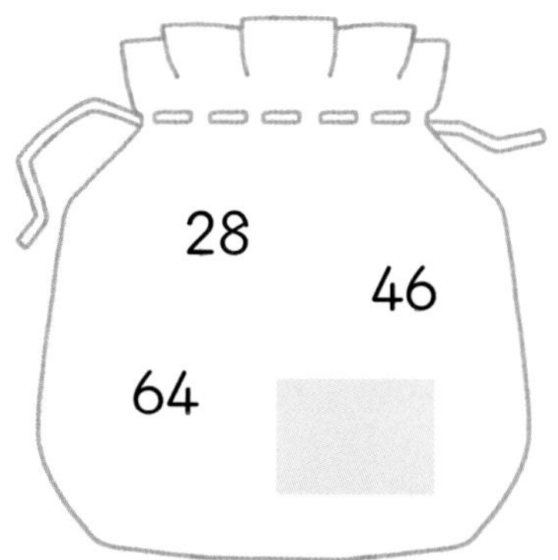

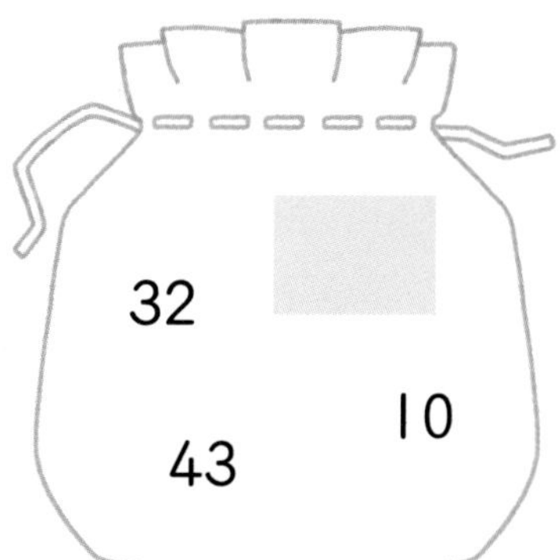

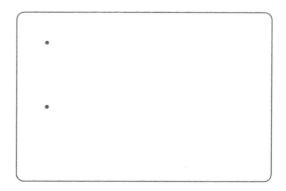

Ⅱ

퍼즐

학습 Planner

계획한 대로 공부한 날은 😀 에, 공부하지 못한 날은 🙁 에 ○표 하세요.

공부할 내용	공부할 날짜	확 인
1 노노그램	월 일	😀 | 🙁
2 거울 퍼즐	월 일	😀 | 🙁
3 스도쿠	월 일	😀 | 🙁
4 ○, × 퍼즐	월 일	😀 | 🙁
Creative 팩토	월 일	😀 | 🙁
Challenge 영재교육원	월 일	😀 | 🙁

① 노노그램

원리탐구 ① 노노그램

노노그램의 규칙은 다음과 같습니다.

① 위에 있는 수는 세로줄에 연속하여 색칠된 칸의 수를 나타냅니다.

② 왼쪽에 있는 수는 가로줄에 연속하여 색칠된 칸의 수를 나타냅니다.

확인 1. 노노그램의 규칙1 에 따라 ▢ 안에 알맞은 수를 써넣으시오.

규칙1

위에 있는 수는 세로줄에 연속하여 색칠된 칸의 수를 나타냅니다.

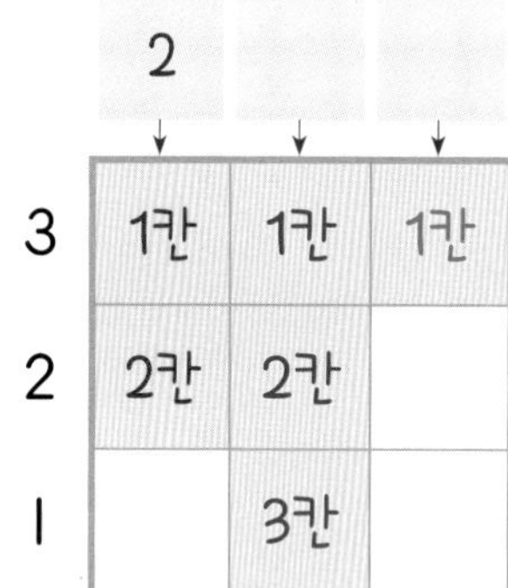

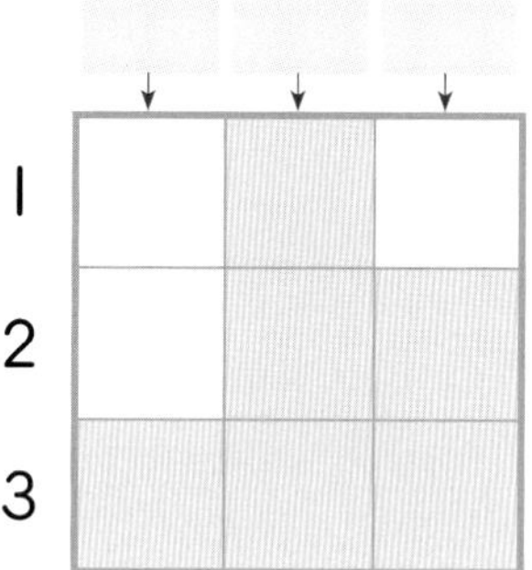

확인 2. 노노그램의 규칙2 에 따라 ▢ 안에 알맞은 수를 써넣으시오.

규칙2

왼쪽에 있는 수는 가로줄에 연속하여 색칠된 칸의 수를 나타냅니다.

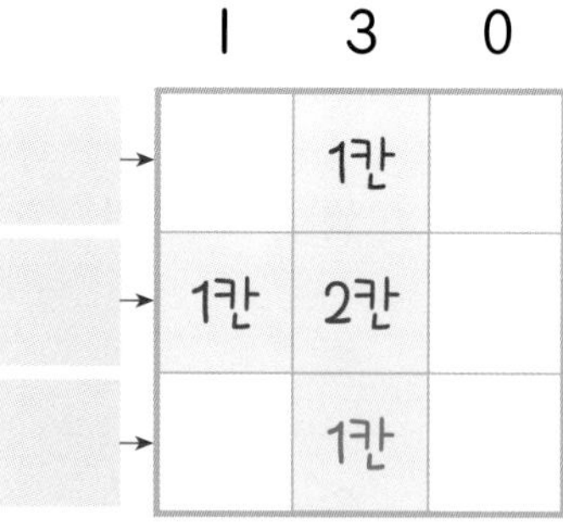

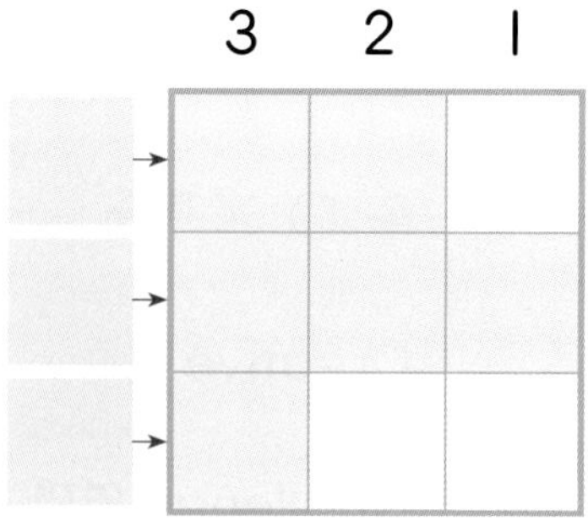

원리탐구 ② 노노그램 미로

노노그램 미로의 규칙은 다음과 같습니다.

① 위와 왼쪽에 있는 수는 개미가 각 줄에서 지나가야 하는 방의 개수를 나타냅니다.

② 한 번 지나간 방은 다시 지나갈 수 없습니다.

예

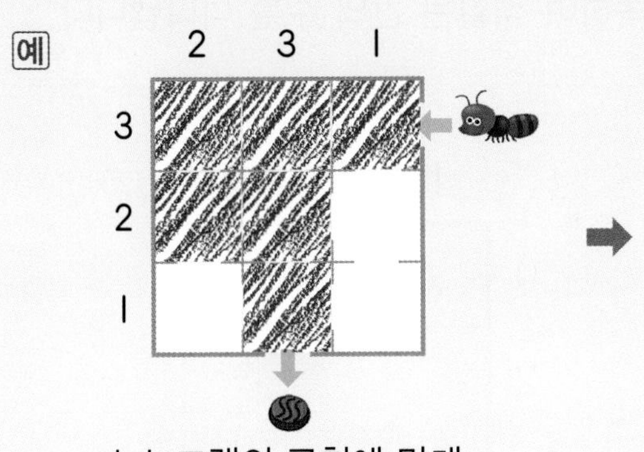

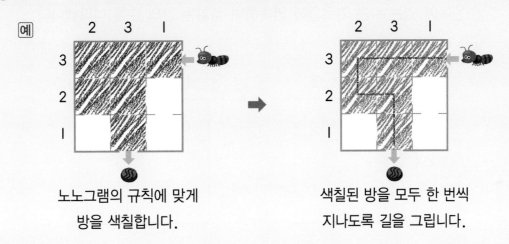

노노그램의 규칙에 맞게 방을 색칠합니다.

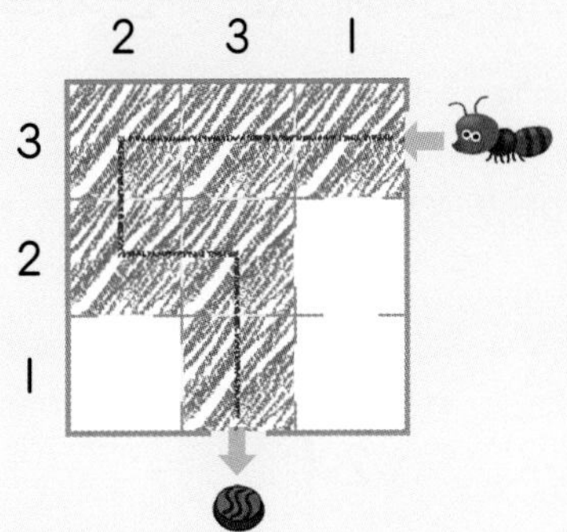

색칠된 방을 모두 한 번씩 지나도록 길을 그립니다.

확인 1. 색칠된 방을 모두 한 번씩만 지나면서 개미가 쿠키가 있는 곳까지 가는 길을 그려 보시오.

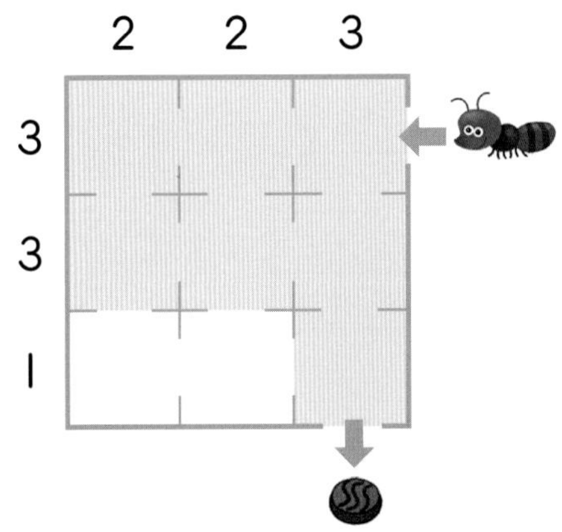

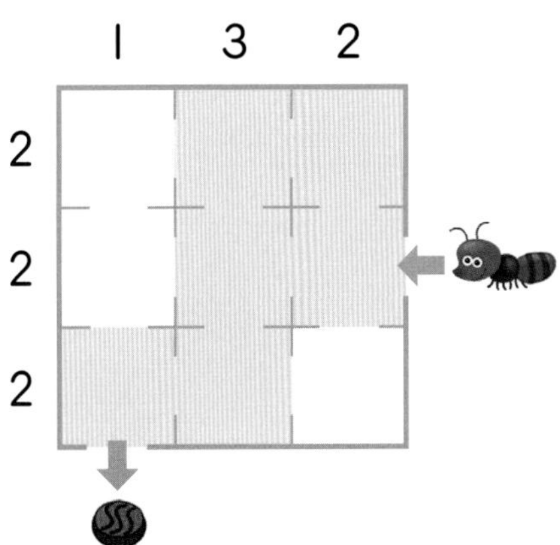

원리탐구 ① 노노그램

대표문제

노노그램의 규칙에 따라 빈칸을 알맞게 색칠해 보시오.

규칙

① 위에 있는 수는 세로줄에 연속하여 색칠된 칸의 수를 나타냅니다.

② 왼쪽에 있는 수는 가로줄에 연속하여 색칠된 칸의 수를 나타냅니다.

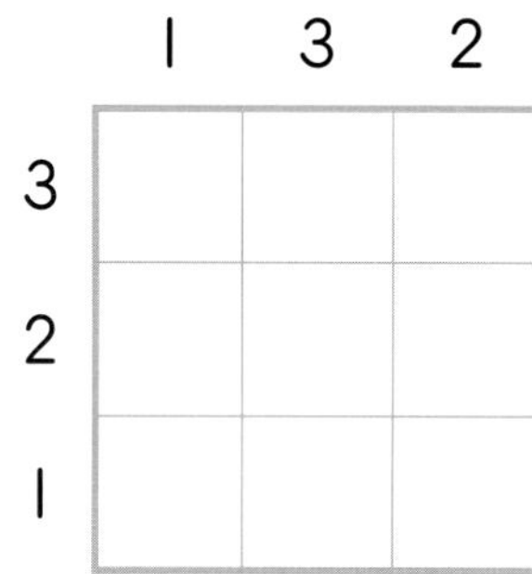

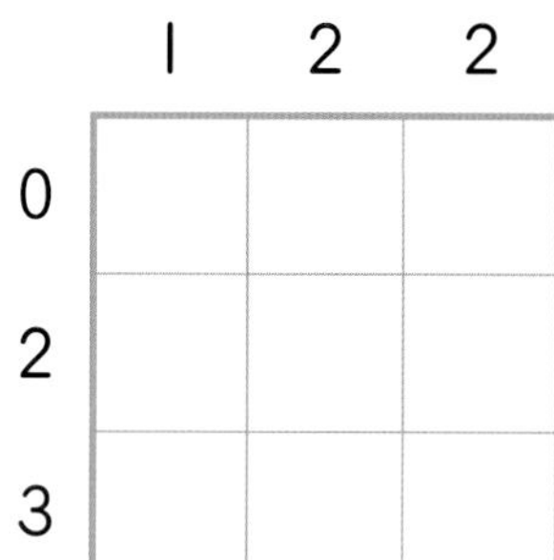

STEP 01 노노그램을 해결하는 전략에 따라 오른쪽 그림의 빈칸을 알맞게 색칠해 보시오.

전략 1 반드시 채워야 하는 3칸을 색칠하기

I 3 2

3
2
I

전략 2 색칠할 수 없는 칸에 ×표 하기

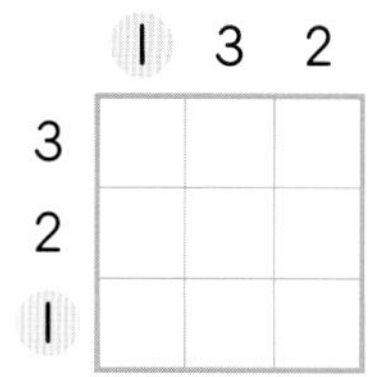

전략 3 나머지 칸을 알맞게 색칠하기

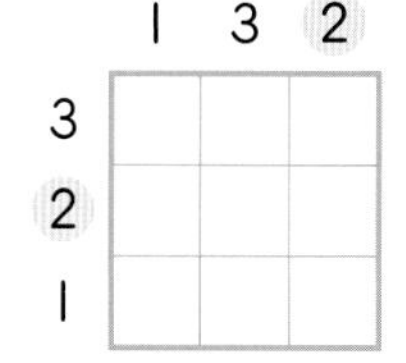

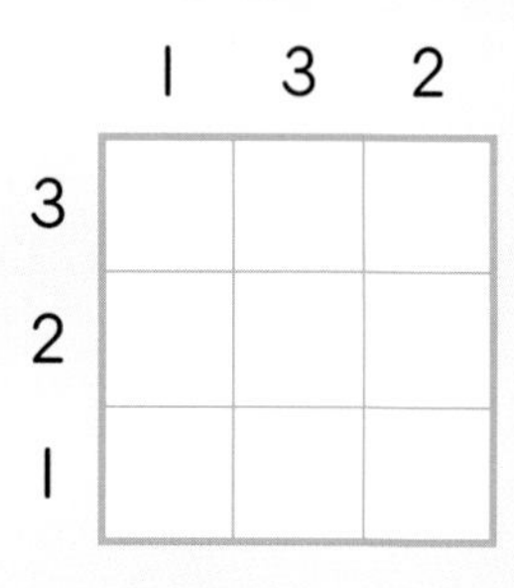

STEP 02 노노그램을 해결하는 전략에 따라 오른쪽 그림의 빈칸을 알맞게 색칠해 보시오.

전략 1 반드시 채워야 하는 3칸을 색칠하기

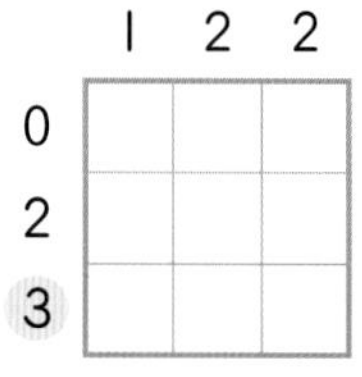

전략 2 색칠할 수 없는 칸에 ×표 하기

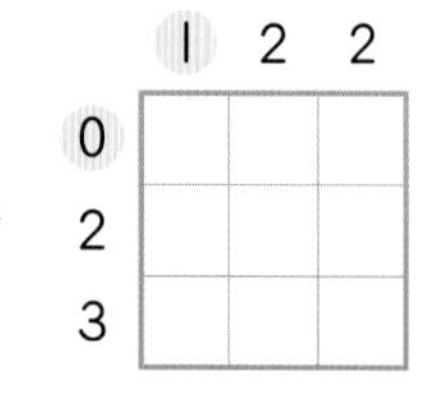

전략 3 나머지 칸을 알맞게 색칠하기

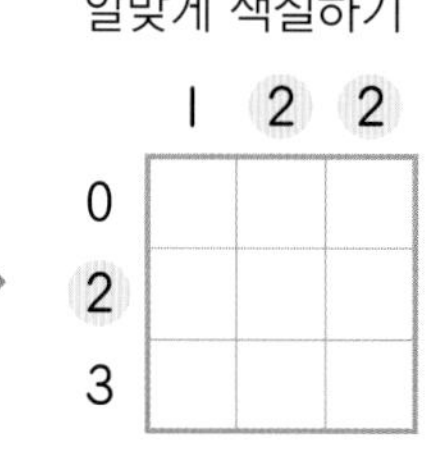

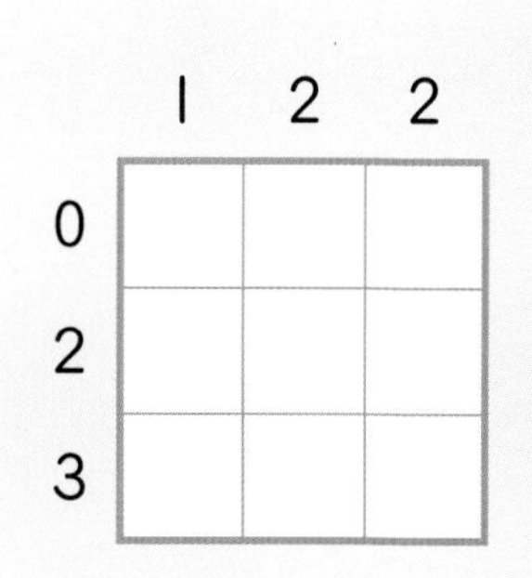

01 노노그램의 | 규칙 |에 따라 빈칸을 알맞게 색칠해 보시오.

규칙
① 위에 있는 수는 세로줄에 연속하여 색칠된 칸의 수를 나타냅니다.
② 왼쪽에 있는 수는 가로줄에 연속하여 색칠된 칸의 수를 나타냅니다.

도전❶ ★★

	1	2	3
2			
3			
1			

도전❷ ★★★

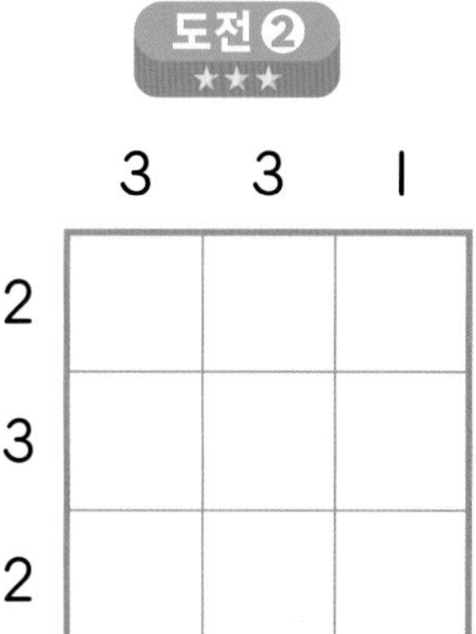

도전❸ ★★★★

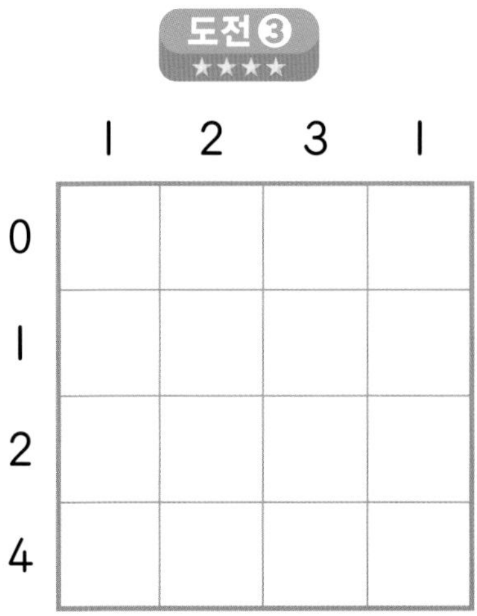

도전❹ ★★★★★

	1	2	4	3
2				
3				
4				
1				

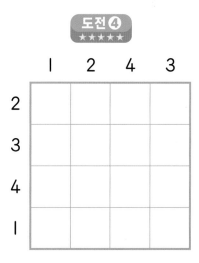

원리탐구 ② 노노그램 미로

대표문제

노노그램 미로의 | 규칙 |에 따라 강아지가 먹이가 있는 곳까지 가는 길을 그려 보시오.

| 규칙 |

① 위와 왼쪽에 있는 수는 강아지가 각 줄에 지나가야 하는 방의 개수를 나타냅니다.

② 한 번 지나간 방은 다시 지나갈 수 없습니다.

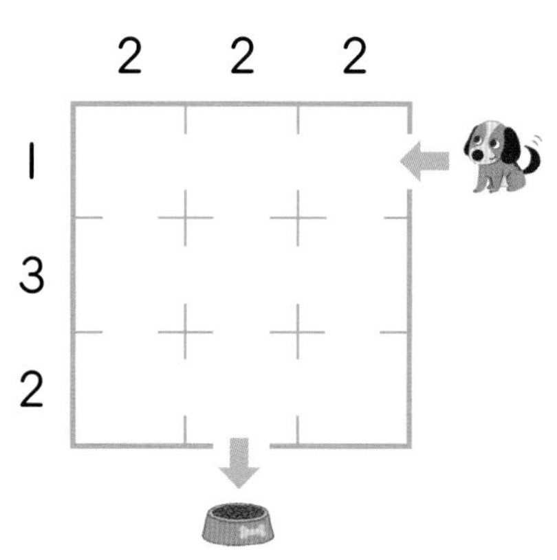

STEP 01 먼저 3 을 색칠해 보시오.

STEP 02 출발하는 방(강아지)과 도착하는 방(먹이)을 색칠해 보시오.

STEP 03 나머지 방을 | 규칙 |에 맞게 색칠해 보시오.

STEP 04 색칠된 방을 모두 한 번씩 지나도록 길을 그려 보시오.

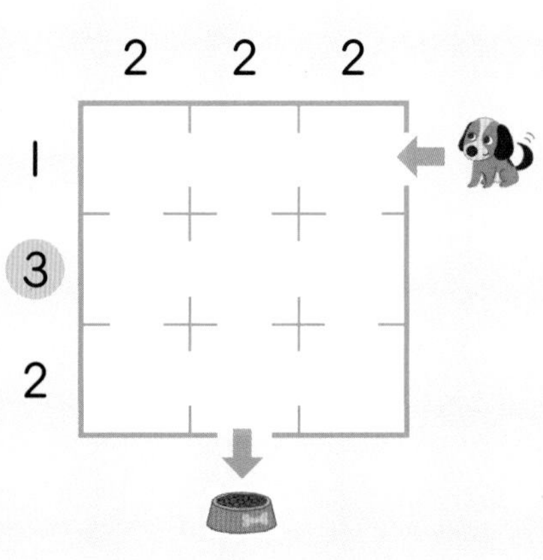

정답과 풀이 18쪽

01 **노노그램 미로의 | 규칙 |에 따라 강아지가 먹이가 있는 곳까지 가는 길을 그려 보시오.**

| 규칙 |

① 위와 왼쪽에 있는 수는 강아지가 각 줄에 지나가야 하는 방의 개수를 나타냅니다.

② 한 번 지나간 방은 다시 지나갈 수 없습니다.

도전 ❶ ★★

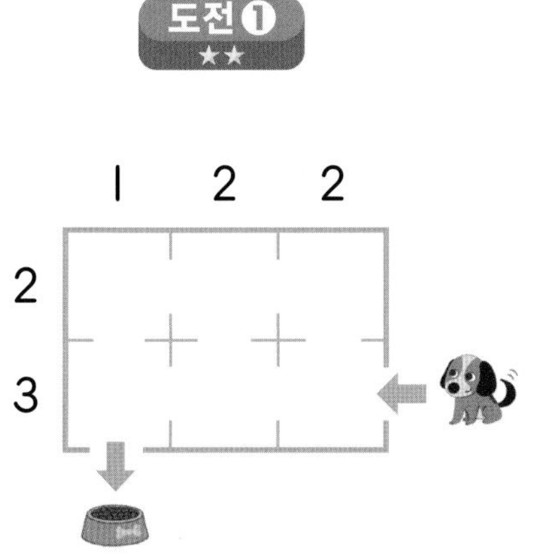

도전 ❷ ★★★

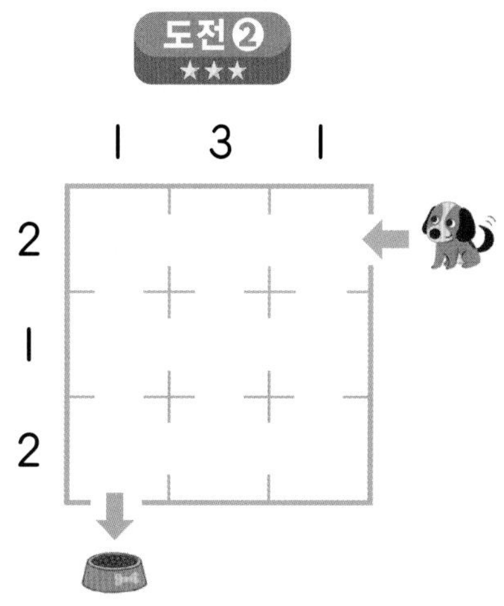

도전 ❸ ★★★★

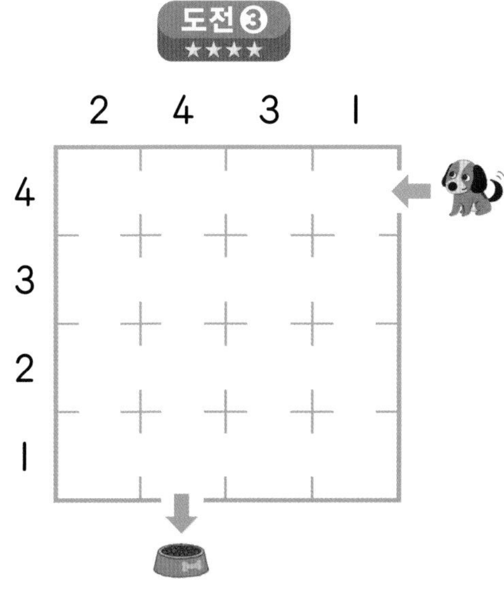

도전 ❹ ★★★★★

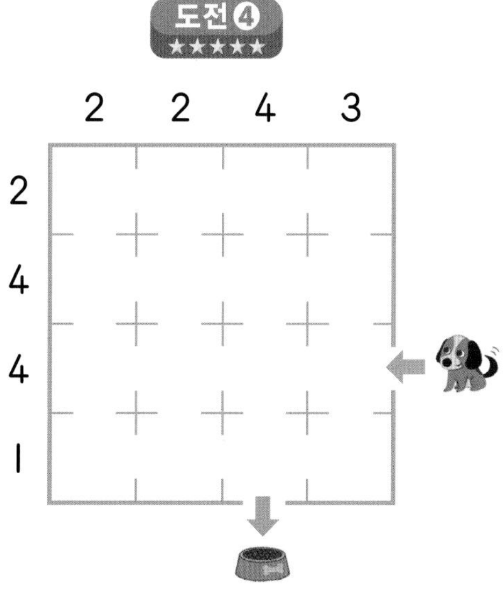

② 거울 퍼즐

원리탐구 ① 거울 퍼즐

거울 퍼즐의 규칙은 다음과 같습니다.

① 빛은 손전등의 방향에 따라 가로 또는 세로로 비춥니다.

② 빛은 거울을 만나면 방향을 바꿉니다.

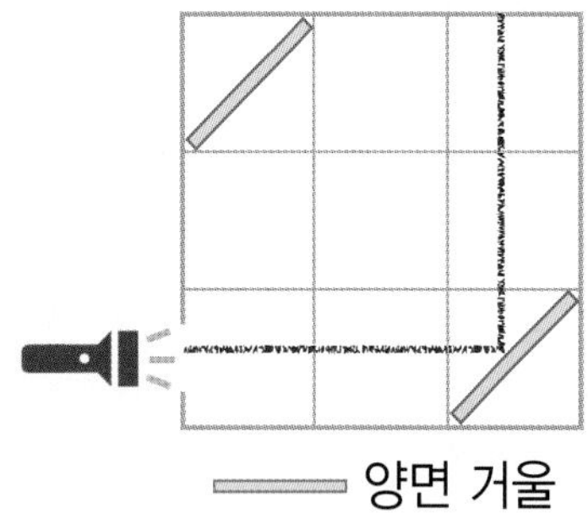

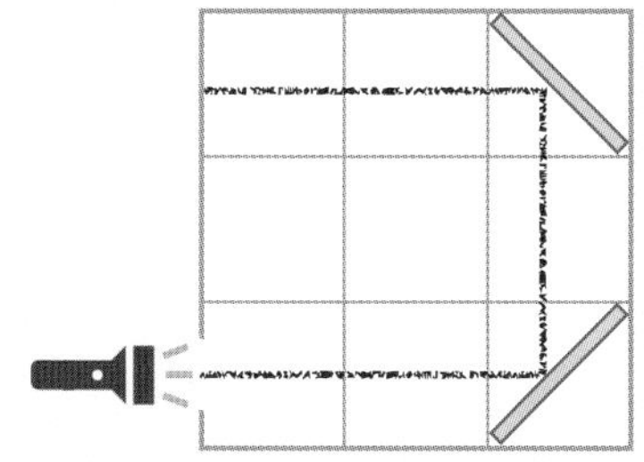

확인 1. 거울 퍼즐의 규칙에 따라 손전등에서 나온 빛이 거울에 반사되어 지나는 길을 그려 보시오.

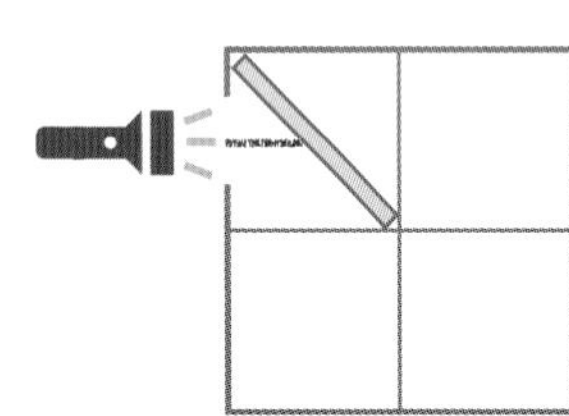

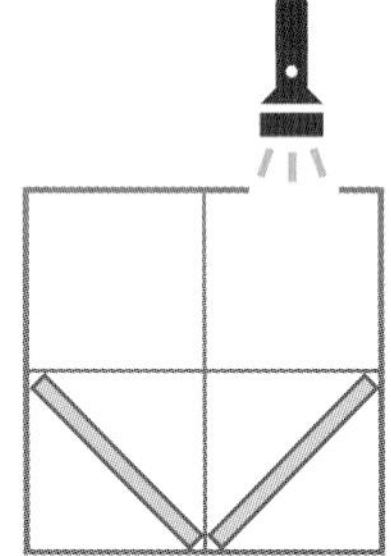

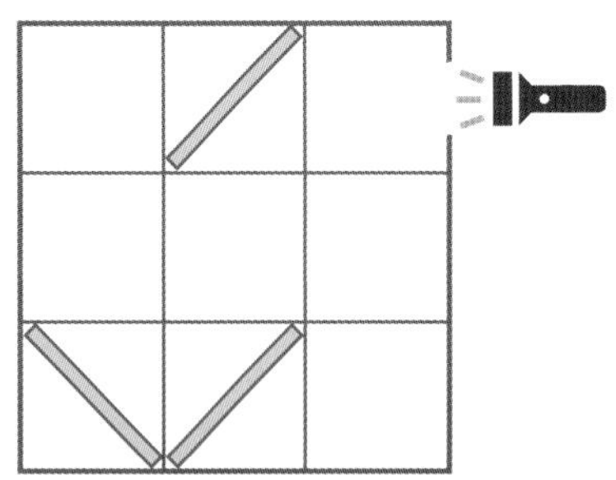

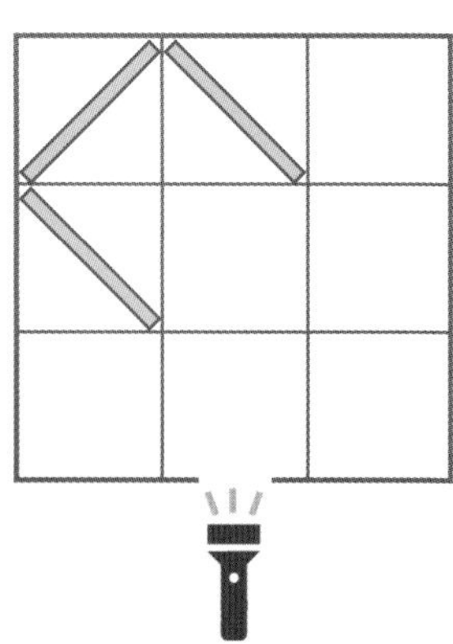

정답과 풀이 19쪽

원리탐구 ② 거울 연결 퍼즐

거울 연결 퍼즐의 규칙은 다음과 같습니다.

① 친구와 과일을 한 개씩만 연결해야 합니다.

② 모든 칸을 지나가야 합니다.

③ 각 칸은 한 번씩만 지나가야 합니다.

④ 거울을 만나면 방향이 바뀝니다.

<잘못된 예>

모든 칸을 지나지 않았습니다.

<올바른 예>

(○)

확인 1. 거울 연결 퍼즐의 규칙에 따라 친구와 동물을 선으로 연결해 보시오.

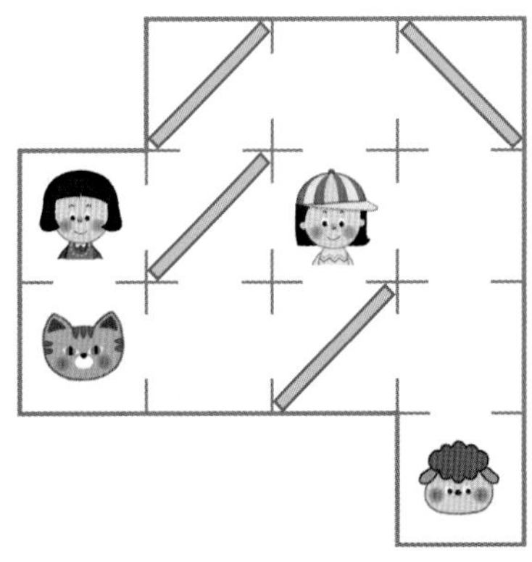

거울 퍼즐

대표문제

거울 퍼즐의 | 규칙 |에 따라 손전등에서 나온 빛이 지나는 길을 그리고, 빛이 지나는 점의 개수의 차를 구해 보시오.

| 규칙 |

① 빛은 손전등의 방향에 따라 가로 또는 세로로 비춥니다.

② 빛은 거울을 만나면 방향을 바꿉니다.

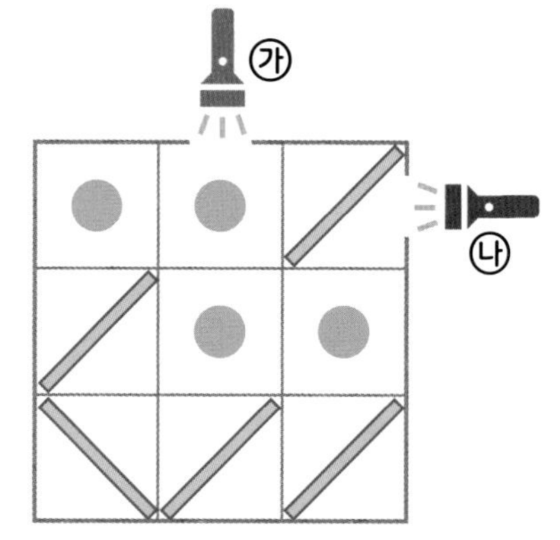

STEP 01 ㉮ 손전등에서 나온 빛이 지나는 길을 그려 보시오. 몇 개의 점을 지납니까?

STEP 02 ㉯ 손전등에서 나온 빛이 지나는 길을 그려 보시오. 몇 개의 점을 지납니까?

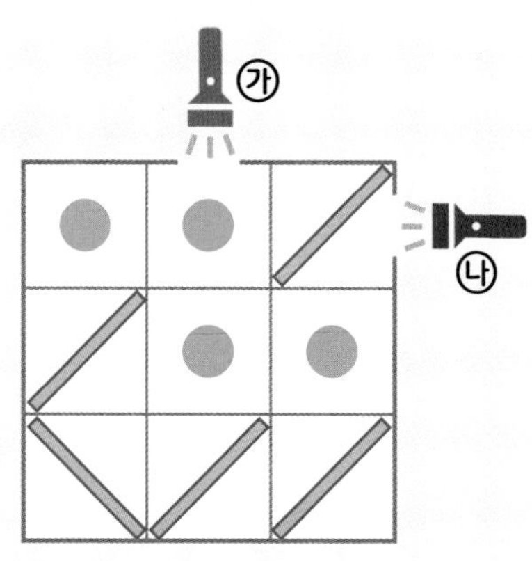

STEP 02 어느 손전등에서 나온 빛이 몇 개 더 많이 지납니까?

정답과 풀이 20쪽

01 **거울 퍼즐의 | 규칙 |에 따라 손전등에서 나온 빛이 지나는 길을 그리고, 빛이 지나는 점의 개수의 차를 구해 보시오.**

| 규칙 |

① 빛은 손전등의 방향에 따라 가로 또는 세로로 비춥니다.
② 빛은 거울을 만나면 방향을 바꿉니다.

도전 ❶ ★★

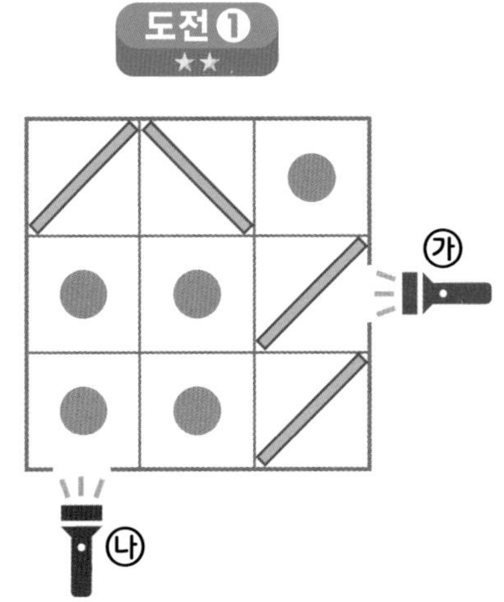

➡ ㉯ 손전등에서 나온 빛이 [ ]개 더 많이 지납니다.

도전 ❷ ★★★

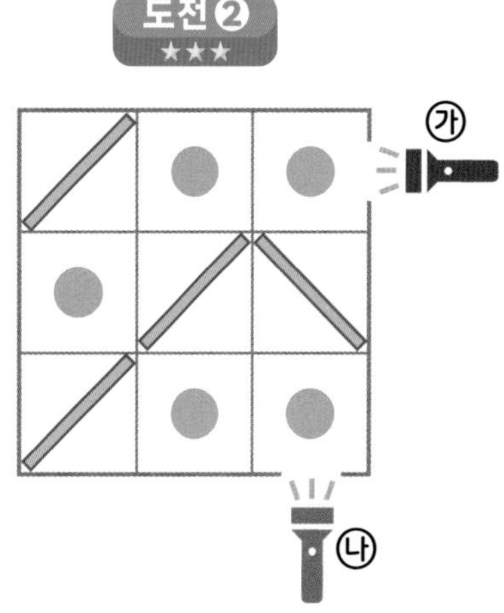

➡ [ ] 손전등에서 나온 빛이 [ ]개 더 많이 지납니다.

도전 ❸ ★★★★

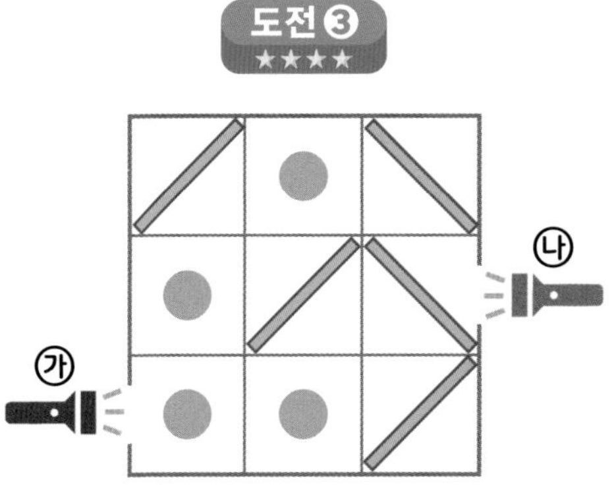

➡ [ ] 손전등에서 나온 빛이 [ ]개 더 많이 지납니다.

도전 ❹ ★★★★★

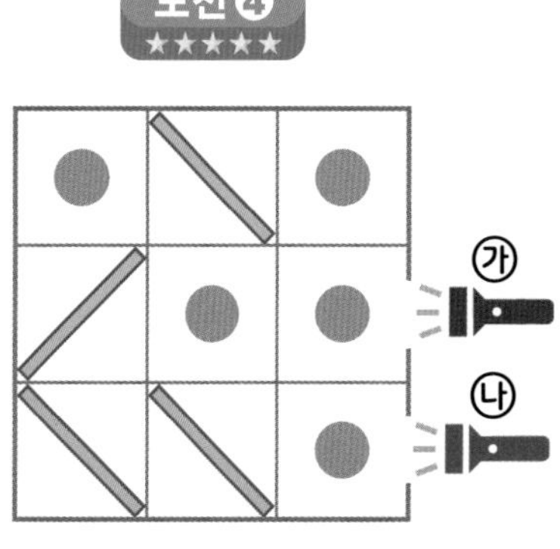

➡ [ ] 손전등에서 나온 빛이 [ ]개 더 많이 지납니다.

원리탐구 ② 거울 연결 퍼즐

대표문제

거울 연결 퍼즐의 | 규칙 |에 따라 친구와 과일을 선으로 연결해 보시오.

| 규칙 |

① 친구와 과일을 1개씩만 연결해야 합니다.
② 모든 칸을 지나가야 합니다.
③ 각 칸은 한 번씩만 지나가야 합니다.
④ 거울을 만나면 방향이 바뀝니다.

STEP 01 가 과일과 연결되는 방법을 2가지 그려 보시오.

방법 1

방법 2

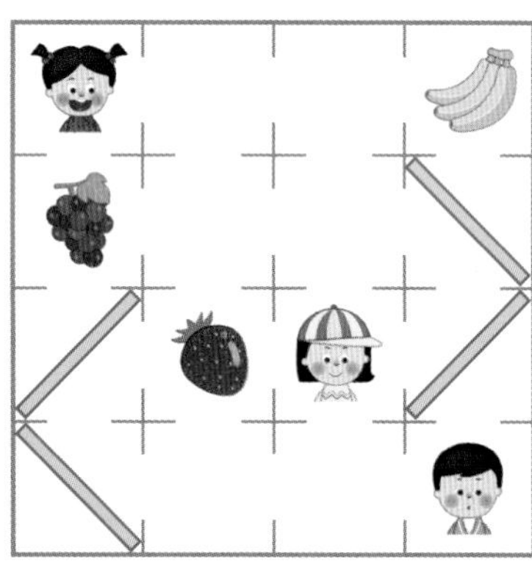

STEP 02 01 의 방법 1 에서 | 규칙 |에 맞게 와 가 나머지 과일과 연결될 수 있는지 알아보시오.

STEP 03 01 의 방법 2 에서 | 규칙 |에 맞게 와 가 나머지 과일과 연결될 수 있는지 알아보시오.

정답과 풀이 21쪽

01 거울 연결 퍼즐의 | 규칙 |에 따라 친구와 색 구슬 또는 모양을 선으로 연결해 보시오.

| 규칙 |

① 친구와 색 구슬 또는 모양을 1개씩만 연결해야 합니다.
② 모든 칸을 지나가야 합니다.
③ 각 칸은 한 번씩만 지나가야 합니다.
④ 거울을 만나면 방향이 바뀝니다.

도전❶ ★★

도전❷ ★★★

도전❸ ★★★★

도전❹ ★★★★★

3 스도쿠

원리탐구 ① 스도쿠

스도쿠의 규칙은 다음과 같습니다.

① 가로줄의 각 칸에 주어진 수가 한 번씩만 들어갑니다.

② 세로줄의 각 칸에 주어진 수가 한 번씩만 들어갑니다.

확인 1. 스도쿠의 규칙1 에 따라 안에 알맞은 수를 써넣으시오.

규칙1

가로줄의 각 칸에 주어진 수가 한 번씩만 들어갑니다.

1, 2, 3

1	3	
3	2	1
2	1	

← 1, 2, 3 중 2 빠짐 (첫째 줄)

← 1, 2, 3 중 3 빠짐 (셋째 줄)

1, 2, 3

3	1	2
2	3	
1	2	

확인 2. 스도쿠의 규칙2 에 따라 안에 알맞은 수를 써넣으시오.

규칙2

세로줄의 각 칸에 주어진 수가 한 번씩만 들어갑니다.

1, 2, 3

2	1	3
3	2	1
		2

1, 2, 3 중 1 빠짐 (첫째 칸) ↑ 1, 2, 3 중 3 빠짐 (둘째 칸) ↑

1, 2, 3

2	3	1
1	2	3

정답과 풀이 22쪽

원리탐구 ② 캔캔 퍼즐

캔캔 퍼즐의 규칙은 다음과 같습니다.

① 작은 수는 굵은 선으로 둘러싸인 블록 안에 들어갈 수들의 합을 나타냅니다.

② 가로줄과 세로줄의 각 칸에 1부터 3까지의 수가 한 번씩만 들어갑니다.

확인 1. 캔캔 퍼즐의 규칙1 에 따라 ☐ 안에 알맞은 수를 써넣으시오.

규칙1

작은 수는 굵은 선으로 둘러싸인 블록 안에 들어갈 수들의 합을 나타냅니다.

3+1+2 → 6

2	3	1 / 1
6 / 3	1	2
1	2	3 / 3

2	1	3
1	3	2
3	2	1

확인 2. 캔캔 퍼즐의 규칙2 에 따라 ☐ 안에 알맞은 수를 써넣으시오.

규칙2

가로줄과 세로줄의 각 칸에 1부터 3까지의 수가 한 번씩만 들어갑니다.

1, 2, 3 중 → 2 빠짐

1, 2, 3 중 → 3 빠짐

4 / 1	3	5 /
5 / 2	4 /	3
	2	1

3 /	5 / 2	1
4 / 1		
6 / 2		3

원리탐구 ❶ 스도쿠

대표문제

스도쿠의 | 규칙 |에 따라 빈칸에 알맞은 수를 써넣으시오.

| 규칙 |

① 가로줄의 각 칸에 주어진 수가 한 번씩만 들어갑니다.

② 세로줄의 각 칸에 주어진 수가 한 번씩만 들어갑니다.

1, 2, 3

3	1	
1		

STEP 01 색칠한 가로줄과 세로줄에 1, 2, 3이 한 번씩만 들어가도록 빈칸에 알맞은 수를 써넣으시오.

STEP 02 안에 알맞은 수를 써넣으시오.

3	1	
1		

STEP 03 | 규칙 |에 따라 나머지 칸에 알맞은 수를 써넣으시오.

정답과 풀이 23쪽

01 **스도쿠의 | 규칙 |에 따라 빈칸에 알맞은 수를 써넣으시오.**

| 규칙 |

① 가로줄의 각 칸에 주어진 수가 한 번씩만 들어갑니다.
② 세로줄의 각 칸에 주어진 수가 한 번씩만 들어갑니다.

도전 ❶ ★★

1, 2, 3

2	1	
3		1
1		

도전 ❷ ★★★

1, 2, 3

1	2	
	1	2

도전 ❸ ★★★★

1, 2, 3

3	2	
1		2

도전 ❹ ★★★★★

1, 2, 3

2		
1		3

캔캔 퍼즐

캔캔 퍼즐의 | 규칙 |에 따라 빈칸에 알맞은 수를 써넣으시오.

| 규칙 |

① 작은 수는 굵은 선으로 둘러싸인 블록 안에 들어갈 수들의 합을 나타냅니다.

② 가로줄과 세로줄의 각 칸에 1부터 3까지의 수가 한 번씩만 들어갑니다.

2	4 3	
4 1	7	
	1	

STEP 01 한 칸짜리 블록인 안에 알맞은 수를 써넣으시오.

STEP 02 블록의 합을 이용하여 안에 알맞은 수를 써넣으시오.

2	4 3	
4 1	7	
	1	

STEP 03 나머지 칸에 알맞은 수를 써넣으시오.

› 정답과 풀이 24쪽

01 캔캔 퍼즐의 | 규칙 |에 따라 빈칸에 알맞은 수를 써넣으시오.

| 규칙 |

① 작은 수는 굵은 선으로 둘러싸인 블록 안에 들어갈 수들의 합을 나타냅니다.
② 가로줄과 세로줄의 각 칸에 1부터 3까지의 수가 한 번씩만 들어갑니다.

도전 ① ★★

1	5 3	
3 2		4 3
5 3		

도전 ② ★★★

5 2	3	4
	1	2
1	5	3

도전 ③ ★★★★

4 1	2	6
5		2
	3	

도전 ④ ★★★★★

3	6	2
3 1	6	
	3	

4 ○, ✕ 퍼즐

원리탐구 ① 틱택 로직

틱택 로직의 규칙은 다음과 같습니다.

① 가로줄, 세로줄에 있는 ○의 수와 ✕의 수는 서로 같습니다.

② 각 줄에 ○ 또는 ✕는 연속하여 2개까지만 그릴 수 있습니다.

확인 1. 틱택 로직의 규칙1 에 따라 안에 ○, ✕를 알맞게 그려 보시오.

규칙1

가로줄, 세로줄에 있는 ○의 수와 ✕의 수는 서로 같습니다.

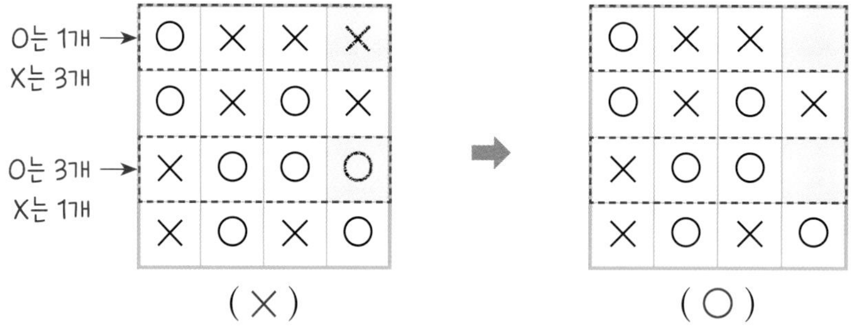

(✕)

가로줄의 ○와 ✕의 수가 다릅니다.

(○)

확인 2. 틱택 로직의 규칙2 에 따라 안에 ○, ✕를 알맞게 그려 보시오.

규칙2

각 줄에 ○ 또는 ✕는 연속하여 2개까지만 그릴 수 있습니다.

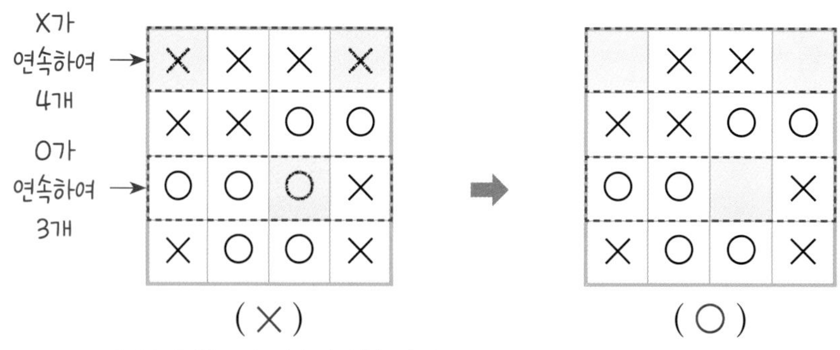

(✕)

각 줄에 ○ 또는 ✕가 연속하여
2개보다 많이 있습니다.

(○)

정답과 풀이 25쪽

원리탐구 ② 4개 금지 퍼즐

4개 금지 퍼즐의 규칙은 다음과 같습니다.

① 가로줄, 세로줄에 ○ 또는 ×가 연속하여 4개가 되면 안됩니다.

② 모든 대각선줄에 ○ 또는 ×가 연속하여 4개가 되면 안됩니다.

확인 1. 4개 금지 퍼즐의 규칙1 에 따라 ■ 안에 ○, ×를 알맞게 그려 보시오.

규칙1

가로줄, 세로줄에 ○ 또는 ×가 연속하여 4개가 되면 안됩니다.

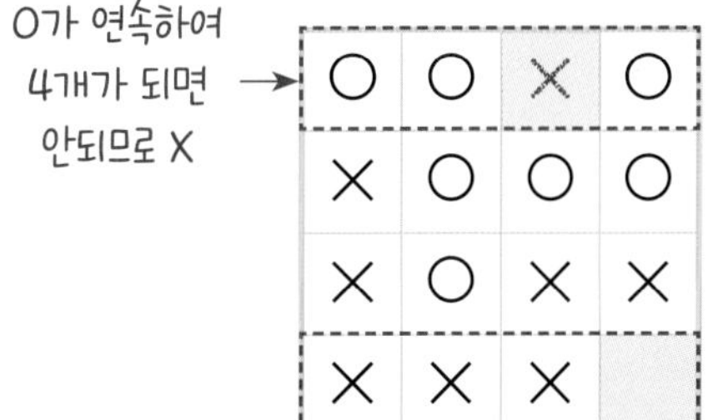

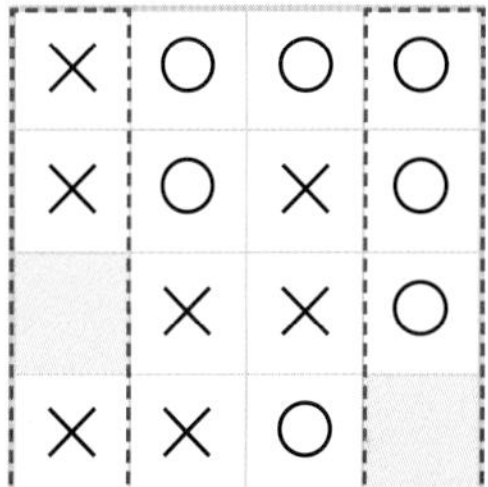

확인 2. 4개 금지 퍼즐의 규칙2 에 따라 ■ 안에 ○, ×를 알맞게 그려 보시오.

규칙2

모든 대각선줄에 ○ 또는 ×가 연속하여 4개가 되면 안됩니다.

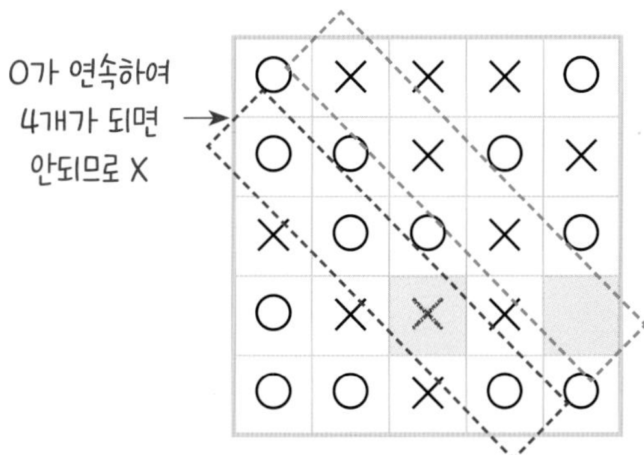

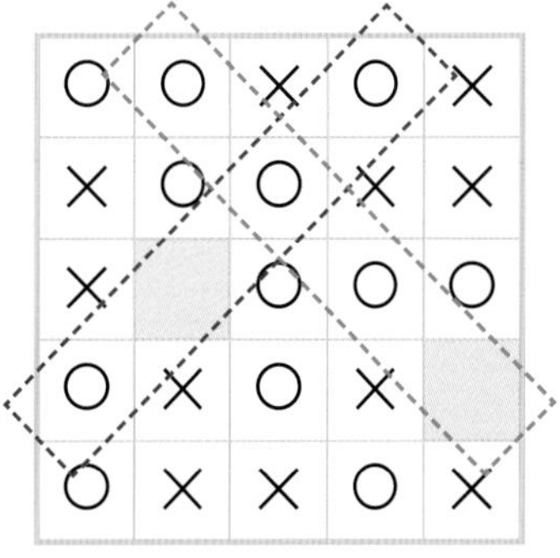

원리탐구 ① 틱택 로직

대표문제

틱택 로직의 | 규칙 |에 따라 빈칸에 ○, ×를 알맞게 그려 보시오.

| 규칙 |

① 가로줄, 세로줄에 있는 ○의 수와 ×의 수는 서로 같습니다.

② 각 줄에 ○ 또는 ×는 연속하여 2개까지만 그릴 수 있습니다.

×	×	○	×	○	○
○	×	○	○		×
○		×	×	○	
×	○	○		×	
○		×	○	×	
×	○	×	○		

STEP 01 가로줄과 세로줄에 ○와 ×가 각각 3개씩 들어가야 합니다. ▢ 안에 ○, ×를 알맞게 그려 보시오.

STEP 02 ○, ×는 연속하여 2개까지만 그릴 수 있습니다. ▢ 안에 ○, ×를 알맞게 그려 보시오.

×	×	○	×	○	○
○	×	○	○		×
○		×	×	○	
×	○	○		×	
○		×	○	×	
×	○	×	○		

STEP 03 | 규칙 |에 맞도록 나머지 칸에 ○, ×를 알맞게 그려 보시오.

› 정답과 풀이 26쪽

01 틱택 로직의 규칙 에 따라 빈칸에 ○, ×를 알맞게 그려 보시오.

규칙

① 가로줄, 세로줄에 있는 ○의 수와 ×의 수는 서로 같습니다.
② 각 줄에 ○ 또는 ×는 연속하여 2개까지만 그릴 수 있습니다.

도전 ❶ ★★

×	×		○
○	×	○	
×		×	○
○	○		

도전 ❷ ★★★

○	×	×	
○	○		×
	○	○	×
×			

도전 ❸ ★★★★

○	○	×	○		
○	×	×			○
	×			○	
○		×	○	×	×
×		○		○	×
	×		×		

도전 ❹ ★★★★★

○	×	○	○	×	
○		×	○	×	
	○			○	○
×	×		○	×	○
	○		×	○	
	×				

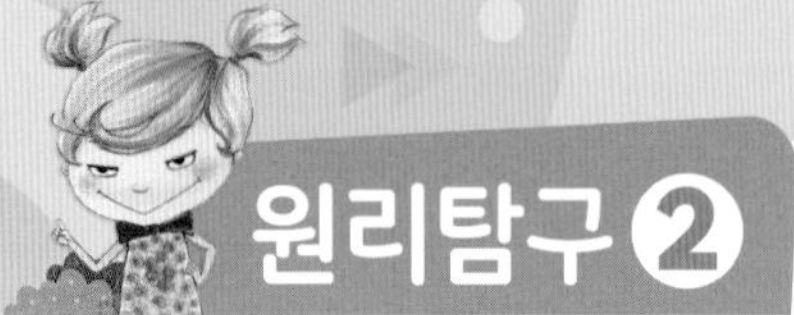

원리탐구 ❷ 4개 금지 퍼즐

대표문제

4개 금지 퍼즐의 | 규칙 |에 따라 빈칸에 ○, ×를 알맞게 그려 보시오.

| 규칙 |

① 가로줄, 세로줄에 ○ 또는 ×가 연속하여 4개가 되면 안됩니다.

② 모든 대각선줄에 ○ 또는 ×가 연속하여 4개가 되면 안됩니다.

○	○	×	○	○
×	○			×
×		○	×	
×	○	○		×
	×	○	○	×

STEP 01 가로줄, 세로줄에 ○ 또는 ×가 연속하여 3개인 곳을 찾아 색칠(▨)해 보시오.

STEP 02 01 에서 색칠된 모양이 연속하여 4개가 되지 않도록 색칠된 칸 양쪽에 ○, ×를 알맞게 그려 보시오.

STEP 03 대각선줄에 ○ 또는 ×가 연속하여 3개인 곳을 찾아 색칠해 보시오.

STEP 04 03 에서 색칠된 모양이 연속하여 4개가 되지 않도록 색칠된 칸 양쪽에 ○, ×를 알맞게 그려 보시오.

STEP 05 | 규칙 |에 맞도록 나머지 칸에 ○, ×를 알맞게 그려 보시오.

○	○	×	○	○
×(색칠)	○			×
×(색칠)		○	×	
×(색칠)	○	○		×
	×	○	○	×

정답과 풀이 27쪽

01 4개 금지 퍼즐의 | 규칙 |에 따라 빈칸에 ○, ×를 알맞게 그려 보시오.

| 규칙 |

① 가로줄, 세로줄에 ○ 또는 ×가 연속하여 4개가 되면 안됩니다.
② 모든 대각선줄에 ○ 또는 ×가 연속하여 4개가 되면 안됩니다.

도전 ❶ ★★

○	○	×	
×	○	×	×
×		×	○
×	○		○

도전 ❷ ★★★

○	×	○	×
○		×	×
○		○	×
	○	×	○

도전 ❸ ★★★★

	×	×	×	
○	○	×	○	×
○	○	○		×
	×	○	×	
×	○	○	×	○

도전 ❹ ★★★★★

	×			×
○		○		×
○		○	○	○
○	×	○	○	×
×	×		○	

01 |규칙|에 따라 친구가 가위가 있는 곳까지 가는 길을 그려 보시오.

규칙

① 위와 왼쪽에 있는 수는 친구가 각 줄에 지나가야 하는 방의 개수를 나타냅니다.

② 한 번 지나간 방은 다시 지나갈 수 없습니다.

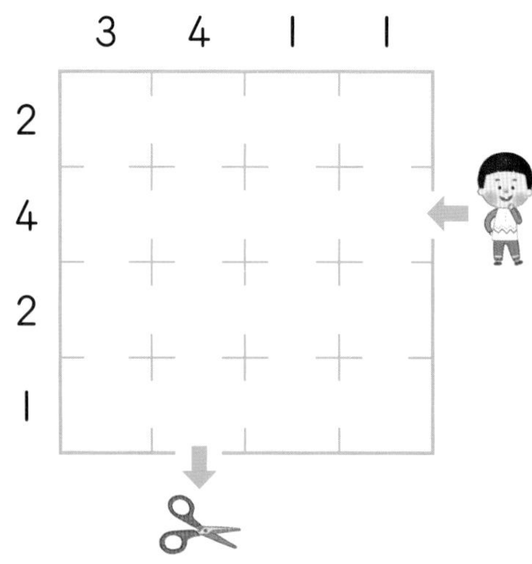

02 |규칙|에 따라 친구와 색 구슬을 선으로 연결해 보시오.

규칙

① 친구와 색 구슬을 1개씩만 연결해야 합니다.

② 모든 칸을 지나가야 합니다.

③ 각 칸은 한 번씩만 지나가야 합니다.

④ 거울을 만나면 방향이 바뀝니다.

› 정답과 풀이 28쪽

03 | 규칙 |에 따라 빈칸에 알맞은 수를 써넣으시오.

| 규칙 |

① 작은 수는 굵은 선으로 둘러싸인 블록 안에 들어갈 수들의 합을 나타냅니다.
② 가로줄과 세로줄의 각 칸에 1부터 4까지의 수가 한 번씩만 들어갑니다.

3	5 1		6 2
5	7 2		
4	9	2	1
	4	4	3

04 | 규칙 |에 따라 빈칸에 ○, ×를 알맞게 그려 보시오.

| 규칙 |

① 가로줄, 세로줄에 ○ 또는 ×가 연속하여 4개가 되면 안됩니다.
② 모든 대각선줄에 ○ 또는 ×가 연속하여 4개가 되면 안됩니다.

○		×	×	×	
	○	×	○	○	
	○		×	○	
○		×		○	×
○		×	×	×	

01 규칙에 따라 빈칸에 알맞은 수를 써넣으시오.

규칙

① 가로줄과 세로줄의 각 칸에 주어진 수가 한 번씩만 들어갑니다.

② ●에는 홀수, ■에는 짝수가 들어갑니다.

1, 2, 3, 4

2		3	4
3	2	4	
●	■		
	3	●	■

1, 2, 3, 4

●	■	1	
2	4		1
	3	4	■
4	●		

정답과 풀이 29쪽

02 |규칙|에 따라 친구와 동물을 선으로 연결해 보시오.

|규칙|

① 빈칸에 주어진 카드의 선을 그려 친구 1명과 동물 1마리를 연결합니다.
② 주어진 카드의 개수만큼 선을 그려야 합니다.
③ 카드의 선은 돌려서 그릴 수 있습니다.

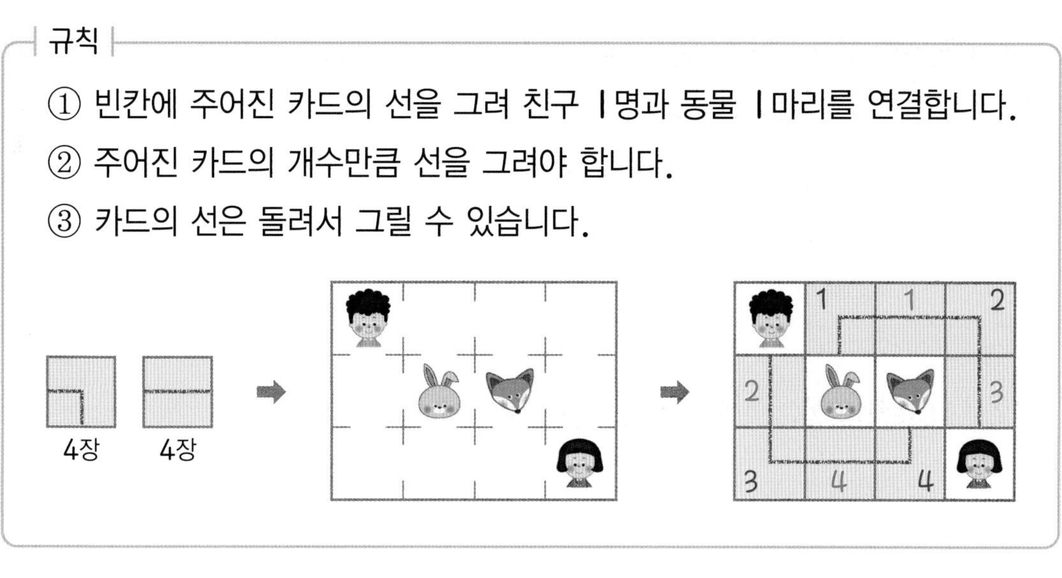

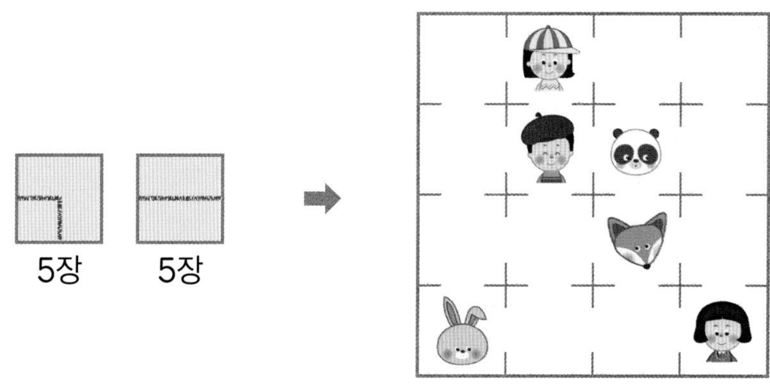

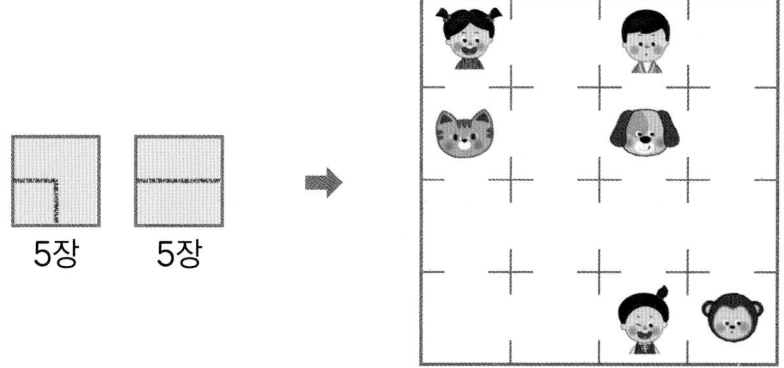

Ⅲ 측정

계획한 대로 공부한 날은 😀 에, 공부하지 못한 날은 🙁 에 ○표 하세요.

공부할 내용	공부할 날짜	확 인
1 길이 비교	월 일	😀 | 🙁
2 무게 비교	월 일	😀 | 🙁
3 들이 비교	월 일	😀 | 🙁
4 위치 찾기	월 일	😀 | 🙁
Creative 팩토	월 일	😀 | 🙁
Challenge 영재교육원	월 일	😀 | 🙁

1 길이 비교

원리탐구 ① 키 비교

크기가 다른 칸 수를 세어 키를 비교할 수 있습니다.

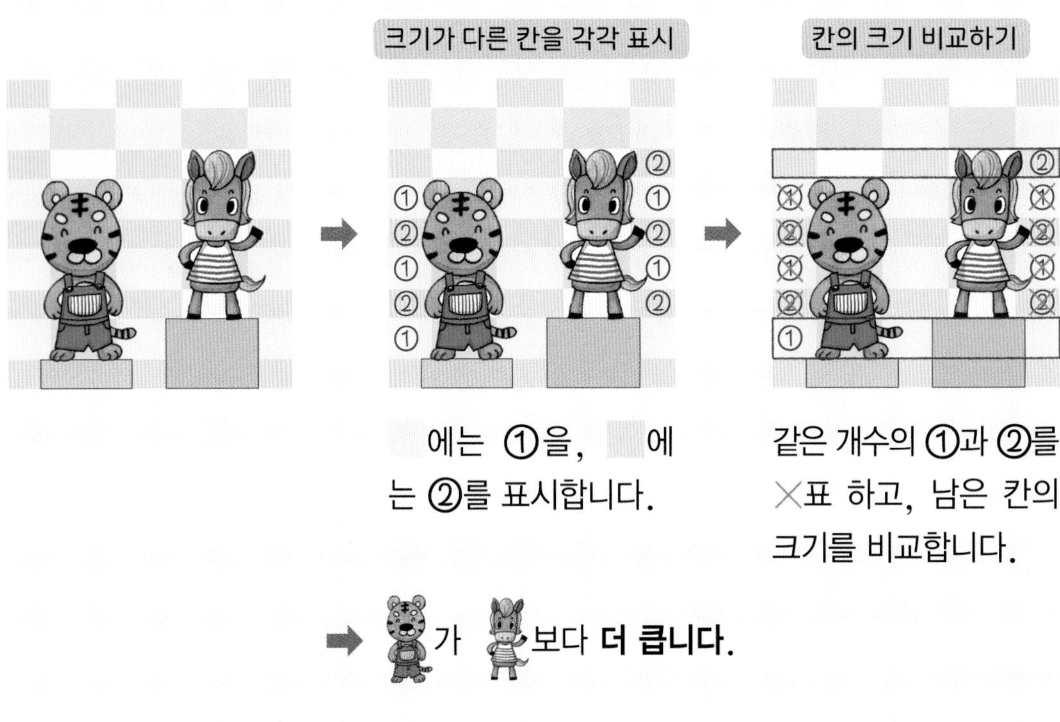

에는 ①을, 에는 ②를 표시합니다.

같은 개수의 ①과 ②를 ×표 하고, 남은 칸의 크기를 비교합니다.

➡ 가 보다 **더 큽니다.**

확인 1. 키를 비교하여 키가 더 큰 동물을 찾아 ○표 하시오.

정답과 풀이 30쪽

원리탐구 ② 선의 길이 비교

두 선의 길이를 비교할 때, 다음과 같이 비교할 수 있습니다.

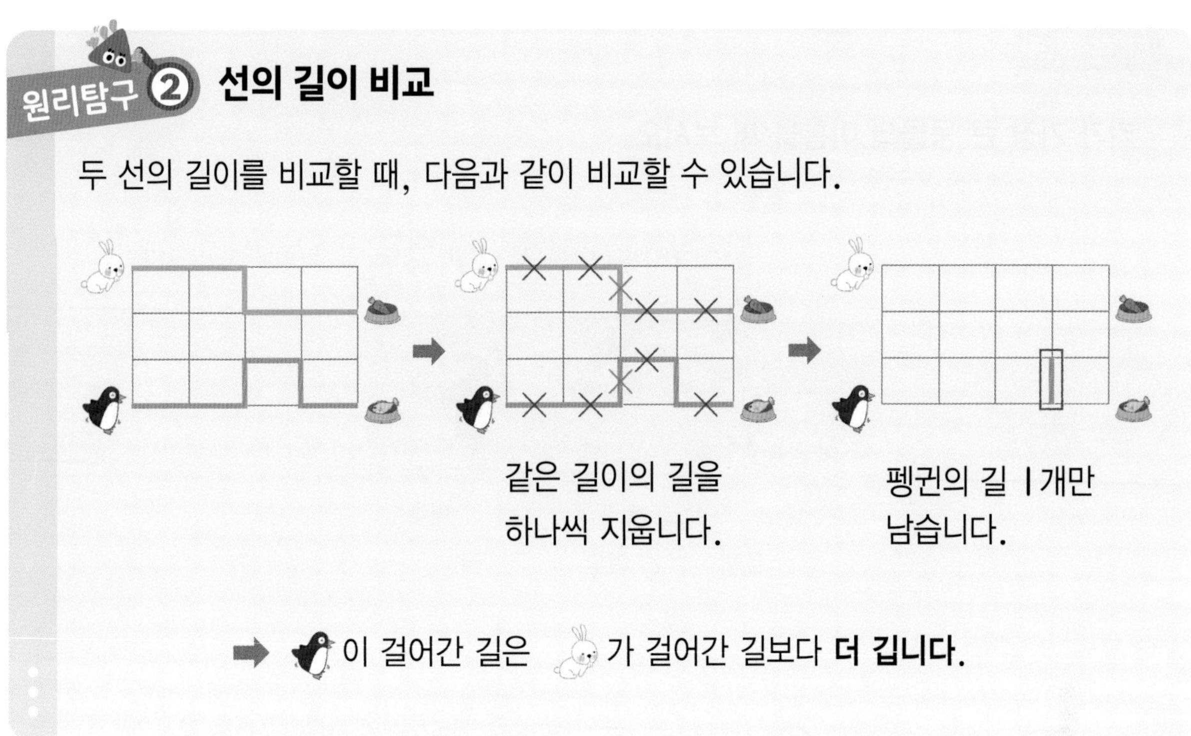

같은 길이의 길을 하나씩 지웁니다.

펭귄의 길 1개만 남습니다.

➡ (펭귄)이 걸어간 길은 (토끼)가 걸어간 길보다 **더 깁니다.**

확인 **1.** 더 긴 길을 걸어간 동물을 찾아 ○표 하시오.

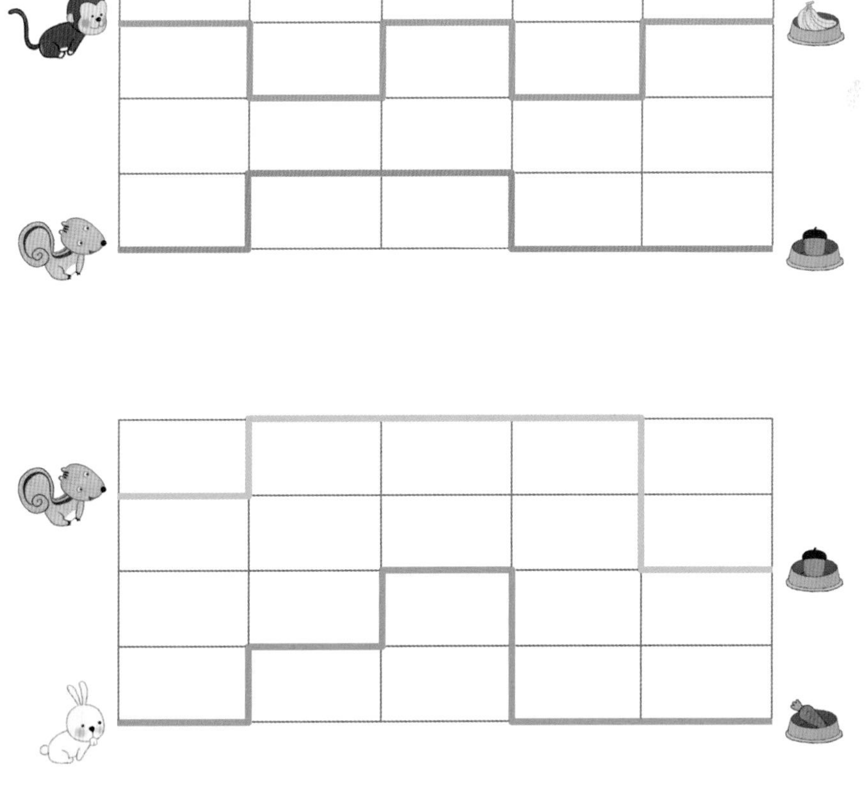

키 비교

대표문제

키가 가장 큰 동물의 이름을 써 보시오.

STEP 01 각 동물 옆에 [ ] 에는 ①, [ ] 에는 ②, [ ] 에는 ③을 표시해 보시오.

STEP 02 STEP 01 에서 각 동물 옆에 표시한 ①, ②, ③ 중에서 모두 똑같이 있는 칸에 ×표 하시오.

STEP 03 STEP 02 에서 ×표를 하고 남은 칸의 크기를 비교하고, 키가 가장 큰 동물의 이름을 써 보시오.

정답과 풀이 31쪽

01 키가 가장 큰 동물부터 순서대로 써 보시오.

02 키가 가장 큰 동물부터 순서대로 써 보시오.

원리탐구 ❷ 선의 길이 비교

대표문제

먹이를 먹으러 가는 길이 가장 긴 동물의 이름을 찾아 써 보시오.

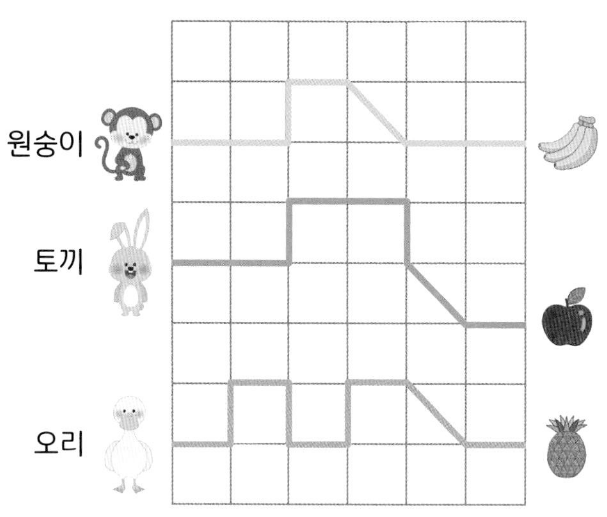

STEP 01 같은 길이의 길을 하나씩 ╳표 하여 지워 보시오.

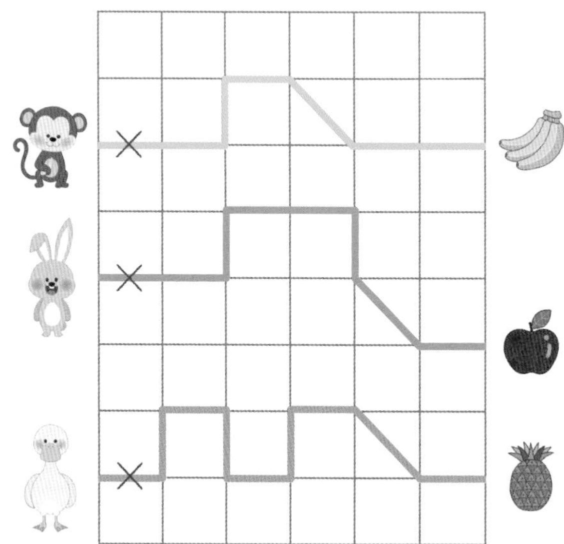

STEP 02 STEP 01 에서 지우고 남은 길의 길이를 세어 먹이를 먹으러 가는 길이 가장 긴 동물의 이름을 찾아 써 보시오.

01 집까지 가는 길이 가장 먼 자동차를 찾아 ○표 하시오.

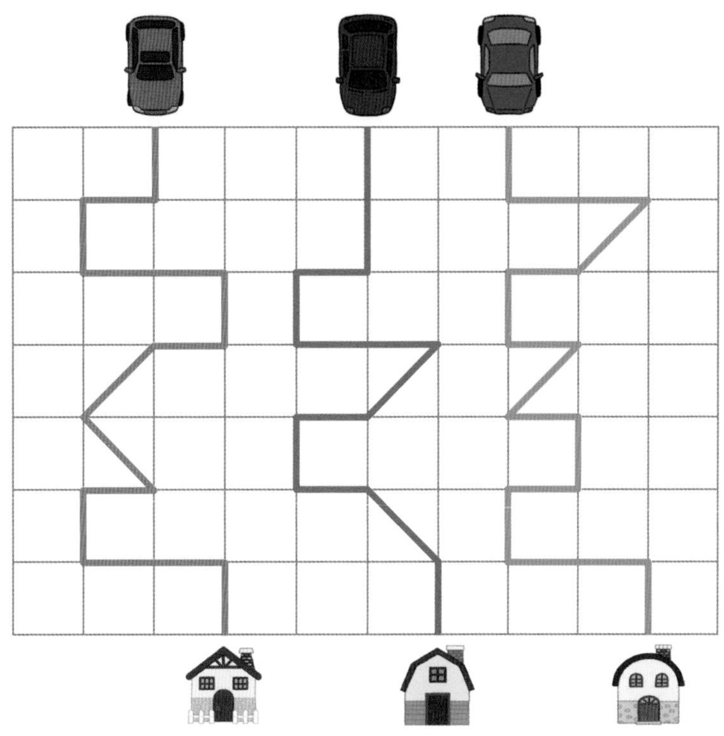

02 길이가 가장 긴 끈을 찾아 기호를 써 보시오.

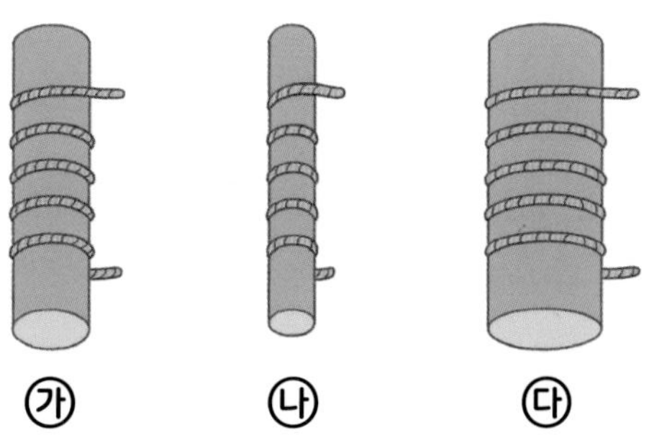

② 무게 비교

원리탐구 ① 무게 비교

양팔 저울을 이용하여 무게를 비교할 수 있습니다.

㉮는 ㉯보다
더 무겁습니다.

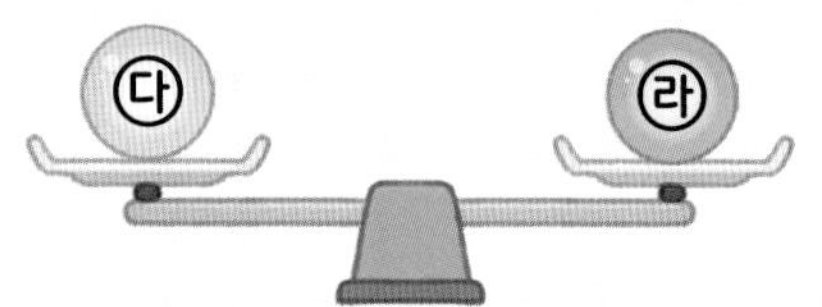

㉰와 ㉱의 무게는
같습니다.

확인 **1.** 더 무거운 것에 ○표 하시오.

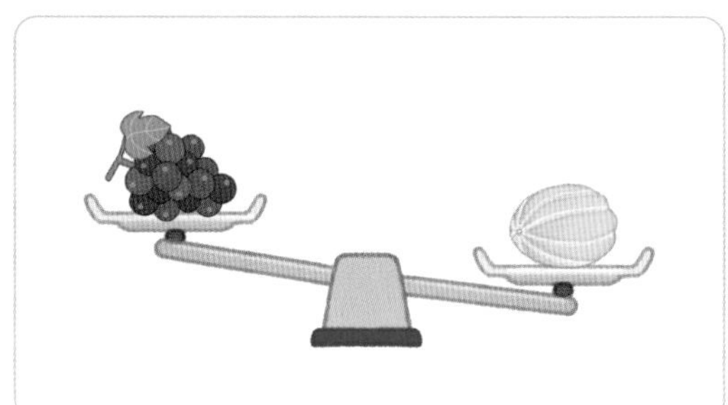

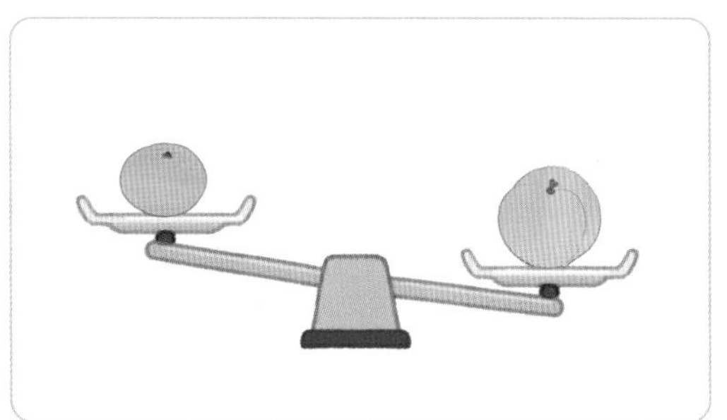

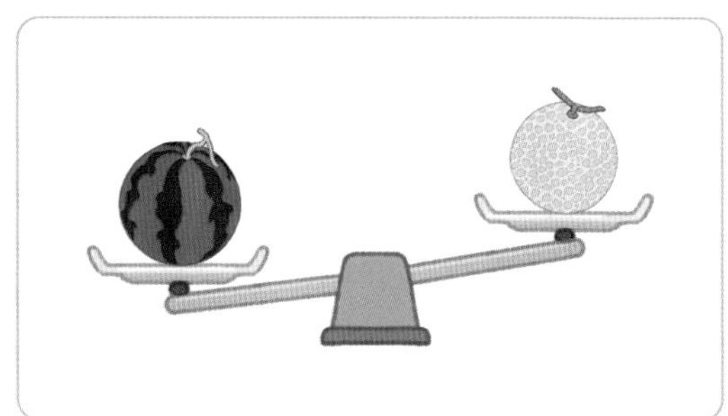

> 정답과 풀이 33쪽

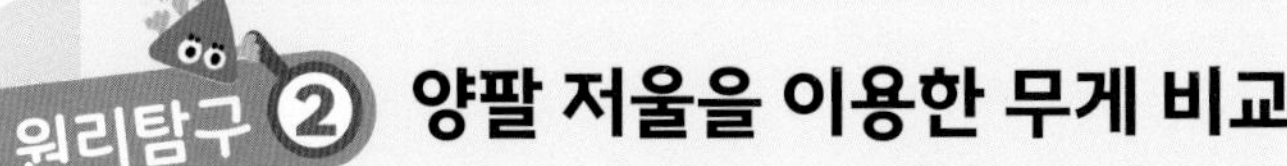

양팔 저울을 이용한 무게 비교

사과 1개와 화장지 2개의 무게가 같으므로 사과 1개는 화장지 1개보다 더 무겁습니다.

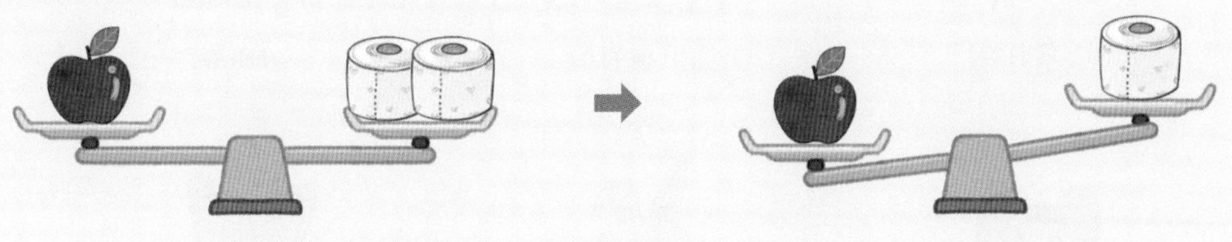

사과 1개 = 화장지 2개

사과 1개 > 화장지 1개
(=화장지 2개)

확인 **1.** 더 무거운 것에 ○표 하시오. (단, 같은 물건 각각의 무게는 같습니다.)

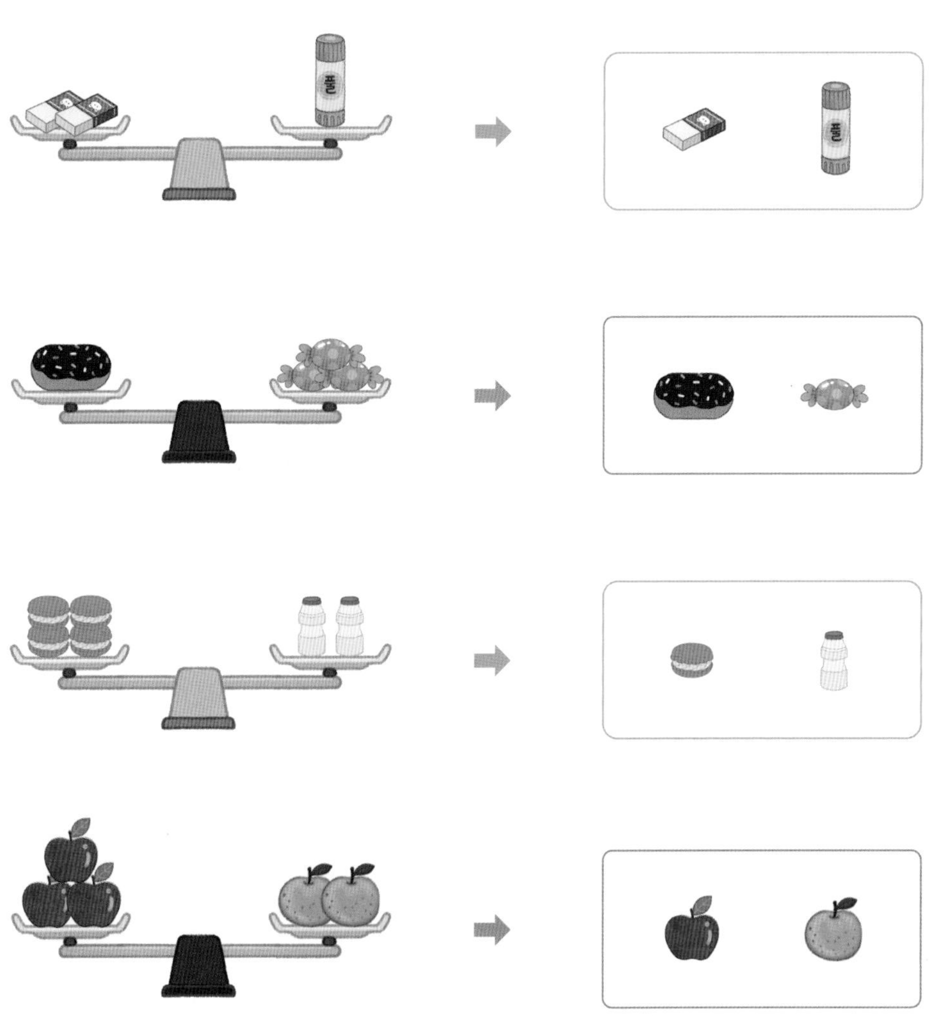

원리탐구 ① 무게 비교

대표문제

가장 가벼운 동물부터 순서대로 동물의 이름을 써 보시오.

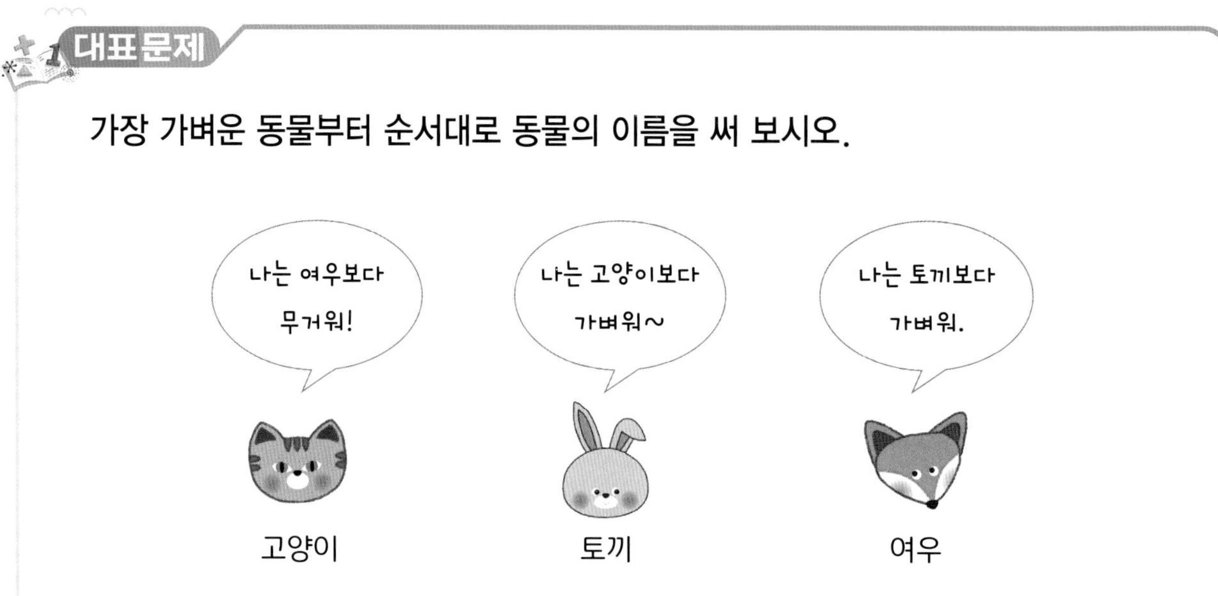

나는 여우보다
무거워!
나는 고양이보다
가벼워~
나는 토끼보다
가벼워.
고양이
토끼
여우

STEP 01 각 동물의 이야기를 보고 시소의 알맞은 위치에 동물의 이름을 써 보시오.

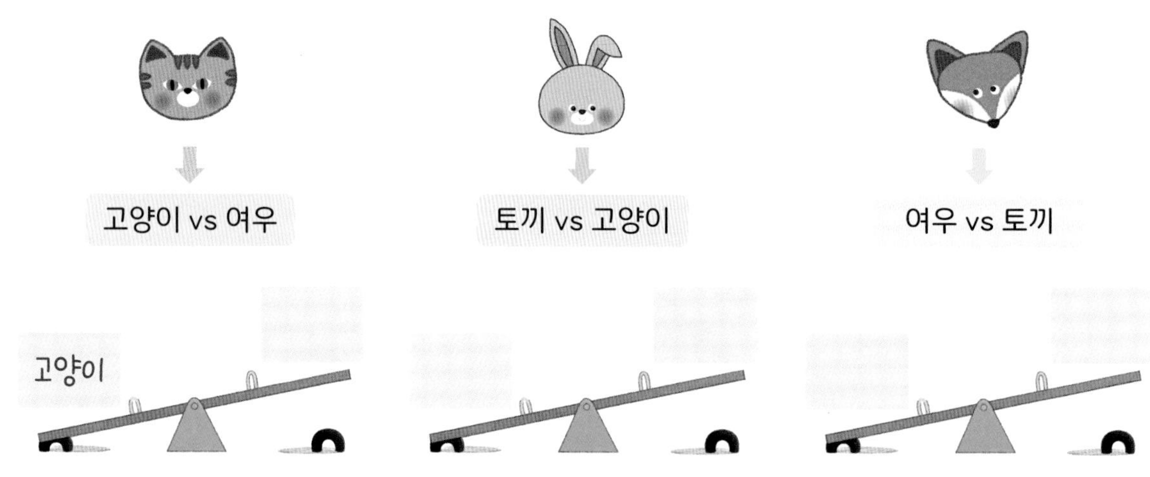

STEP 02 STEP 01 의 첫째 번과 둘째 번 시소 그림을 보고 가장 무거운 동물을 써 보시오.

STEP 03 STEP 01 의 셋째 번 시소 그림을 보고 더 가벼운 동물을 써 보시오.

STEP 04 가장 가벼운 동물부터 순서대로 동물의 이름을 써 보시오.

01 가장 무거운 과일부터 순서대로 써 보시오.

02 야구공, 테니스공, 농구공 중에서 가장 무거운 공을 찾아 써 보시오.

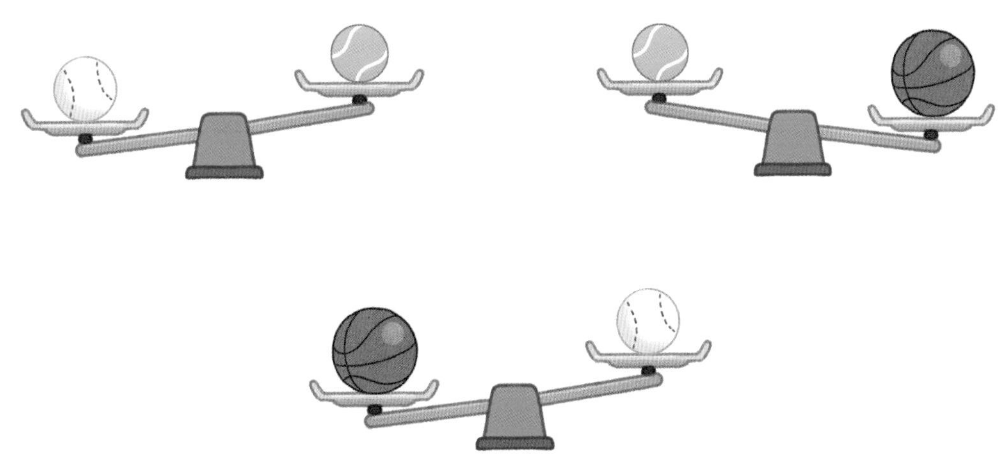

원리탐구 ② 양팔 저울을 이용한 무게 비교

대표문제

가장 무거운 구슬부터 순서대로 기호를 써 보시오.

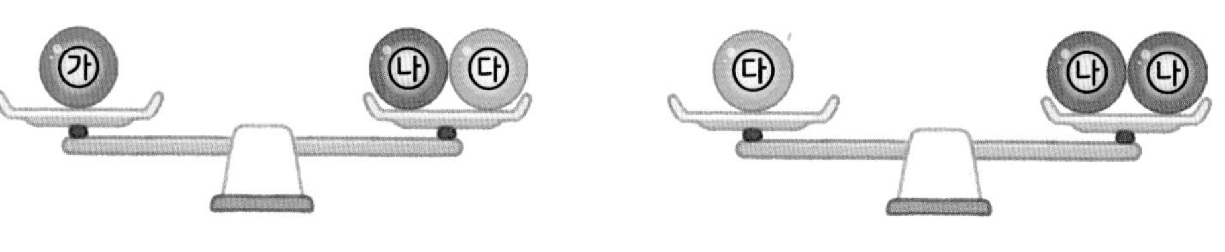

STEP 01 가장 무거운 구슬의 기호를 써 보시오.

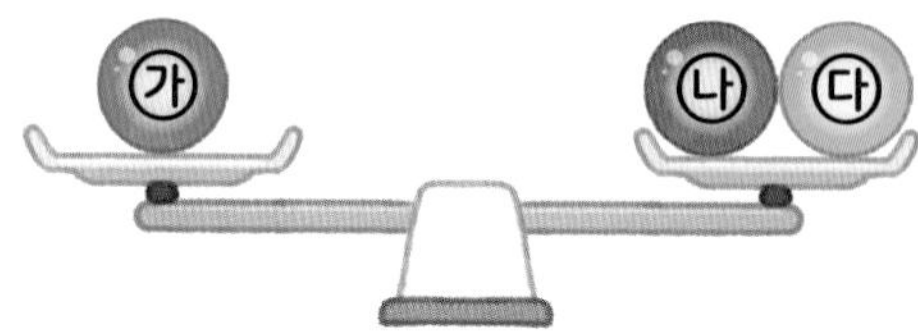

STEP 02 ㉯와 ㉰ 중에서 더 무거운 구슬의 기호를 써 보시오.

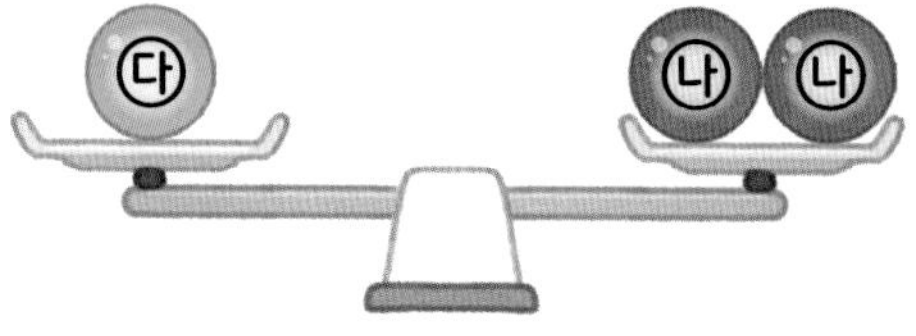

STEP 03 가장 무거운 구슬부터 순서대로 기호를 써 보시오.

정답과 풀이 35쪽

01 사과, 감, 배 중에서 가장 가벼운 과일부터 순서대로 써 보시오.

02 구슬, 인형, 주사위 중에서 가장 무거운 것부터 순서대로 써 보시오.

3 들이 비교

원리탐구 ① 구슬이 들어 있는 물의 양

그릇에 넣는 구슬의 개수가 많아질수록 물의 높이가 더 올라갑니다.

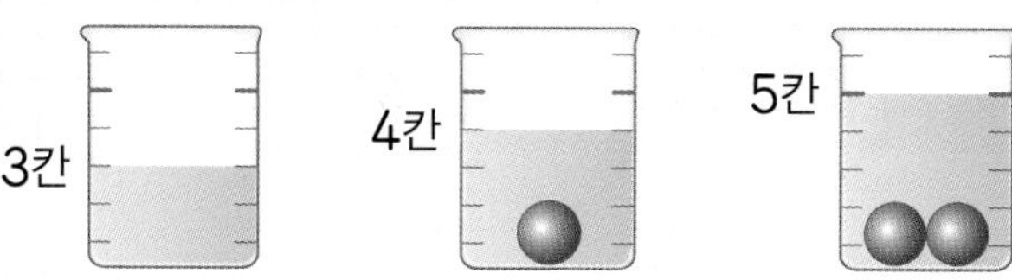

확인 1. | 조건 |을 보고 물이 가장 많이 들어 있는 것에 ○표, 가장 적게 들어 있는 것에 △표 하시오.

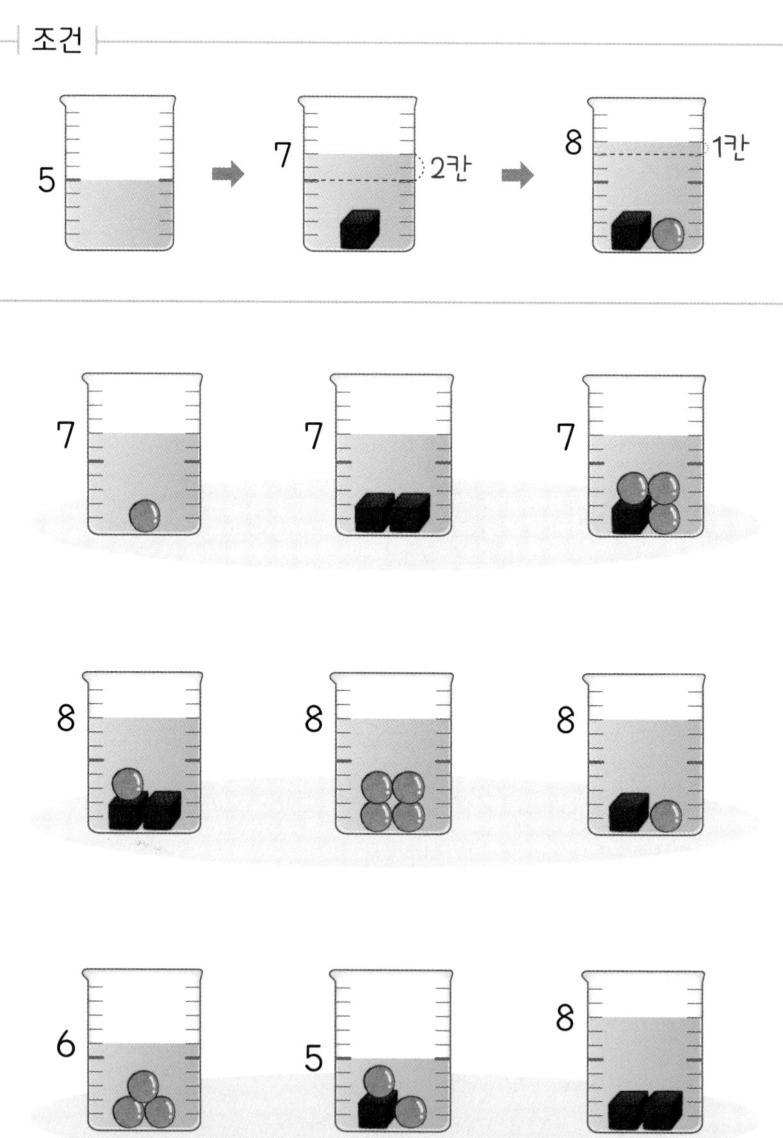

정답과 풀이 36쪽

원리탐구 ② 그릇의 크기가 다른 경우 들이 비교

㉮에 물을 가득 넣어 ㉯에 부었을 때 물이 넘치면 ㉮에 담을 수 있는 물의 양이 더 많다는 것을 알 수 있습니다.

확인 1. |조건|과 그림을 보고 알맞은 말에 ○표 하시오.

|조건| ㉮에 물을 가득 넣어 ㉯에 부으면 물이 모자랍니다.

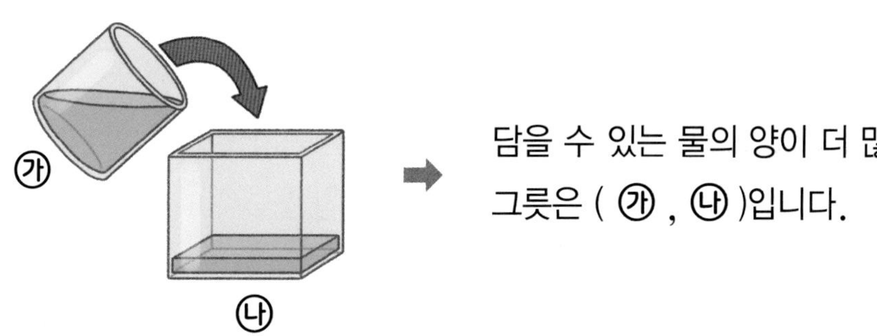

|조건| ㉮에 물을 가득 넣어 ㉯에 부으면 물이 넘칩니다.

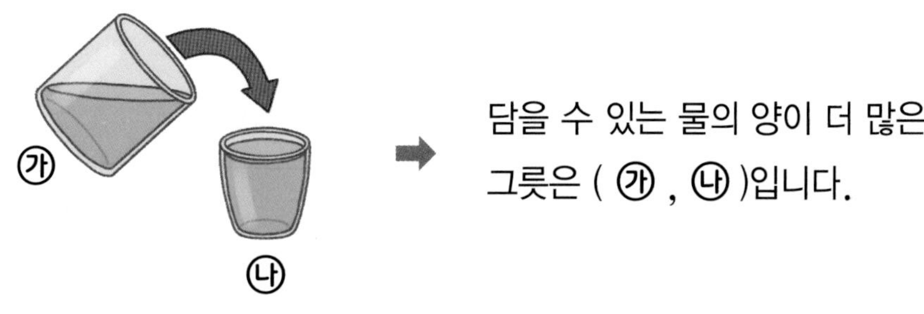

㉮
㉯
담을 수 있는 물의 양이 더 많은
그릇은 (㉮ , ㉯)입니다.

원리탐구 ① 구슬이 들어 있는 물의 양

대표문제

㉮와 ㉯ 중 물이 더 많이 들어 있는 그릇의 기호를 써 보시오.

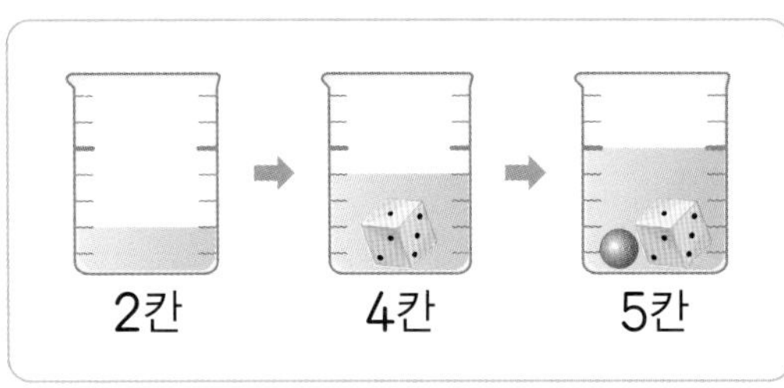

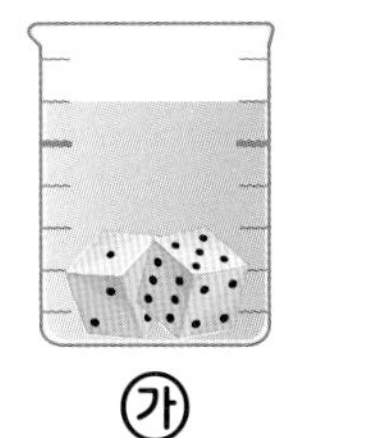

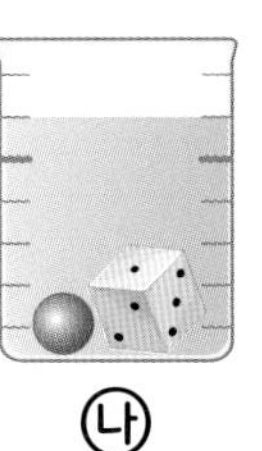

STEP 01 주사위를 넣으면 물의 높이는 몇 칸 올라갑니까?

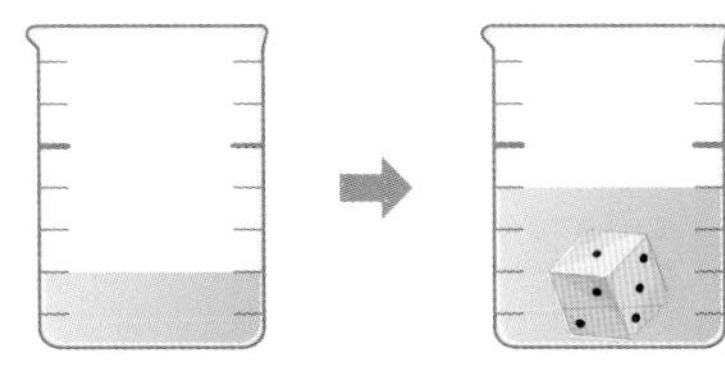

칸 올라갑니다.

STEP 02 구슬을 넣으면 물의 높이는 몇 칸 올라갑니까?

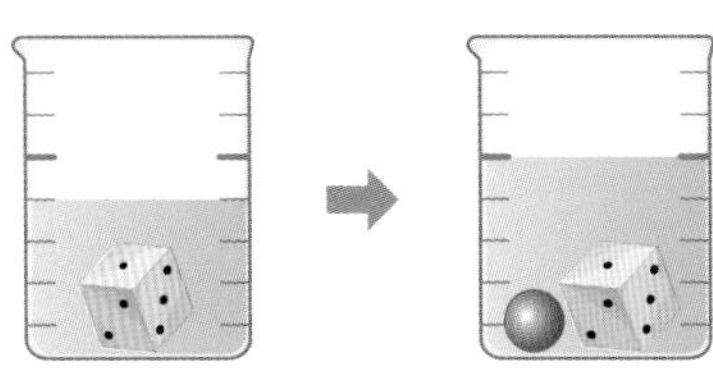

칸 올라갑니다.

STEP 03 주사위와 구슬을 모두 꺼냈을 때 물의 양을 그려 보고, 물이 더 많이 들어 있는 그릇의 기호를 써 보시오.

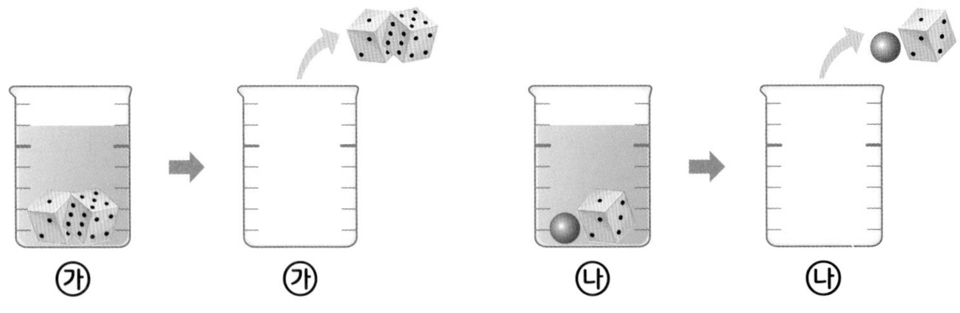

정답과 풀이 37쪽

01 물이 더 많이 들어 있는 그릇의 기호를 써 보시오.

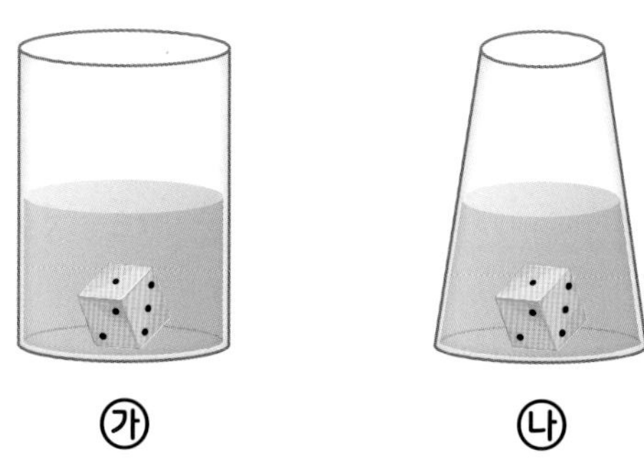

02 그릇 ㉮의 물이 넘치려면 적어도 몇 개의 구슬을 넣어야 하는지 구해 보시오.

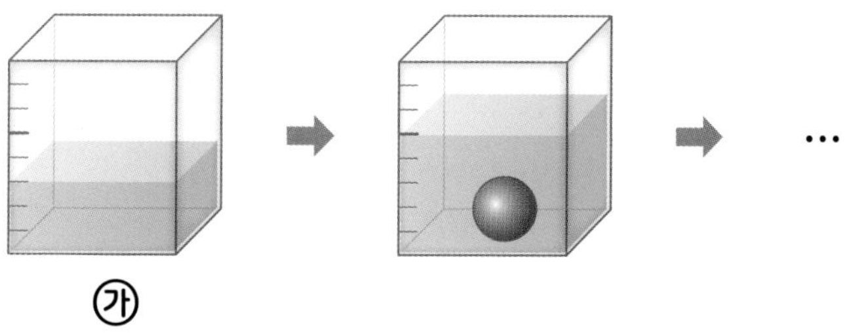

원리탐구 ❷ 그릇의 크기가 다른 경우 들이 비교

대표문제

㉮, ㉯, ㉰ 중에서 가장 큰 컵을 찾아 기호를 써 보시오.

- ㉮ 컵에 물을 가득 넣어 ㉯ 컵에 부으면 물이 넘칩니다.
- ㉮ 컵에 물을 가득 넣어 ㉰ 컵에 부으면 절반만 찹니다.

STEP 01 ㉮ 컵에 물을 가득 넣어 ㉯ 컵에 부으면 물이 넘칠 때, 더 큰 컵의 기호를 써 보시오.

STEP 02 ㉮ 컵에 물을 가득 넣어 ㉰ 컵에 부으면 절반만 찰 때, 더 큰 컵의 기호를 써 보시오.

STEP 03 ㉮, ㉯, ㉰ 중에서 가장 큰 컵을 찾아 기호를 써 보시오.

정답과 풀이 38쪽

01 설명을 보고 알맞은 주전자를 찾아 기호를 써 보시오.

- 주전자 ㉮에 물을 가득 넣어 병에 부으면 가득 채워집니다.
- 주전자 ㉯에 물을 가득 넣어 병에 부으면 넘칩니다.
- 주전자 ㉰에 물을 가득 넣어 병에 부으면 절반만 찹니다.

병

02 설명을 보고 가장 큰 그릇부터 순서대로 기호를 써 보시오.

- ㉮ 그릇에 물을 가득 넣어 ㉯ 그릇에 부으면 물이 넘칩니다.
- ㉯ 그릇에 물을 가득 넣어 ㉰ 그릇에 부으면 물이 넘칩니다.
- ㉮ 그릇에 물을 가득 넣어 ㉱ 그릇에 부으면 물이 절반만 찹니다.

4 위치 찾기

원리탐구 1 점의 위치 읽기

점의 위치는 다음과 같이 나타냅니다.

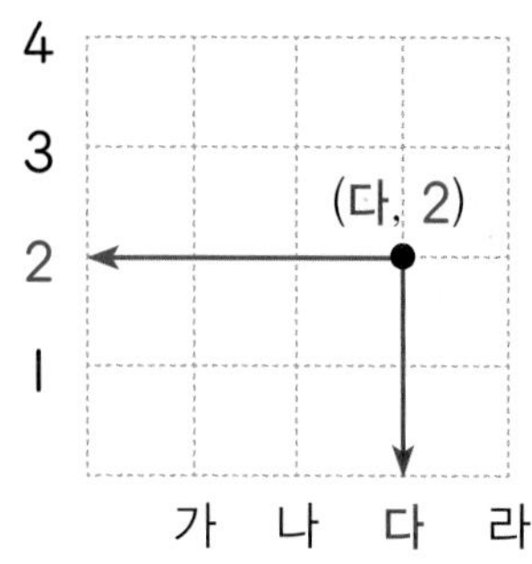

➡ 점의 위치는 (다, 2)입니다.

확인 1. ★의 위치를 써 보시오.

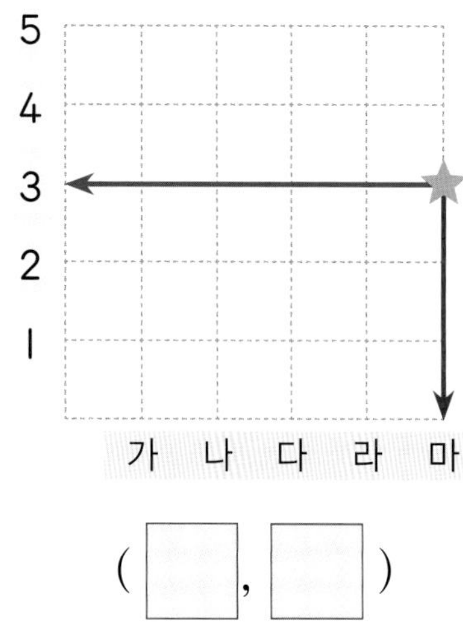

(,)

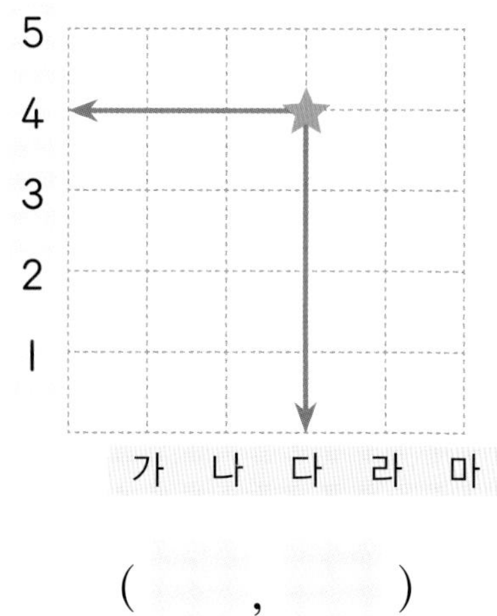

(,)

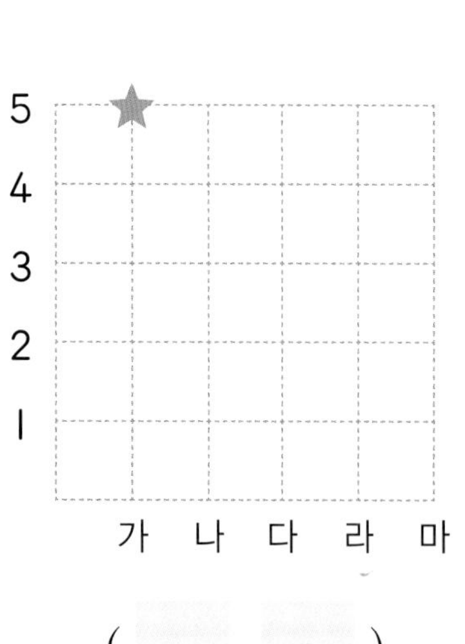

(,)

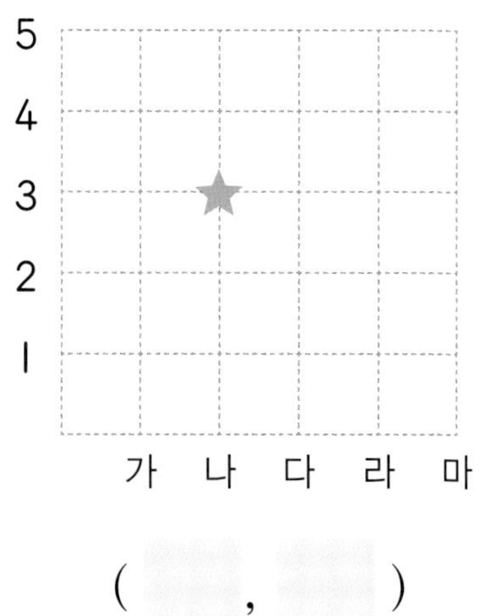

(,)

정답과 풀이 39쪽

원리탐구 ② 점의 위치 표현

위치가 (나, 1), (라, 3)인 점을 찾을 수 있습니다.

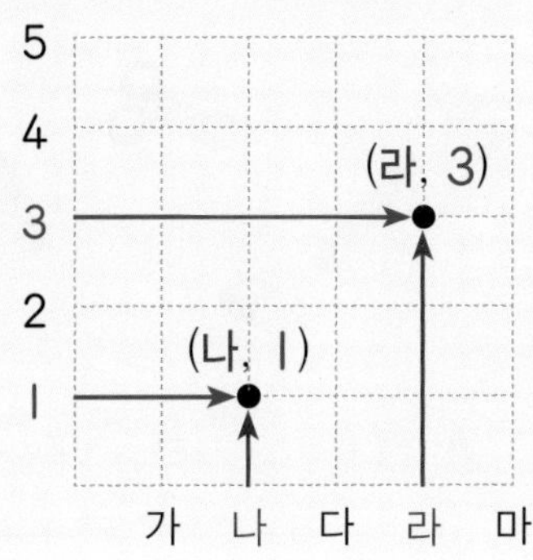

확인 1. 주어진 위치에 ★을 그려 보시오.

(마, 5)

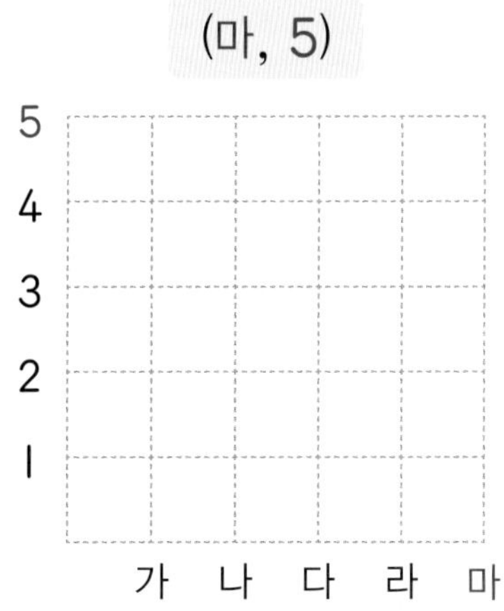

(가, 2)

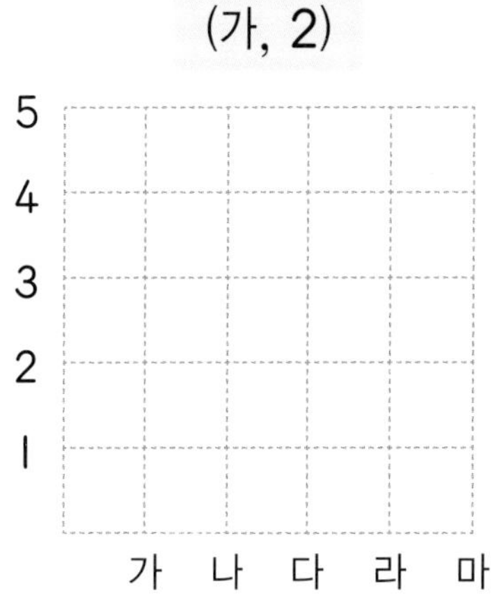

(라, 1)

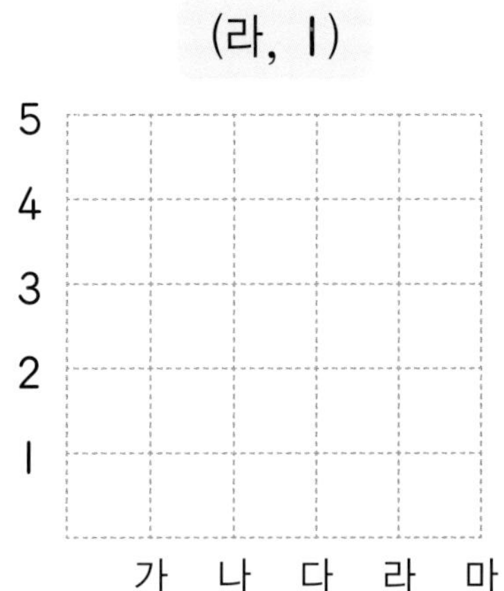

(다, 3)

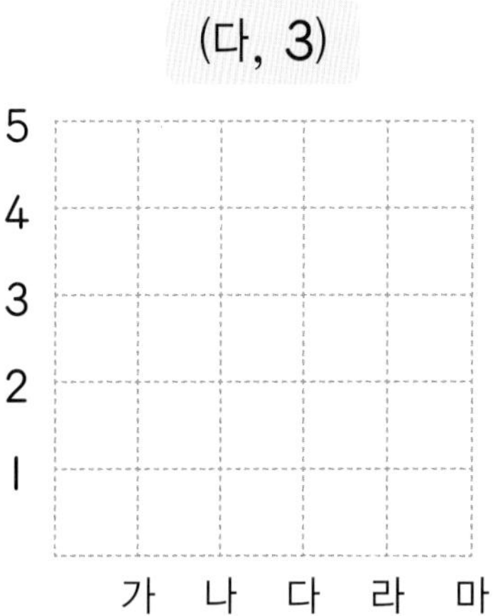

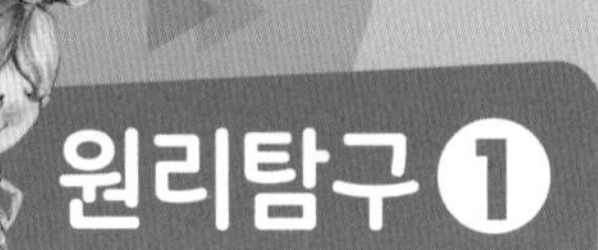

원리탐구 ❶ 점의 위치 읽기

대표문제

책상 위의 학용품의 위치를 써 보시오.

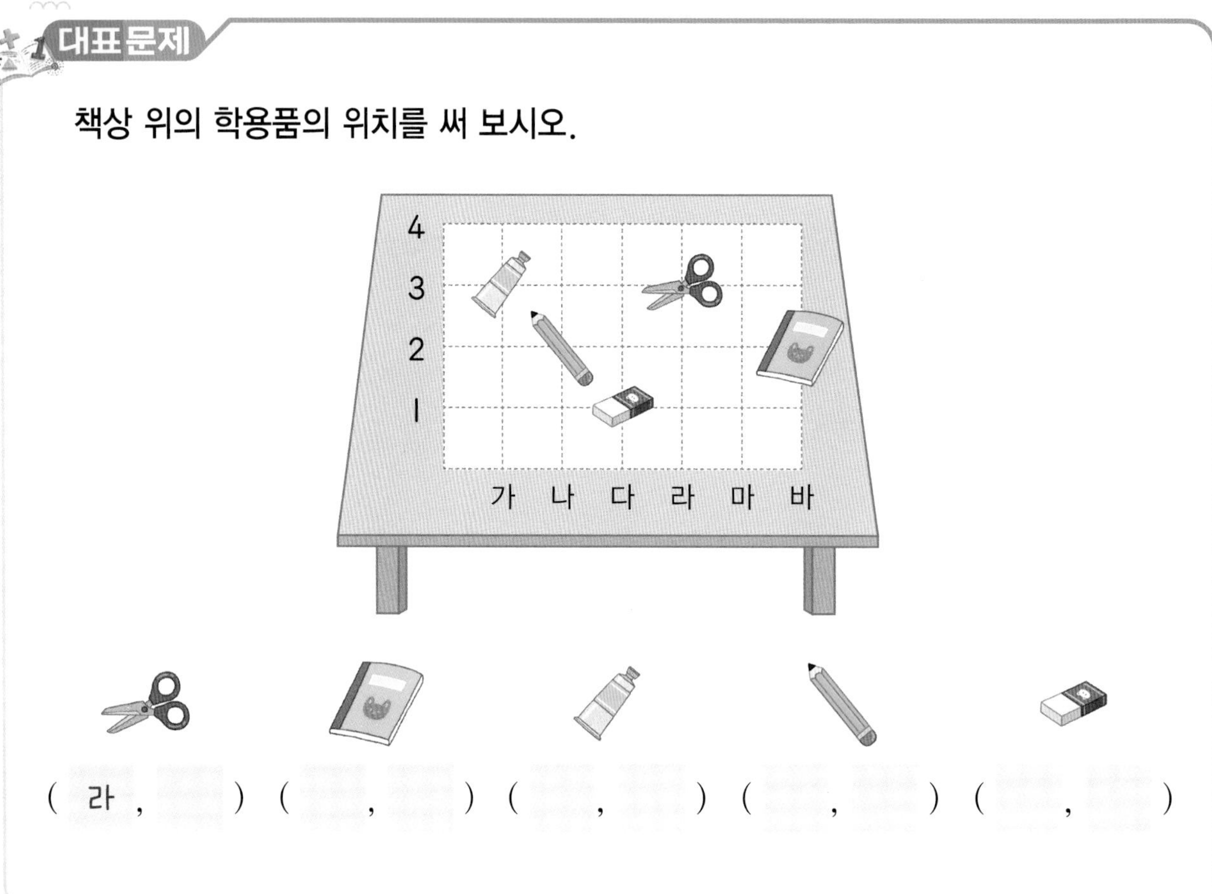

(라 ,) (,) (,) (,) (,)

STEP 01 가위가 있는 위치를 써 보시오.

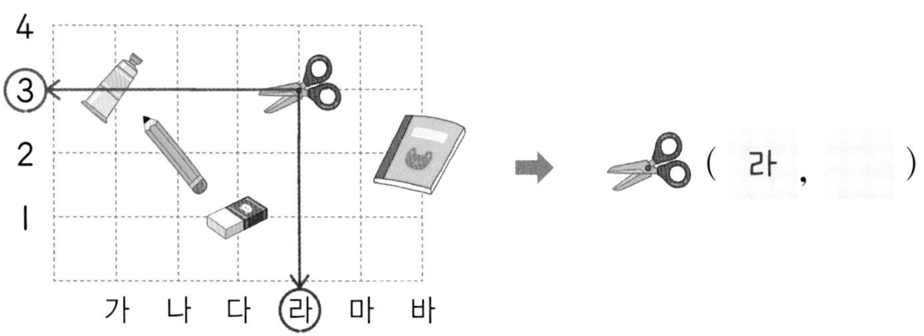

STEP 02 STEP 01 의 가위의 위치를 찾는 방법을 사용하여 공책, 물감, 연필, 지우개의 위치도 찾아 써 보시오.

(,) (,) (,) (,)

01 숨은 그림을 찾아 위치를 써 보시오.

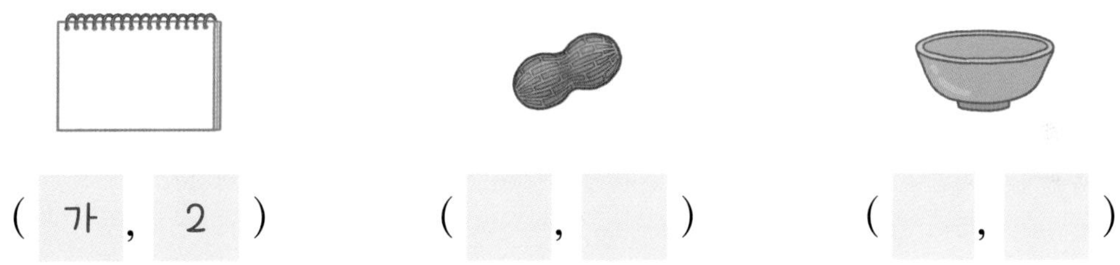

(가 , 2) (,) (,)

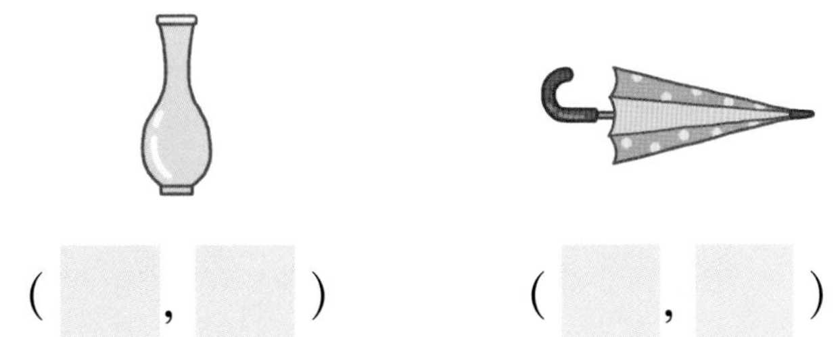

(,) (,)

원리탐구 ② 점의 위치 표현

대표문제

우물의 위치를 찾아 ○표 하고, 돼지가 나무와 우물을 피해 집까지 가는 가장 짧은 길을 그려 보시오.

우물의 위치
(나, 1), (나, 3), (다, 4), (라, 2)

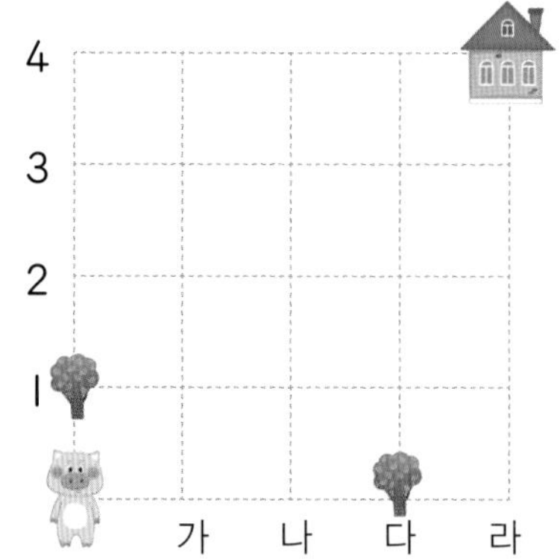

STEP 01 우물의 위치를 찾아 그려 보시오.

우물의 위치
(나, 1), (나, 3), (다, 4), (라, 2)

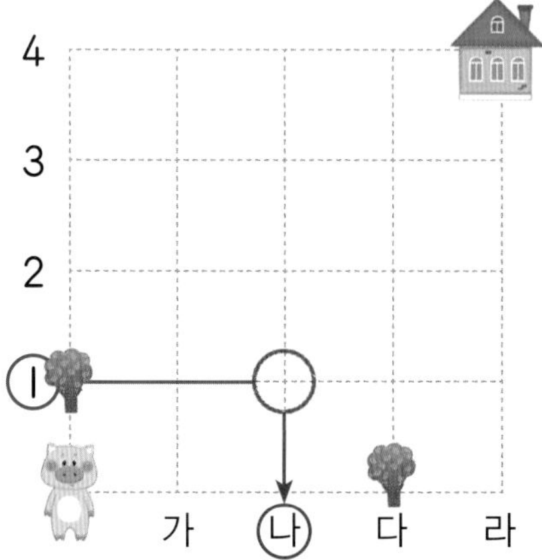

STEP 02 STEP 01 에서 돼지가 집까지 가는 가장 짧은 길을 점선을 따라 그려 보시오.

정답과 풀이 41쪽

01 나무의 위치를 찾아 ○표 하고, 강아지가 바위와 나무를 피해 집까지 가는 가장 짧은 길을 그려 보시오.

나무의 위치

(가, 1), (나, 3), (다, 1),
(다, 5), (마, 4)

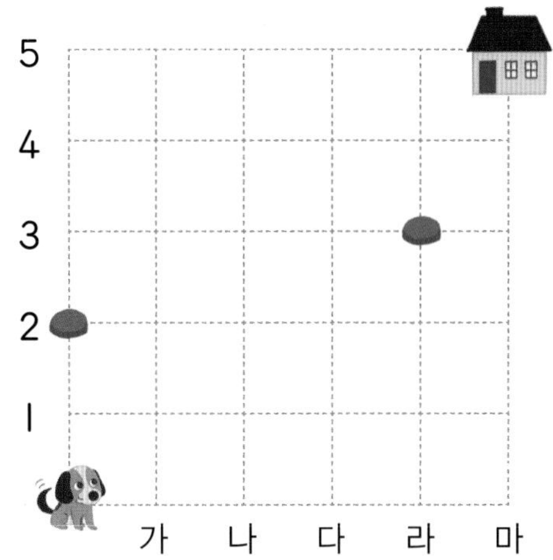

02 '사랑하는 우리 가족'이 나타내는 점을 찾아 순서대로 연결했을 때, 나타나는 모양을 그려 보시오.

사	랑	하	는	우	리	가	족
(다, 4)	(라, 5)	(마, 4)	(마, 3)	(다, 1)	(가, 3)	(가, 4)	(나, 5)

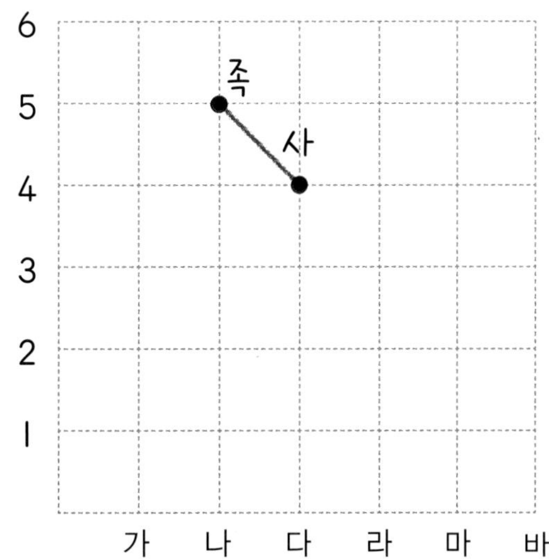

01 자동차, 비행기, 오리 인형이 있습니다. 가장 무거운 것부터 순서대로 써 보시오.

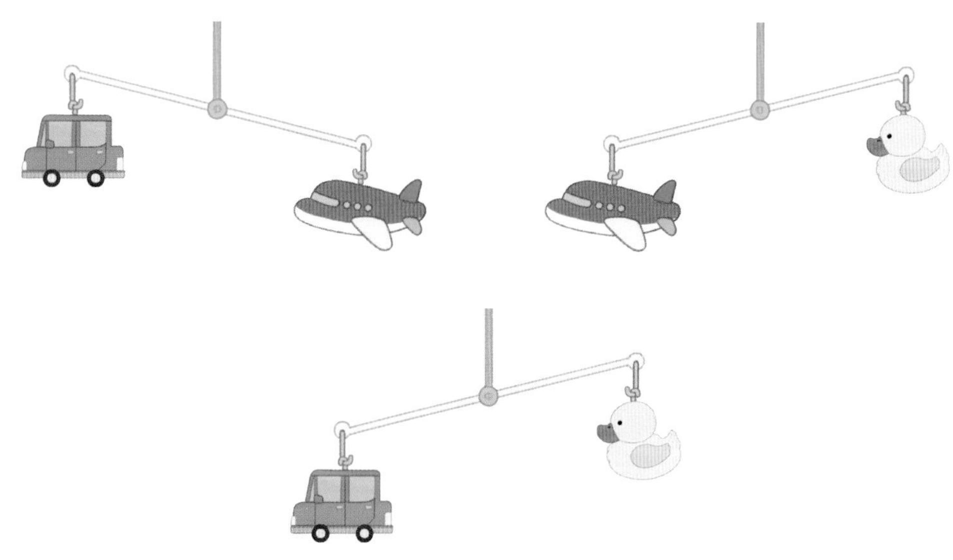

02 크기가 같은 주전자에 물을 가득 담아서 아래에 있는 그릇에 가득 채웠습니다. 물이 가장 많이 남아 있는 주전자의 기호를 써 보시오.

03 빨간색 끈의 길이가 둘째 번으로 긴 것의 기호를 써 보시오.

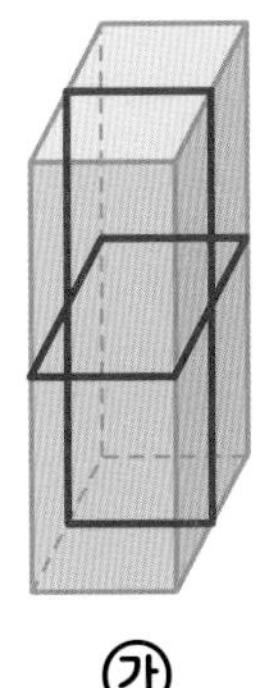
㉮

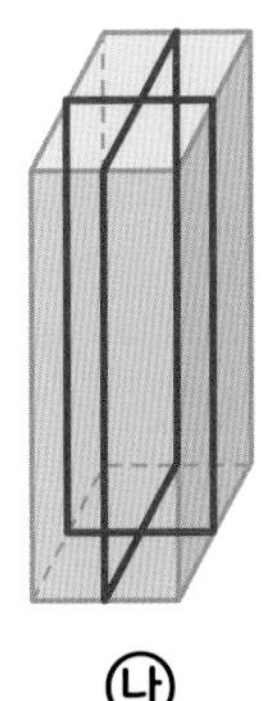
㉯

㉰

04 별의 위치를 알맞게 표시하고, 선으로 연결하여 염소자리를 완성해 보시오.

염소자리

(차, 6) → (바, 7) → (라, 7) → (다, 6) → (라, 4) → (아, 5) → (바, 7)

가 나 다 라 마 바 사 아 자 차 카

01 다음은 여러 가지 과일의 무게를 비교한 것입니다.

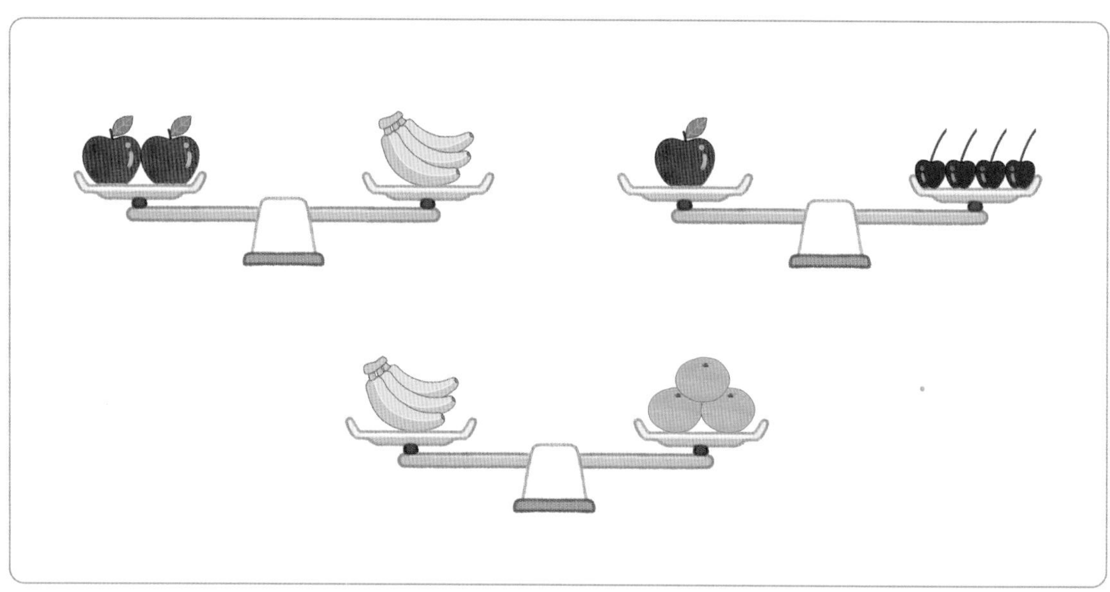

위의 그림을 이용하여 빈 곳에 알맞은 과일의 개수를 써 보시오.

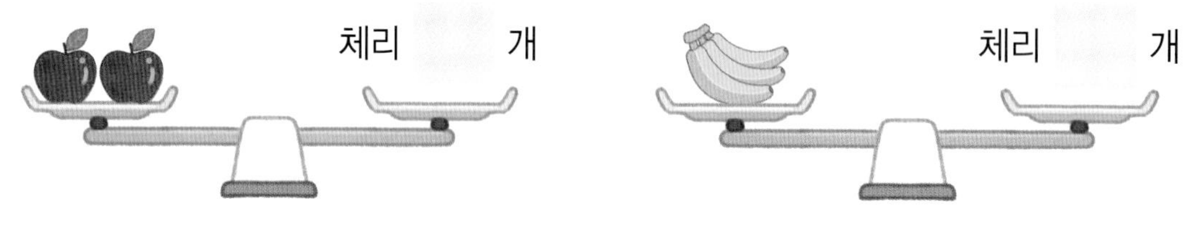

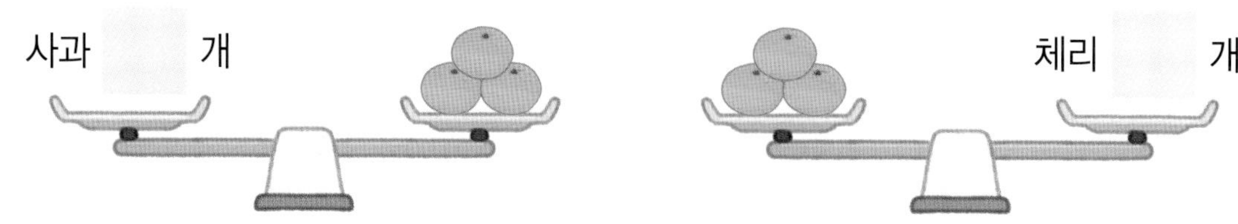

정답과 풀이 43쪽

02 |보기|는 길이가 3인 종이를 한 번 접어서 놓은 것입니다. 물음에 답해 보시오. 온라인 활동지

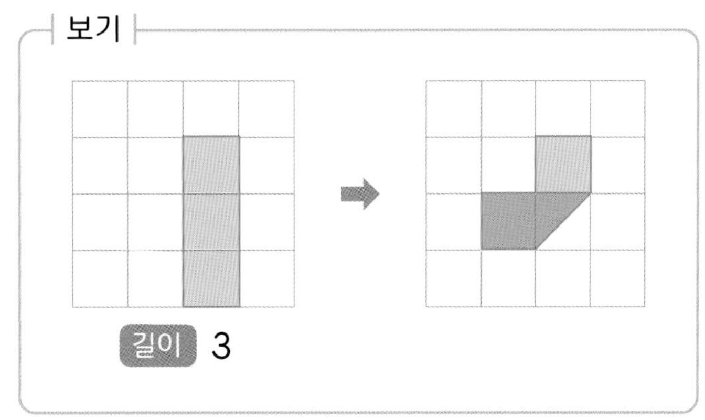

(1) 접은 모양의 종이를 폈을 때 종이의 길이를 □ 안에 써넣으시오.

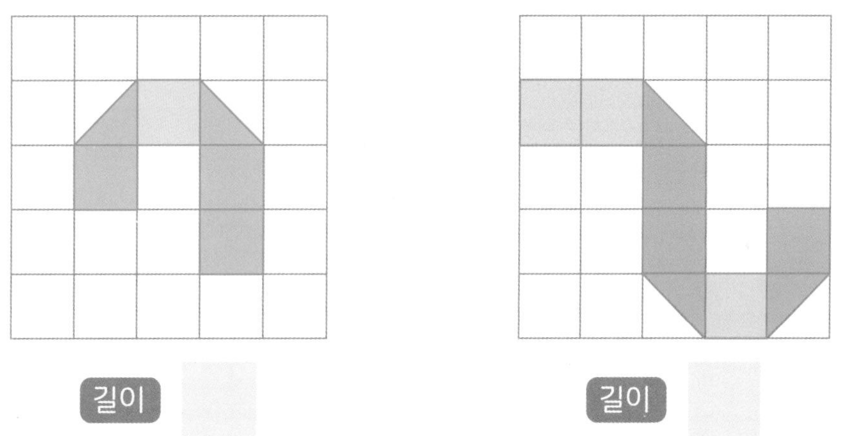

(2) 종이를 폈을 때 길이가 다른 종이 1개를 골라 기호를 써 보시오.

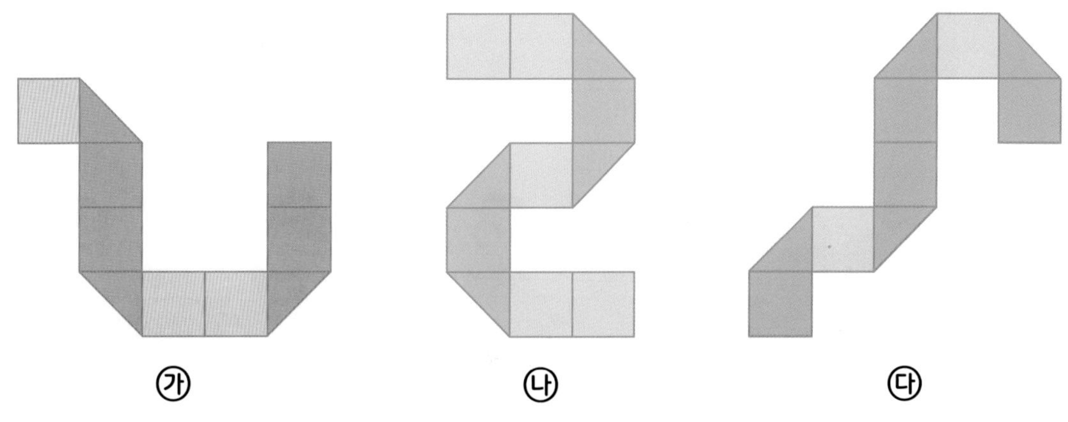

MEMO

영재학급, 영재교육원,
경시대회 준비를 위한

창의사고력 초등수학

팩토

형성 평가

총괄 평가

형성평가

시험일시	년 월 일
이 름	

권장 시험 시간 30분

- ✓ 총 문항 수(10문항)를 확인해 주세요.
- ✓ 권장 시험 시간(30분) 안에 문제를 풀어 주세요.
- ✓ 문제를 정확히 읽고 답을 바르게 쓰세요.
- ✓ 잘 풀리지 않는 문제가 있으면 쉬운 문제부터 해결한 후 다시 도전해 보세요.

채점 결과를 매스티안 홈페이지(https://www.mathtian.com)에 방문하여 양식에 맞게 입력해 보세요.
「형성평가 결과지」를 직접 받아보실 수 있습니다.

01 찢어진 달력에 있는 수의 개수와 숫자의 개수를 각각 세어 보시오.

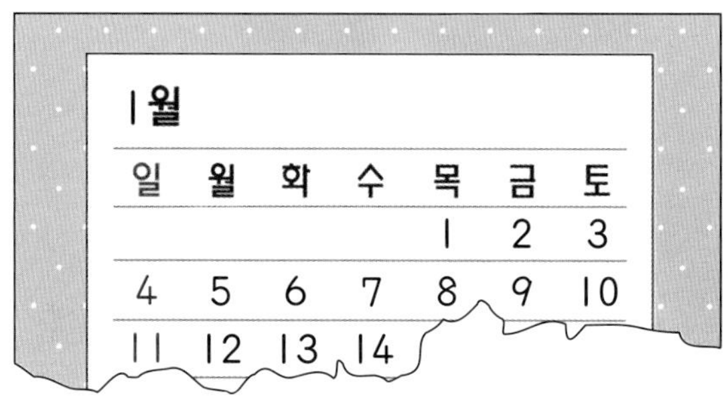

02 다음은 고대 그리스 수입니다. □ 안에 알맞은 고대 그리스 수를 써넣으시오.

고대 그리스 수

I	III	Γ	ΓII	ΓIIII	Δ	ΔI
1	3	5	7	9	10	11

ΔII + ΓIII = □

03 숫자 0에서 막대 1개를 옮겨서 다른 숫자 2개를 만들어 보시오.

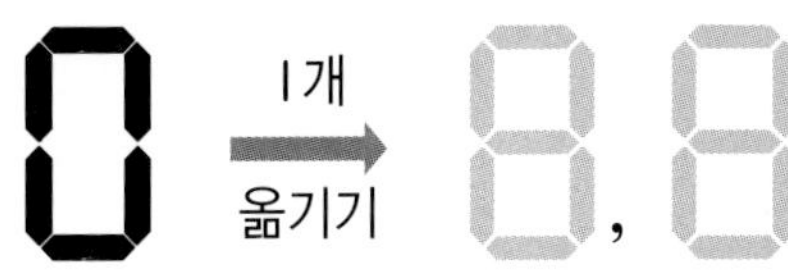

04 양면이 오른쪽과 같은 카드 2장이 있습니다. 카드 2장을 뒤집은 횟수의 합이 4번일 때, ? 에 알맞은 면은 그림면입니까? 숫자면입니까?

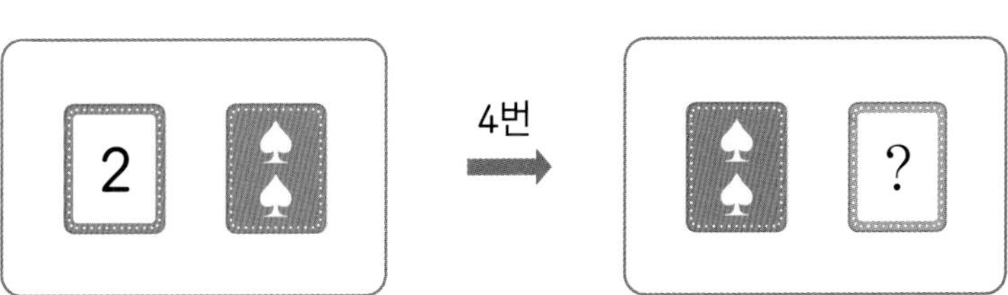

05 1부터 20까지의 수 배열표가 있습니다. 숫자 1은 숫자 2보다 몇 개 더 많은지 구해 보시오.

1	2	3	4	5	6	7	8	9	10
11	12	13	14	15	16	17	18	19	20

06 막대 6개를 모두 사용하여 만들 수 있는 디지털 두 자리 수 중 가장 작은 수를 써 보시오.

07 9부터 16까지의 수를 더한 값은 짝수입니까? 홀수입니까?

9 + 10 + 11 + 12 + 13 + 14 + 15 + 16

08 4장의 숫자 카드 중 2장을 사용하여 만들 수 있는 두 자리 수 중에서 둘째 번으로 작은 수를 구해 보시오.

6	3	9	1

9 다음 조건 에 맞는 수를 찾아 써 보시오.

조건
① 25보다 큰 두 자리 수입니다.
② 35보다 작은 두 자리 수입니다.
③ 십의 자리 수와 일의 자리 수의 합은 10입니다.

10 막대를 사용하여 만든 디지털 수 97에서 막대 1개를 빼서 만들 수 있는 수 중 가장 작은 수를 만들어 보시오.

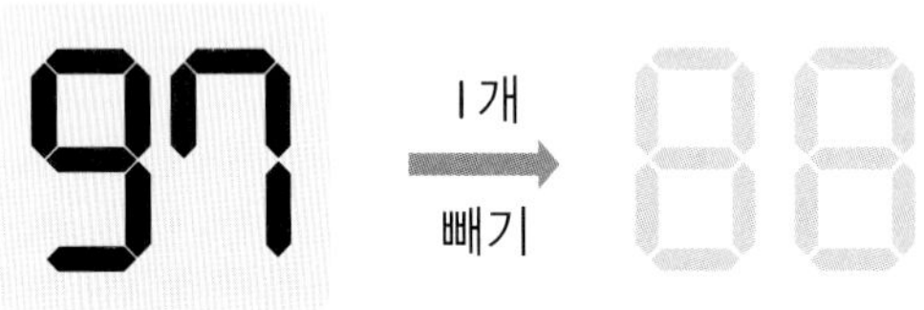

정답과 풀이 44쪽

형성평가

시험일시	년 월 일
이 름	

권장 시험 시간 30분

- ✓ 총 문항 수(10문항)를 확인해 주세요.
- ✓ 권장 시험 시간(30분) 안에 문제를 풀어 주세요.
- ✓ 문제를 정확히 읽고 답을 바르게 쓰세요.
- ✓ 잘 풀리지 않는 문제가 있으면 쉬운 문제부터 해결한 후 다시 도전해 보세요.

채점 결과를 매스티안 홈페이지(https://www.mathtian.com)에 방문하여 양식에 맞게 입력해 보세요.
「형성평가 결과지」를 직접 받아보실 수 있습니다.

01 노노그램의 |규칙|에 따라 빈칸을 알맞게 색칠해 보시오.

규칙

① 위에 있는 수는 세로줄에 연속하여 색칠된 칸의 수를 나타냅니다.

② 왼쪽에 있는 수는 가로줄에 연속하여 색칠된 칸의 수를 나타냅니다.

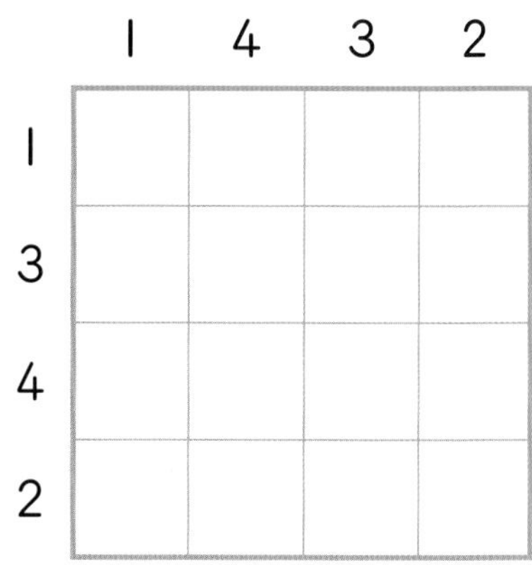

02 노노그램 미로의 |규칙|에 따라 강아지가 음식이 있는 곳까지 가는 길을 그려 보시오.

규칙

① 위와 왼쪽에 있는 수는 강아지가 각 줄에 지나가야 하는 방의 개수를 나타냅니다.

② 한 번 지나간 방은 다시 지나갈 수 없습니다.

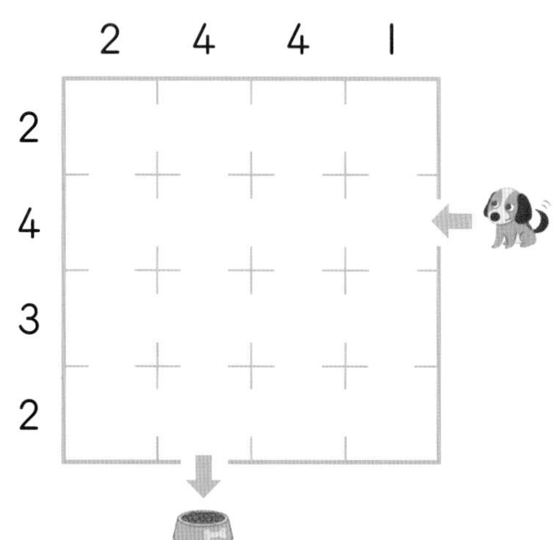

03 거울 연결 퍼즐의 규칙 에 따라 친구와 과일을 찾아 선으로 연결해 보시오.

규칙

① 친구와 과일을 1개씩만 연결해야 합니다.

② 모든 칸을 지나가야 합니다.

③ 각 칸은 한 번씩만 지나가야 합니다.

④ 거울을 만나면 방향이 바뀝니다.

04 스도쿠의 규칙 에 따라 빈칸에 알맞은 수를 써넣으시오.

규칙

① 가로줄의 각 칸에 주어진 수가 한 번씩만 들어갑니다.

② 세로줄의 각 칸에 주어진 수가 한 번씩만 들어갑니다.

1, 2, 3

2	1	
	3	

05 거울 퍼즐의 규칙에 따라 손전등에서 나온 빛이 지나는 길을 그리고, 빛이 지나는 점의 개수의 차를 구해 보시오.

규칙

① 빛은 손전등의 방향에 따라 가로 또는 세로로 비춥니다.
② 빛은 거울을 만나면 방향을 바꿉니다.

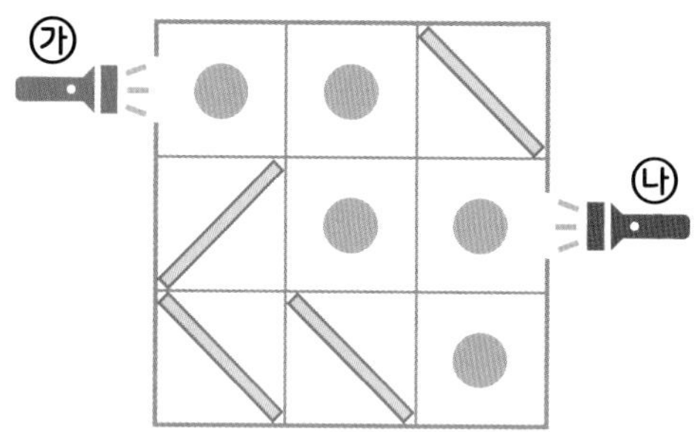

➡ 손전등에서 나온 빛이 개 더 많이 지납니다.

06 캔캔 퍼즐의 규칙에 따라 빈칸에 알맞은 수를 써넣으시오.

규칙

① 작은 수는 굵은 선으로 둘러싸인 블록 안에 들어갈 수들의 합을 나타냅니다.
② 가로줄과 세로줄의 각 칸에 1부터 3까지의 수가 한 번씩만 들어갑니다.

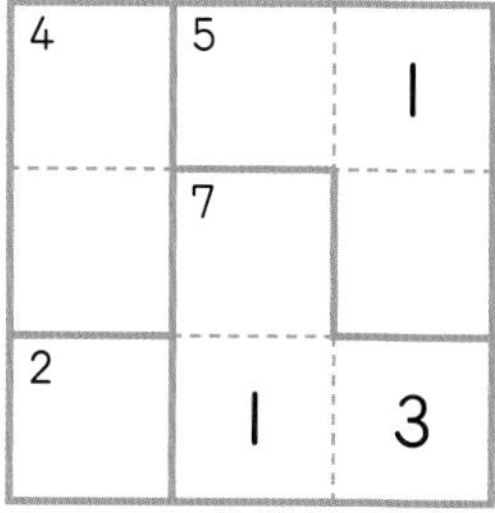

07 스도쿠의 규칙 에 따라 빈칸에 알맞은 수를 써넣으시오.

규칙

① 가로줄의 각 칸에 주어진 수가 한 번씩만 들어갑니다.

② 세로줄의 각 칸에 주어진 수가 한 번씩만 들어갑니다.

1, 2, 3, 4

2			4
1	3	4	
	2	1	
3		2	

08 4개 금지 퍼즐의 규칙 에 따라 빈칸에 ○, ×를 알맞게 그려 보시오.

규칙

① 가로줄, 세로줄에 ○ 또는 ×가 연속하여 4개가 되면 안됩니다.

② 모든 대각선줄에 ○ 또는 ×는 연속하여 4개가 되면 안됩니다.

○	○	×	○	×
×		×	×	×
	○		○	
○		×		
×	○	○	×	×

09 틱택 로직의 |규칙|에 따라 빈칸에 ○, ×를 알맞게 그려 보시오.

규칙

① 가로줄, 세로줄에 있는 ○의 수와 ×의 수는 서로 같습니다.

② 각 줄에서 ○ 또는 ×는 연속하여 2개까지만 그릴 수 있습니다.

○			×		
×	×	○		×	○
○			○	×	
	○	×	×		
×	○	×	○		○
×	×			○	○

10 거울 연결 퍼즐의 |규칙|에 따라 친구와 색 구슬을 찾아 선으로 연결해 보시오.

규칙

① 친구와 색 구슬을 1개씩만 연결해야 합니다.

② 모든 칸을 지나가야 합니다.

③ 각 칸은 한 번씩만 지나가야 합니다.

④ 거울을 만나면 방향이 바뀝니다.

정답과 풀이 47쪽

형성평가

시험일시	년 월 일
이 름	

권장 시험 시간 **30분**

- ✓ 총 문항 수(10문항)를 확인해 주세요.
- ✓ 권장 시험 시간(30분) 안에 문제를 풀어 주세요.
- ✓ 문제를 정확히 읽고 답을 바르게 쓰세요.
- ✓ 잘 풀리지 않는 문제가 있으면 쉬운 문제부터 해결한 후 다시 도전해 보세요.

채점 결과를 매스티안 홈페이지(https://www.mathtian.com)에 방문하여 양식에 맞게 입력해 보세요. 「형성평가 결과지」를 직접 받아보실 수 있습니다.

01 키가 둘째 번으로 큰 고양이가 서 있는 곳을 찾아 기호를 써 보시오.

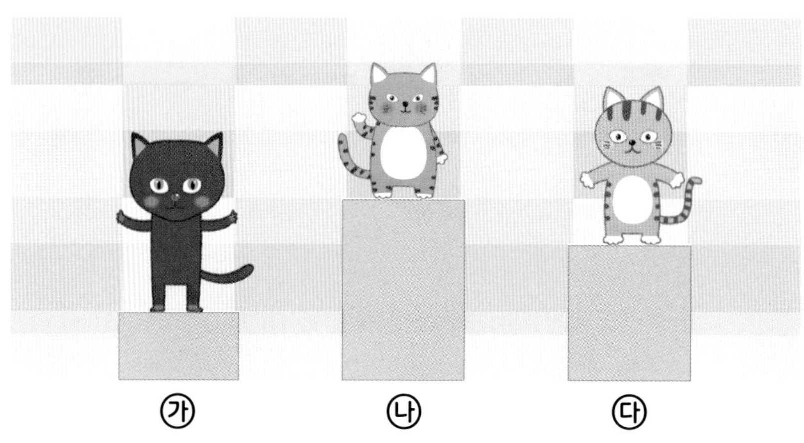

02 먹이를 먹으러 가는 길이 가장 긴 동물의 이름을 찾아 써 보시오.

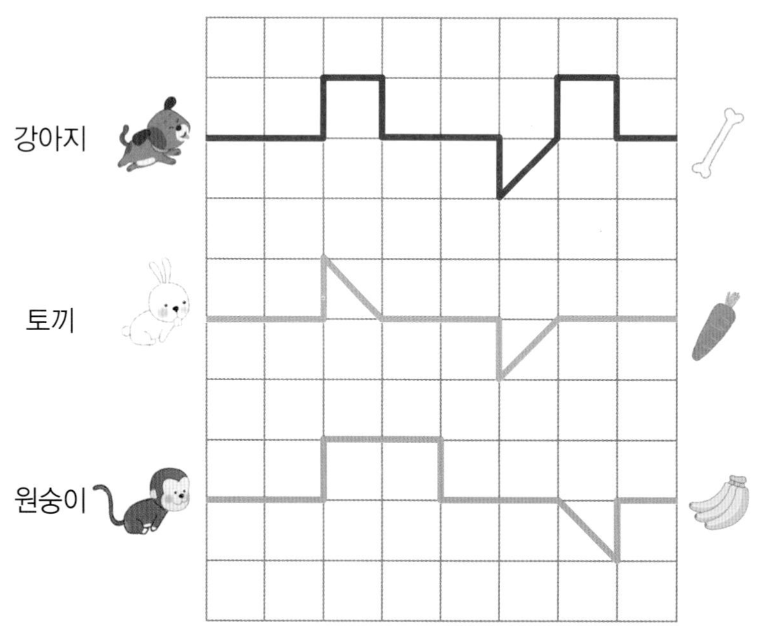

03 가장 가벼운 구슬부터 순서대로 기호를 써 보시오.

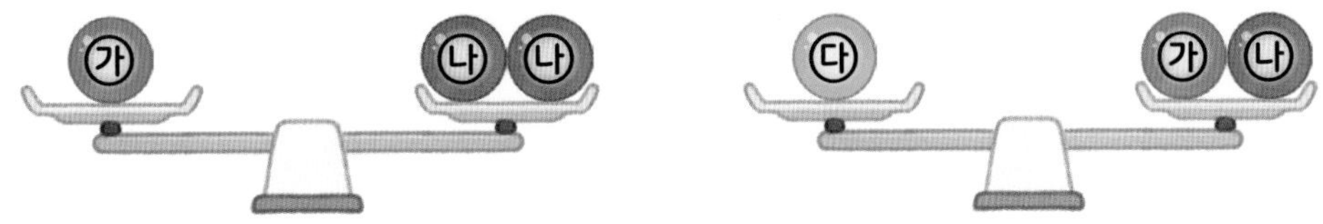

04 ㉮, ㉯, ㉰ 중에서 가장 큰 컵을 찾아 기호를 써 보시오.

- ㉯ 컵에 물을 가득 담아 ㉮ 컵에 부으면 물이 넘칩니다.
- ㉯ 컵에 물을 가득 담아 ㉰ 컵에 부으면 반만 찹니다.

05 (라, 3)에 있는 동물의 이름을 써 보시오.

06 셋째 번으로 긴 물고기를 찾아 기호를 써 보시오.

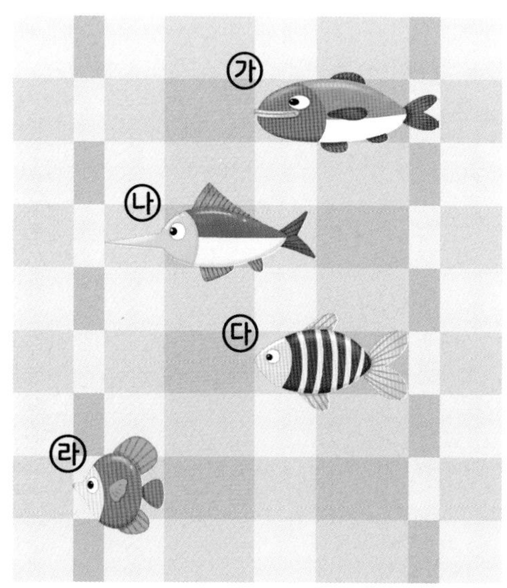

07 세 항아리 중 가장 무거운 것을 찾아 기호를 써 보시오.

08 그릇 ㉮의 물이 넘치려면 적어도 몇 개의 구슬을 넣어야 하는지 구해 보시오.

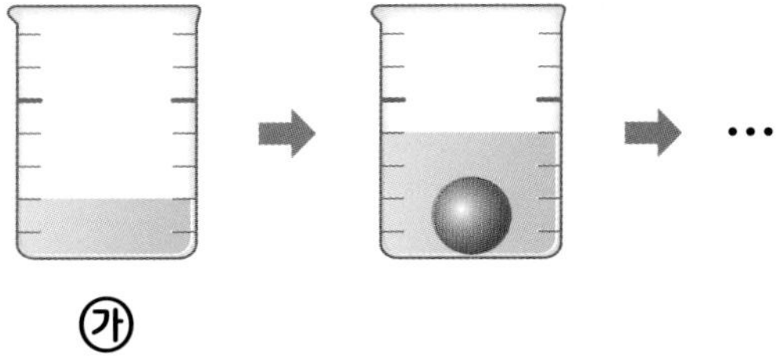

09 바위의 위치를 찾아 ○표 하고, 다람쥐가 물 웅덩이와 바위를 피해 도토리까지 가는 가장 짧은 길을 그려 보시오.

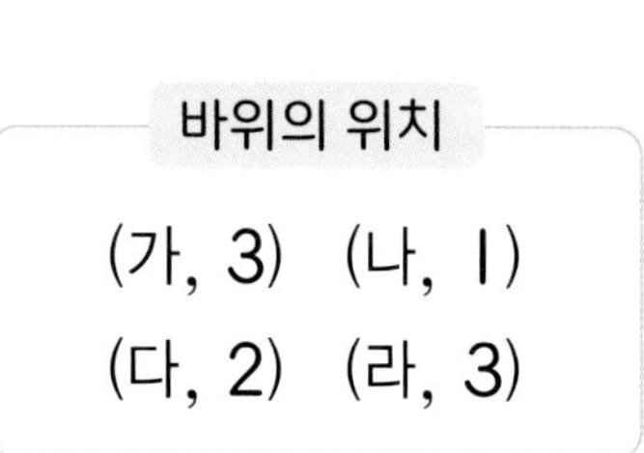

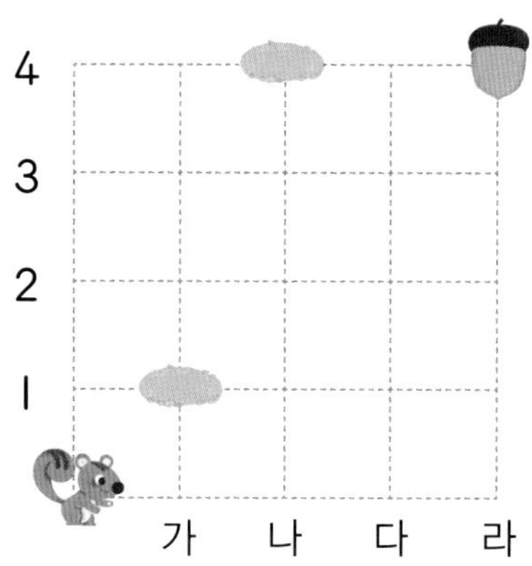

10 상자를 묶은 끈의 길이가 가장 긴 것의 기호를 써 보시오.

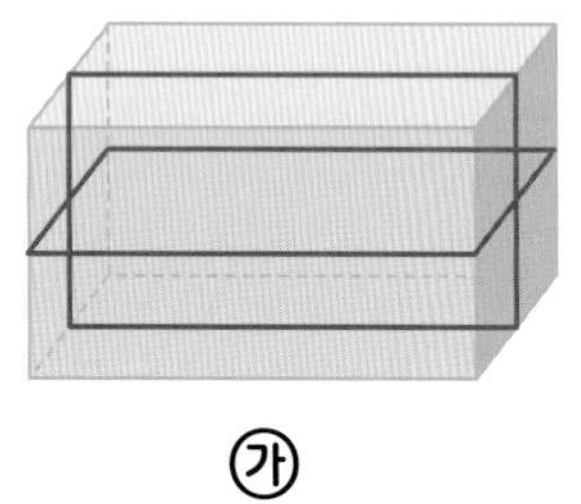
㉮

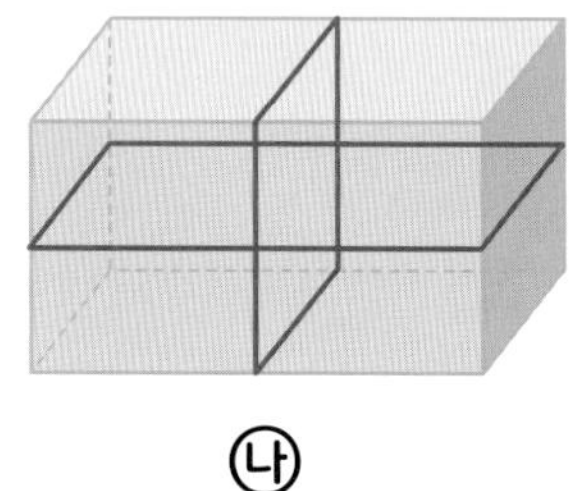
㉯

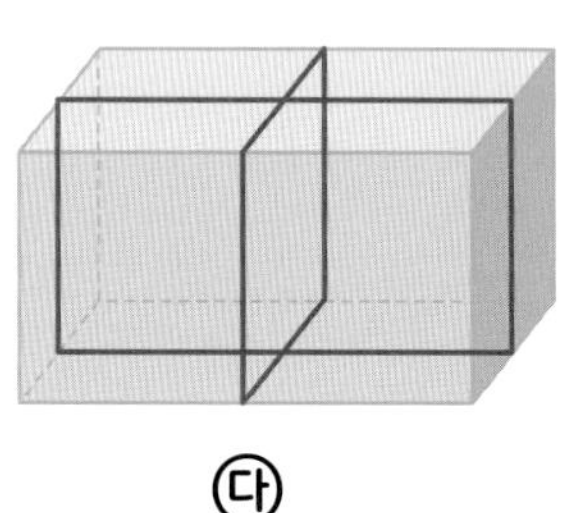
㉰

수고하셨습니다!

정답과 풀이 50쪽

총괄평가

권장 시험 시간	30분

시험일시	년 월 일
이 름	

- 총 문항 수(10문항)를 확인해 주세요.
- 권장 시험 시간(30분) 안에 문제를 풀어 주세요.
- 문제를 정확히 읽고 답을 바르게 쓰세요.
- 잘 풀리지 않는 문제가 있으면 쉬운 문제부터 해결한 후 다시 도전해 보세요.

채점 결과를 매스티안 홈페이지(https://www.mathtian.com)에 방문하여 양식에 맞게 입력해 보세요.
「총괄평가 결과지」를 직접 받아보실 수 있습니다.

01 수와 숫자를 구분하여 각각의 개수를 세어 보시오.

8, 22, 16, 7, 37, 9

수의 개수: 　　개

숫자의 개수: 　　개

02 막대 5개를 모두 사용하여 만들 수 있는 디지털 숫자 3개를 찾아 써 보시오.

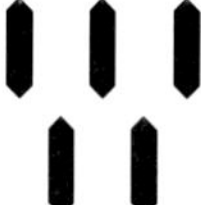  

03 동전 2개를 뒤집은 횟수의 합이 7번일 때, ?에 알맞은 모양을 찾아 ○표 하시오.

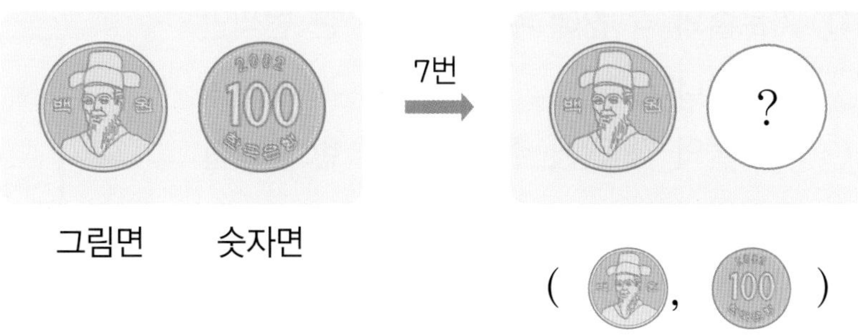

(,)

04 거울 퍼즐의 규칙 에 따라 손전등에서 나온 빛이 지나는 길을 그리고, 빛이 지나는 점의 개수의 차를 구해 보시오.

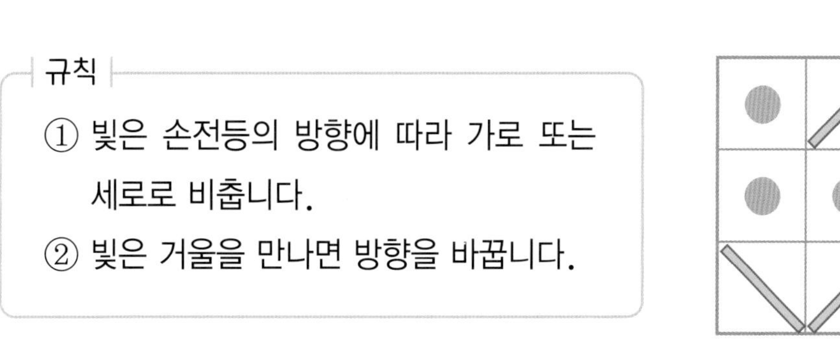

규칙
① 빛은 손전등의 방향에 따라 가로 또는 세로로 비춥니다.
② 빛은 거울을 만나면 방향을 바꿉니다.

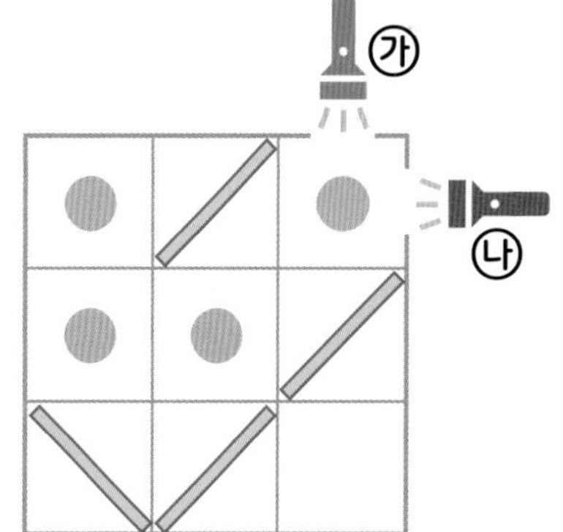

➡ [ ] 손전등에서 나온 빛이 [ ] 개 더 많이 지납니다.

05 스도쿠의 규칙 에 따라 빈칸에 알맞은 수를 써넣으시오.

규칙

① 가로줄의 각 칸에 주어진 수가 한 번씩만 들어갑니다.

② 세로줄의 각 칸에 주어진 수가 한 번씩만 들어갑니다.

1, 2, 3

		3
	1	2

06 틱택 로직의 규칙 에 따라 빈칸에 ○, ×를 알맞게 그려 보시오.

규칙

① 가로줄, 세로줄에 있는 ○의 수와 ×의 수는 서로 같습니다.

② 각 줄에서 ○ 또는 ×는 연속하여 2개까지만 그릴 수 있습니다.

	○	×	○
○	×		×
○			×
	○	×	○

07 길이가 가장 긴 것부터 순서대로 기호를 써 보시오.

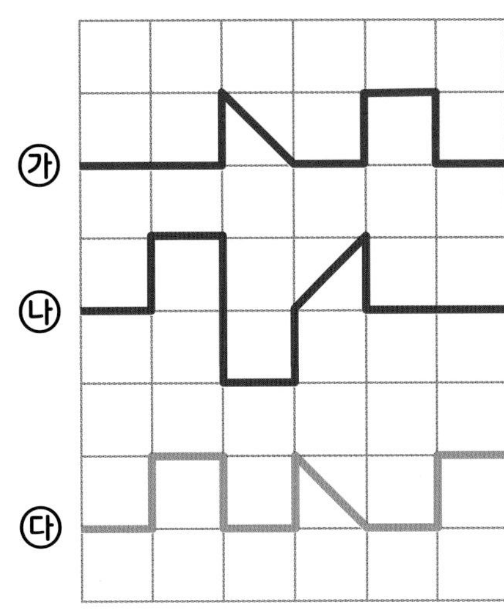

08 바나나, 딸기, 방울토마토 중에서 1개의 무게가 가장 무거운 과일과 가장 가벼운 과일의 이름을 써 보시오.

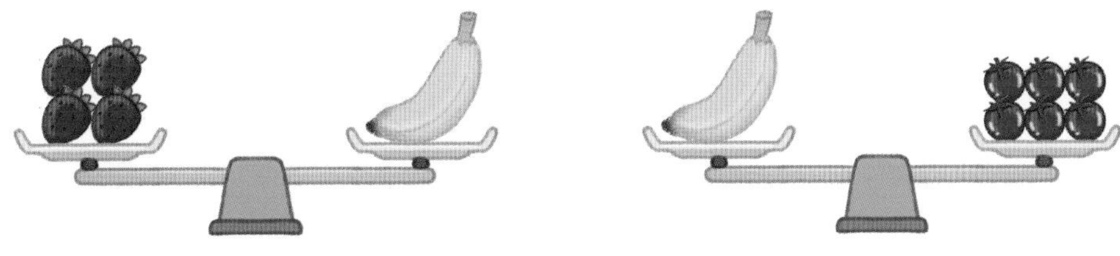

- 가장 무거운 과일:
- 가장 가벼운 과일:

09 ㉮와 ㉯ 중 물이 더 많이 들어 있는 그릇의 기호를 써 보시오.

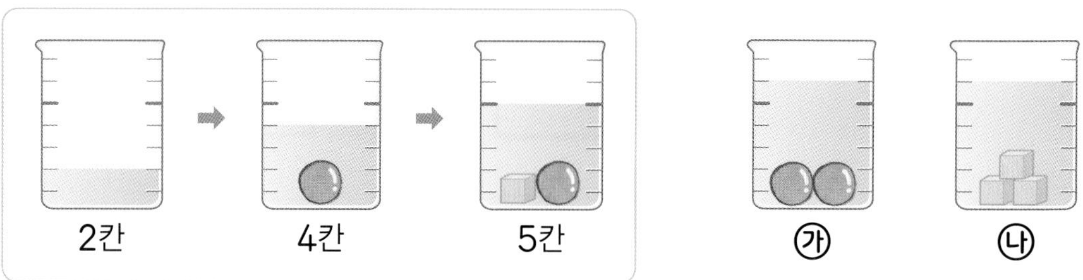

10 순서대로 점을 찍어 선으로 이어 보시오.

(가, 3) → (다, 3) → (다, 1) → (마, 1) → (마, 3) → (사, 3) → (사, 5)
→ (마, 5) → (마, 7) → (다, 7) → (다, 5) → (가, 5) → (가, 3)

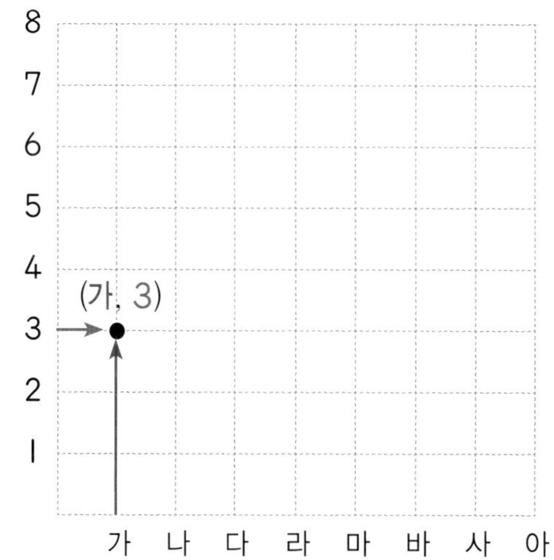

정답과 풀이 53쪽

창의사고력
초등수학

팩토

팩토는 자유롭게 자신감있게 창의적으로
생각하는 주·니·어·수·학·자입니다.

Free Active Creative Thinking O. Junior mathtian

영재학급, 영재교육원,
경시대회 준비를 위한

창의사고력 초등수학

Lv. 1
기본 A

명확한 답
친절한 풀이

영재학급, 영재교육원,
경시대회 준비를 위한

창의사고력 초등수학

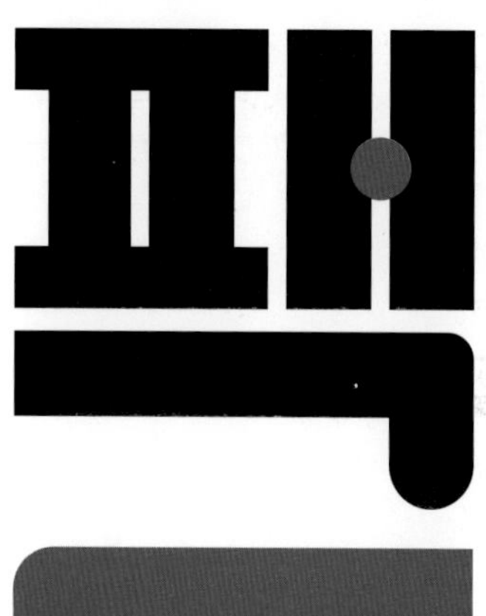

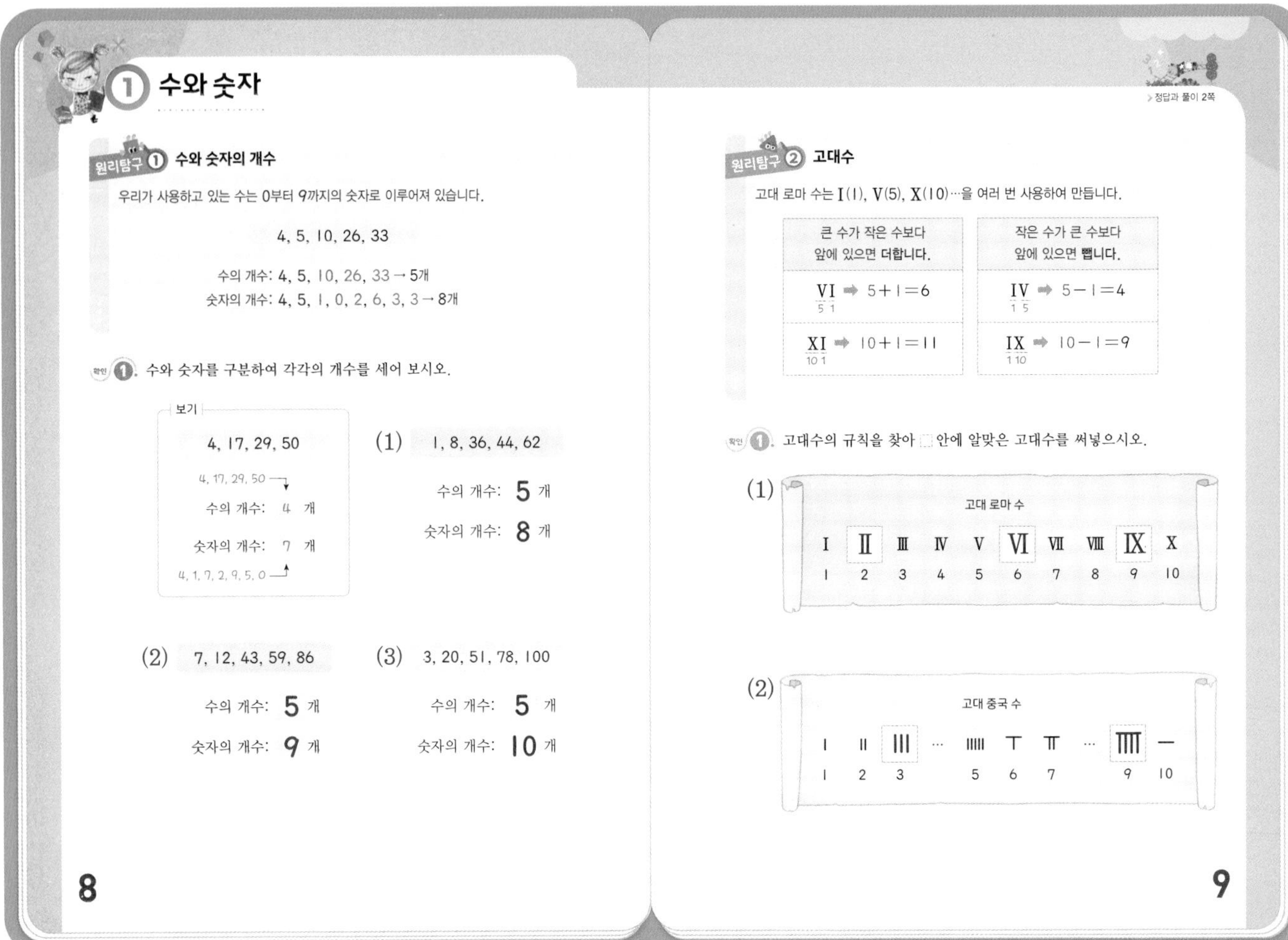

1. (1) 수의 개수: 1, 8, 36, 44, 62 → 5개
   숫자의 개수: 1, 8, 3, 6, 4, 4, 6, 2 → 8개
   (2) 수의 개수: 7, 12, 43, 59, 86 → 5개
   숫자의 개수: 7, 1, 2, 4, 3, 5, 9, 8, 6 → 9개
   (3) 수의 개수: 3, 20, 51, 78, 100 → 5개
   숫자의 개수: 3, 2, 0, 5, 1, 7, 8, 1, 0, 0 → 10개

1. (1) 2=1+1 → Ⅰ+Ⅰ=Ⅱ
   6=5+1 → Ⅴ+Ⅰ=Ⅵ
   9=10−1 → Ⅹ−Ⅰ=Ⅸ
   (2) 〈고대 중국수〉

ǀ	ǁ	ǀǀǀ	ǀǀǀǀ	ǀǀǀǀǀ	⊤	╥	╥ǀ	╥ǀǀ	—
1	2	3	4	5	6	7	8	9	10

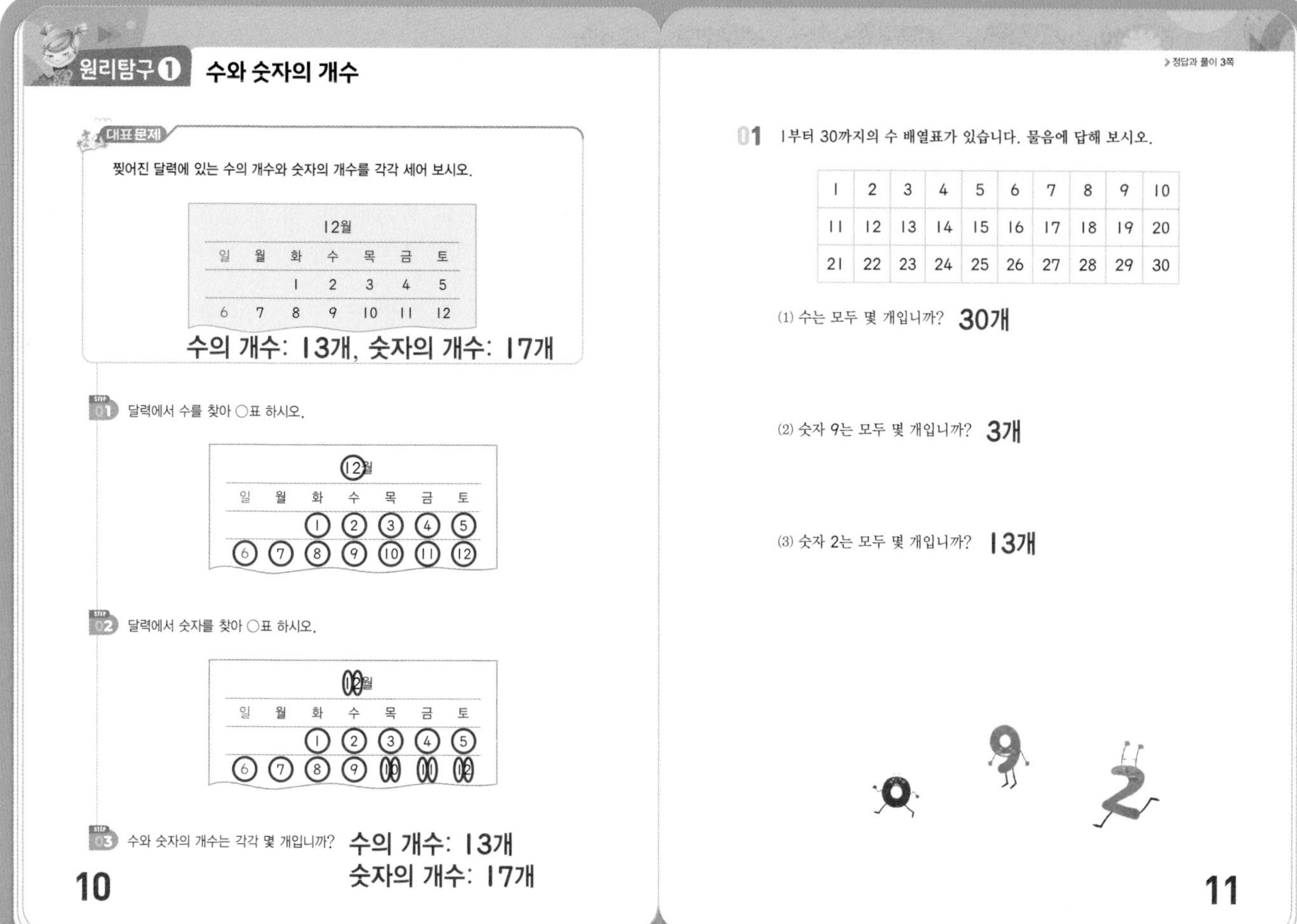

대표문제

STEP 01 TIP 수와 숫자의 개수를 셀 때 월에 적혀 있는 12를 빠뜨리지 않도록 주의합니다.

01 (1) 수는 1부터 30까지 모두 30개입니다.

(2) 숫자 9는 9, 19, 29에 있습니다.

1	2	3	4	5	6	7	8	⑨	10
11	12	13	14	15	16	17	18	1⑨	20
21	22	23	24	25	26	27	28	2⑨	30

(3) 숫자 2는 2, 12, 20, 21, 22, 23, 24, 25, 26, 27, 28, 29에 있습니다.

1	②	3	4	5	6	7	8	9	10
11	1②	13	14	15	16	17	18	19	②0
②1	②②	②3	②4	②5	②6	②7	②8	②9	30

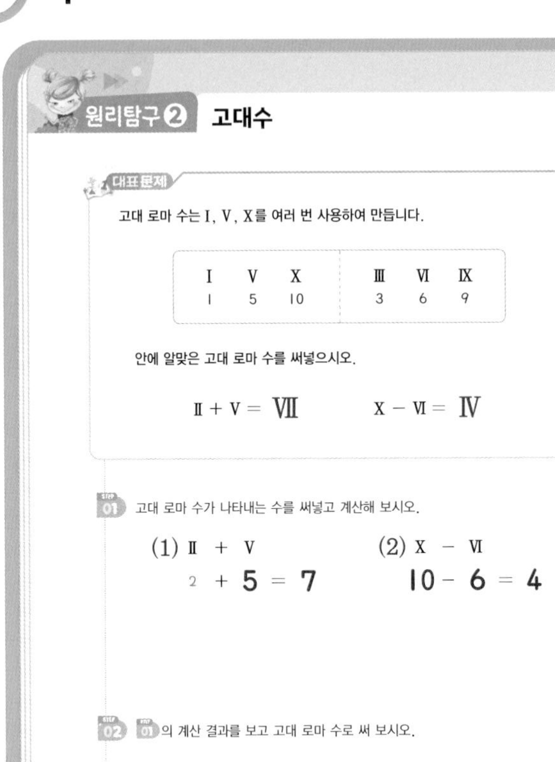

원리탐구 ② 고대수

대표문제

고대 로마 수는 I, V, X를 여러 번 사용하여 만듭니다.

I	V	X	III	VI	IX
1	5	10	3	6	9

안에 알맞은 고대 로마 수를 써넣으시오.

II + V = VII　　X − VI = IV

STEP 01 고대 로마 수가 나타내는 수를 써넣고 계산해 보시오.

(1) II + V
2 + 5 = 7

(2) X − VI
10 − 6 = 4

STEP 02 STEP 01의 계산 결과를 보고 고대 로마 수로 써 보시오.

(1) II + V = VII　(2) X − VI = IV

12

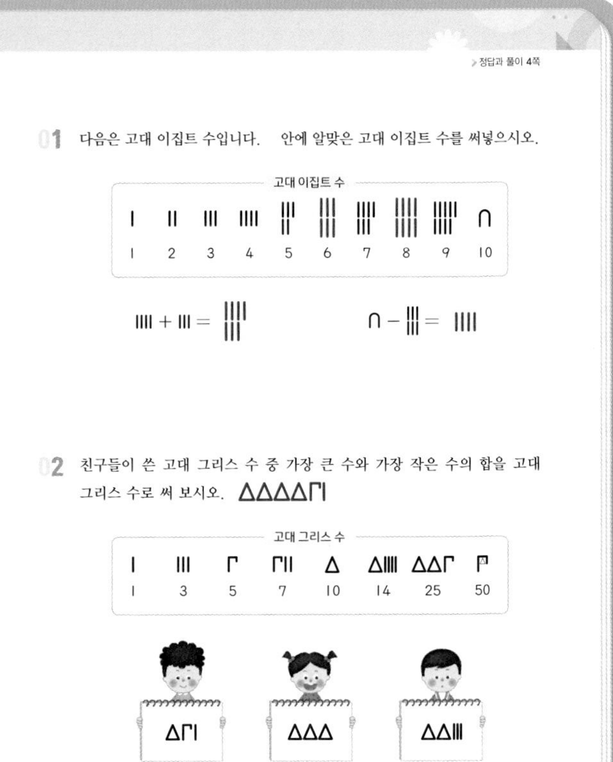

정답과 풀이 4쪽

01 다음은 고대 이집트 수입니다. 안에 알맞은 고대 이집트 수를 써넣으시오.

고대 이집트 수

I	II	III	IIII	IIIII	IIIIII	IIIIIII	IIIIIIII	IIIIIIIII	∩
1	2	3	4	5	6	7	8	9	10

IIII + III = IIIIIII　　∩ − IIIIII = IIII

02 친구들이 쓴 고대 그리스 수 중 가장 큰 수와 가장 작은 수의 합을 고대 그리스 수로 써 보시오. ΔΔΔΔΓΙ

고대 그리스 수

Ι	ΙΙΙ	Γ	ΓΙΙ	Δ	ΔΙΙΙΙ	ΔΔΓ	ΓΔ
1	3	5	7	10	14	25	50

13

대표문제

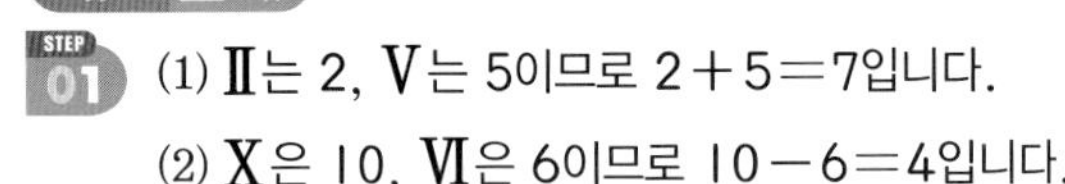

STEP 01 (1) II는 2, V는 5이므로 2+5=7입니다.
(2) X은 10, VI은 6이므로 10−6=4입니다.

STEP 02 (1) 7=5+2 → VII
(2) 4=5−1 → IV

01 (1) IIII + III = IIIIIII
4 + 3 = 7

(2) ∩ − IIIIII = IIII
10 − 6 = 4

02 현우: ΔΓΙ → 16
슬기: ΔΔΔ → 30
준수: ΔΔΙΙΙ → 23
따라서 가장 큰 수는 30이고, 가장 작은 수는 16이므로 두 수의 합은 30+16=46입니다.
46을 고대 그리스 수로 나타내면 ΔΔΔΔΓΙ입니다.

② 디지털 숫자

정답과 풀이 5쪽

원리탐구 ① 디지털 숫자 만들기

다음은 막대를 사용하여 만든 0부터 9까지의 디지털 숫자입니다.

숫자	0	1	2	3	4	5	6	7	8	9
디지털 숫자	0	1	2	3	4	5	6	7	8	9

확인 1. 디지털 시계를 보고 몇 시 몇 분인지 써 보시오.

3:20 → 3 시 20 분

8:35 → 8 시 35 분

확인 2. 주어진 수를 디지털 숫자로 나타내어 보시오.

2 → 2　　4 → 4

7 → 7　　9 → 9

원리탐구 ② 디지털 숫자 바꾸기

막대를 옮기거나, 더하거나 빼서 다른 숫자로 만들 수 있습니다.

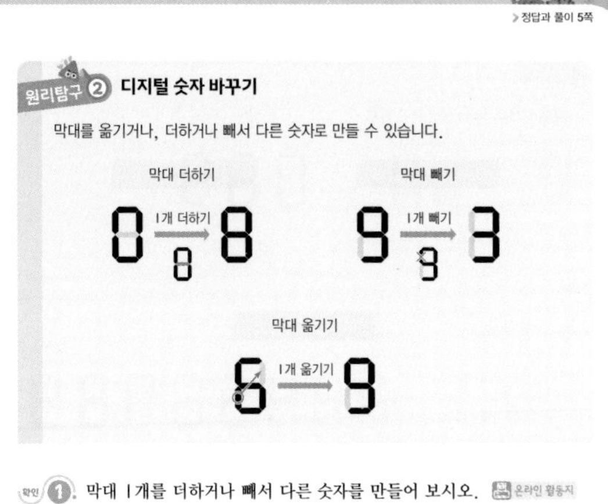

확인 1. 막대 1개를 더하거나 빼서 다른 숫자를 만들어 보시오. 

(1) 9 —1개 더하기→ 8　(2) 6 —1개 빼기→ 5

확인 2. 막대 1개를 옮겨서 다른 숫자를 만들어 보시오. 온라인 활동지

2 —1개 옮기기→ 3

14　　15

 TIP 디지털 숫자 6, 7, 9는 다음과 같이 약속합니다.

숫자: 6		숫자: 7		숫자: 9	
6	6	7	7	9	9
(×)	(○)	(×)	(○)	(×)	(○)

1. (1) 9 —1개 더하기→ 8

(2) 6 —1개 빼기→ 5

2. 2 —1개 옮기기→ 3

원리탐구 ① 디지털 숫자 만들기

대표문제

막대 6개를 모두 사용하여 만들 수 있는 디지털 숫자 3개를 찾아 써 보시오. 온라인 활동지

111 → 0, 6, 9

STEP 01 0부터 9까지의 디지털 숫자를 쓰고, 각각의 숫자를 만드는 데 필요한 막대의 개수를 써 보시오.

디지털 숫자	0	1	2	3	4	5	6	7	8	9
막대 개수 (개)	6	2	5	5	4	5	6	4	7	6

STEP 02 막대 6개를 모두 사용하여 만들 수 있는 디지털 숫자 3개를 찾아 써 보시오.

0, 6, 9

16

> 정답과 풀이 6쪽

01 디지털 숫자 2를 만드는 데 사용된 막대를 모두 사용하여 만들 수 있는 서로 다른 디지털 숫자 2개를 찾아 써 보시오. 온라인 활동지

2 → 3, 5

02 막대 4개를 모두 사용하여 만들 수 있는 디지털 수 중에서 더 큰 수를 써 보시오. 온라인 활동지

→ 7

17

대표문제

STEP 01 디지털 숫자를 쓰고, 필요한 막대의 수를 세어 봅니다.

STEP 02 막대 6개로 만들 수 있는 숫자는 0, 6, 9입니다.

TIP 막대 7개로 만들 수 있는 숫자는 8입니다. 따라서 숫자 8에서 막대 1개를 빼서 만들 수 있는 숫자들이 막대 6개로 만들 수 있는 숫자입니다.

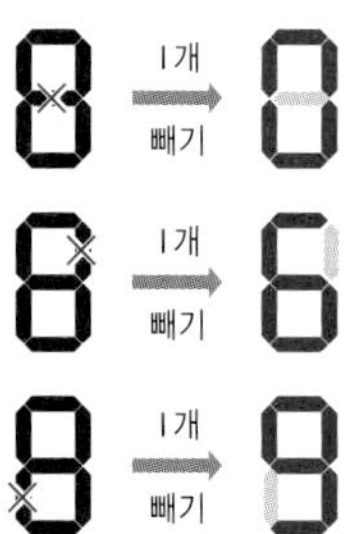

01 디지털 숫자 2는 막대 5개로 만들어졌습니다. 막대 5개를 모두 사용하여 만들 수 있는 디지털 숫자는 3과 5입니다.

02 막대 4개를 모두 사용하여 만들 수 있는 디지털 수는 4, 7입니다. 7>4이므로 더 큰 수는 7입니다.

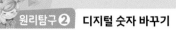

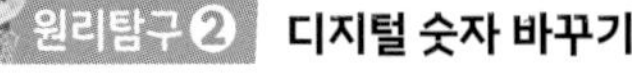

디지털 숫자 바꾸기

대표문제

숫자 9에서 막대 1개를 옮기거나, 더하거나 빼서 다른 숫자를 만들어 보시오.

온라인 활동지

9 →(1개 옮기기) 0, 6　　9 →(1개 더하기) 8

9 →(1개 빼기) 3, 5

STEP 01 보기 와 같은 방법으로 숫자 9에서 막대 1개를 옮기면서 다른 숫자를 만들어 보시오.

보기: 2 →(1개 옮기기) 3

0, 6

STEP 02 숫자 9에 막대 1개를 더해서 다른 숫자를 만들어 보시오. 8

STEP 03 보기 와 같은 방법으로 숫자 9에서 막대 1개를 빼면서 다른 숫자를 만들어 보시오.

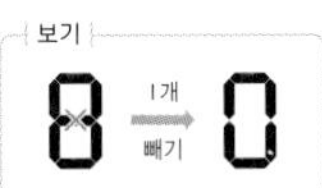

3, 5

18

정답과 풀이 7쪽

01 숫자 3에서 막대 1개를 옮기거나 더해서 다른 숫자를 만들어 보시오.

온라인 활동지

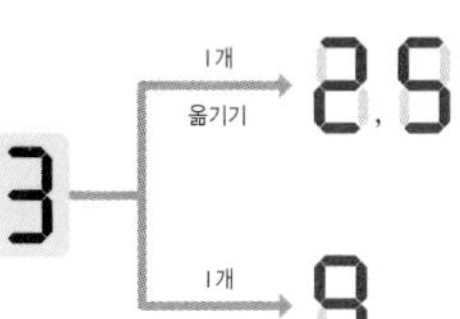

02 올바른 식이 되도록 주어진 식에서 빼야 할 막대 1개에 ×표 하고 올바른 식을 써 보시오.

보기: 8 < 3 → 8 < 3 → 0 < 3

4 > 9 → 4 > 3

19

대표문제

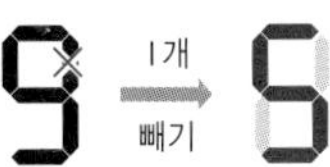

01 3에서 막대 1개를 옮기면 숫자 2와 5를 만들 수 있습니다.

3에 막대 1개를 더하면 숫자 9를 만들 수 있습니다

02 4 > 9 → 4 > 9 → 4 > 3

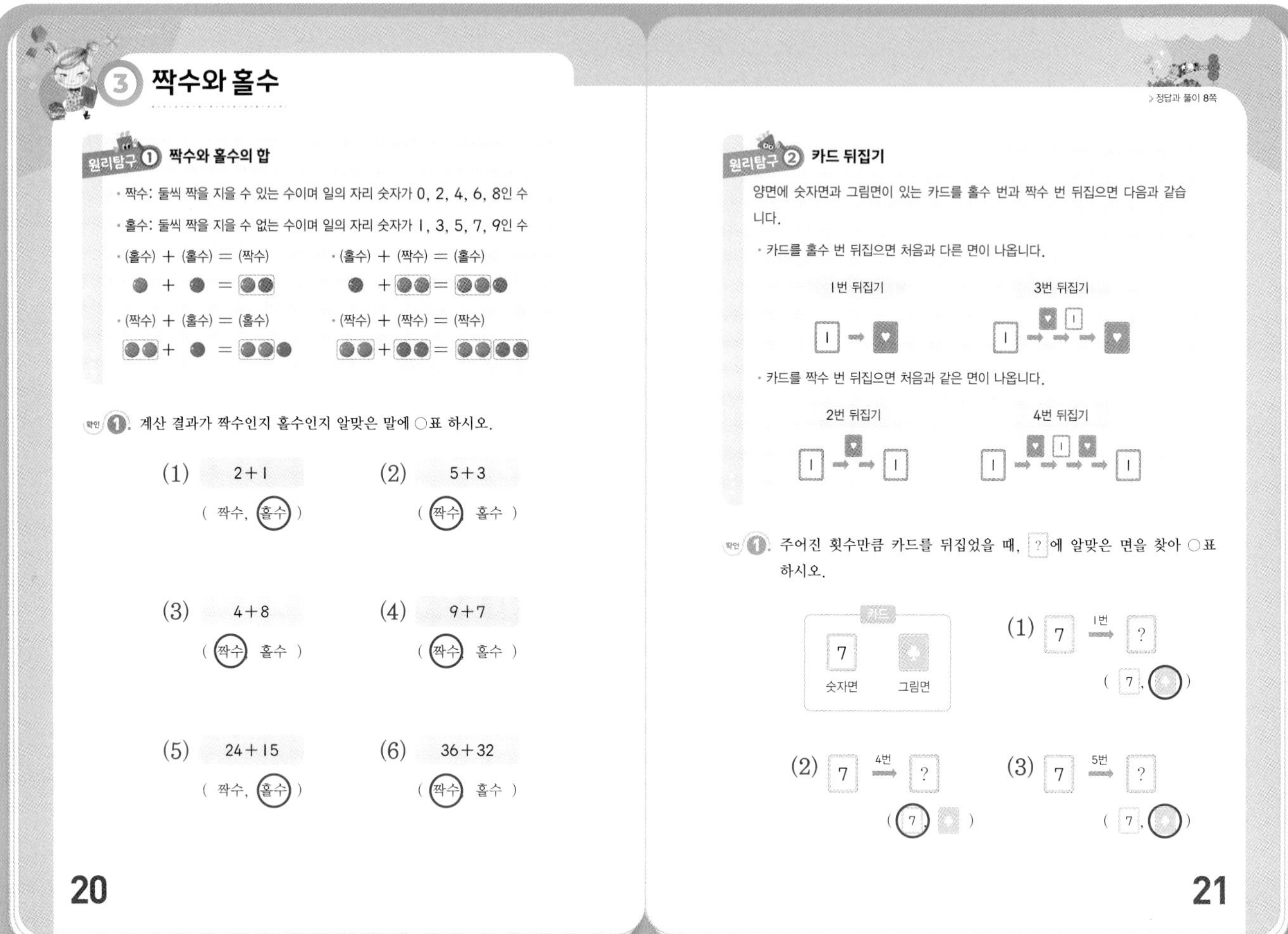

3 짝수와 홀수
원리탐구 1 짝수와 홀수의 합
• 짝수: 둘씩 짝을 지을 수 있는 수이며 일의 자리 숫자가 0, 2, 4, 6, 8인 수
• 홀수: 둘씩 짝을 지을 수 없는 수이며 일의 자리 숫자가 1, 3, 5, 7, 9인 수
• (홀수) + (홀수) = (짝수)
• (홀수) + (짝수) = (홀수)
• (짝수) + (홀수) = (홀수)
• (짝수) + (짝수) = (짝수)
확인 1. 계산 결과가 짝수인지 홀수인지 알맞은 말에 ○표 하시오.
(1) 2+1 (짝수, 홀수)
(2) 5+3 (짝수, 홀수)
(3) 4+8 (짝수, 홀수)
(4) 9+7 (짝수, 홀수)
(5) 24+15 (짝수, 홀수)
(6) 36+32 (짝수, 홀수)
20
정답과 풀이 8쪽
원리탐구 2 카드 뒤집기
양면에 숫자면과 그림면이 있는 카드를 홀수 번과 짝수 번 뒤집으면 다음과 같습니다.
• 카드를 홀수 번 뒤집으면 처음과 다른 면이 나옵니다.
1번 뒤집기
3번 뒤집기
• 카드를 짝수 번 뒤집으면 처음과 같은 면이 나옵니다.
2번 뒤집기
4번 뒤집기
확인 1. 주어진 횟수만큼 카드를 뒤집었을 때, ?에 알맞은 면을 찾아 ○표 하시오.
카드
숫자면
그림면
(1) 1번
(2) 4번
(3) 5번
21

1 (1) $2+1$ → (짝수)+(홀수)=(홀수)
(2) $5+3$ → (홀수)+(홀수)=(짝수)
(3) $4+8$ → (짝수)+(짝수)=(짝수)
(4) $9+7$ → (홀수)+(홀수)=(짝수)
(5) $24+15$ → (짝수)+(홀수)=(홀수)
(6) $36+32$ → (짝수)+(짝수)=(짝수)

TIP 계산 결과의 일의 자리 숫자가 0, 2, 4, 6, 8이면 짝수이고 ,일의 자리 숫자가 1, 3, 5, 7, 9이면 홀수임을 알게 합니다.

1 (1) 카드를 1번(홀수 번) 뒤집으면 처음과 다른 면이 나옵니다.
(2) 카드를 4번(짝수 번) 뒤집으면 처음과 같은 면이 나옵니다.
(3) 카드를 5번(홀수 번) 뒤집으면 처음과 다른 면이 나옵니다.

원리탐구 ① 짝수와 홀수의 합

≫ 정답과 풀이 9쪽

대표문제

다음과 같은 과녁에 화살을 쏘아 4번 맞혔을 때, 점수의 합이 될 수 있는 것을 찾아 기호를 써 보시오. ㉣

5 3 1

㉮ 2점 ㉯ 9점
㉰ 13점 ㉱ 18점

STEP 01 주어진 식의 계산 결과가 짝수인지 홀수인지 안에 알맞게 써넣으시오.

- (홀수)+(홀수)=(짝수)
- (홀수)+(홀수)+(홀수)=(홀수)
- (홀수)+(홀수)+(홀수)+(홀수)=(짝수)

STEP 02 화살을 쏘아 4번 맞혔을 때, 점수의 합이 될 수 있는 수는 짝수입니까? 홀수입니까? 짝수

STEP 03 1점에 4번 맞혔을 경우와 5점에 4번 맞혔을 경우 점수의 합은 각각 몇 점입니까?
1점에 맞혔을 경우: 4점
5점에 맞혔을 경우: 20점

STEP 04 점수의 합이 될 수 있는 것을 찾아 기호를 써 보시오. ㉣

22

01 유빈이가 OX 퀴즈 대회에 나갔습니다. 맞히면 5점을 얻고, 틀리면 1점을 얻습니다. 5문제를 풀었다면 유빈이의 점수는 짝수입니까? 홀수입니까? 홀수

02 1부터 10까지의 수를 더한 값은 짝수입니까? 홀수입니까? 홀수

1 + 2 + 3 + 4 + 5 + 6 + 7 + 8 + 9 + 10

23

대표문제

STEP 01
- (홀수)+(홀수)=(짝수)
- (홀수)+(홀수)+(홀수)=(짝수)+(홀수)=(홀수)
- (홀수)+(홀수)+(홀수)+(홀수)=(홀수)+(홀수)
  =(짝수)

STEP 02 과녁판에 있는 점수 1, 3, 5는 모두 홀수이고, (홀수)+(홀수)+(홀수)+(홀수)=(짝수)이므로 화살을 쏘아 4번 맞혔을 때 점수의 합이 될 수 있는 수는 짝수입니다.

STEP 03
- 1점에 4번 맞혔을 경우: 1+1+1+1=4(점)
- 5점에 4번 맞혔을 경우: 5+5+5+5=20(점)

STEP 04 2, 9, 13, 18 중 짝수는 2, 18입니다.
점수의 합은 4와 같거나 커야 하므로 2와 18 중에서 점수의 합이 될 수 있는 수는 18입니다.

01
- 홀수를 2번 더하기
  (홀수)+(홀수)=(짝수)
- 홀수를 3번 더하기
  (홀수)+(홀수)+(홀수)=(짝수)+(홀수)=(홀수)
- 홀수를 4번 더하기
  (홀수)+(홀수)+(홀수)+(홀수)=(홀수)+(홀수)
  =(짝수)
- 홀수를 5번 더하기
  (홀수)+(홀수)+(홀수)+(홀수)+(홀수)
  =(짝수)+(홀수)=(홀수)

홀수를 5번 더하면 홀수이므로 유빈이의 점수는 홀수입니다.

02
- 1+3+5+7+9 → 홀수
- 2+4+6+8+10 → 짝수

➡ 1+2+3+4+5+6+7+8+9+10
→ (홀수)+(짝수)=(홀수)

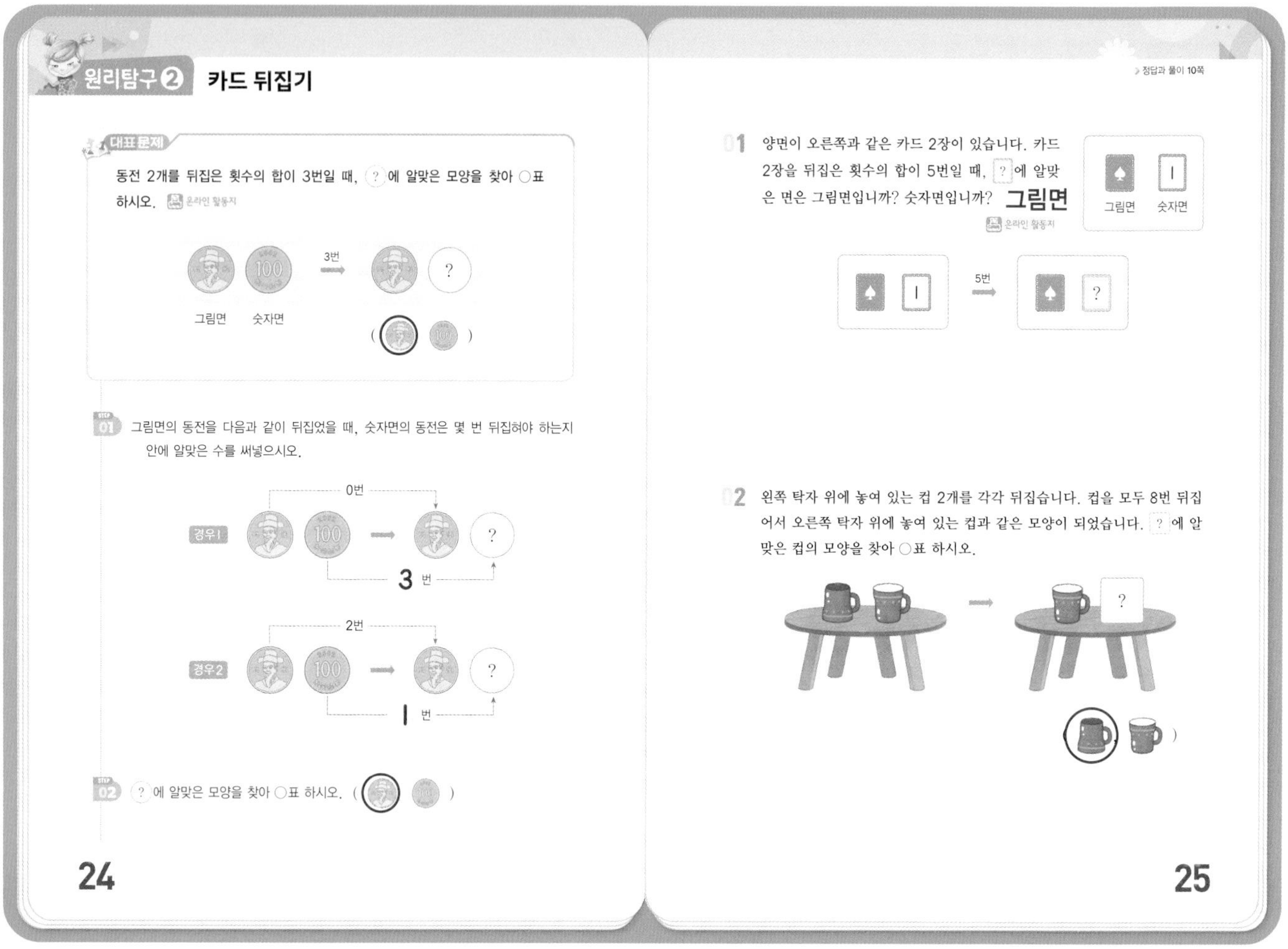

원리탐구 ❷ 카드 뒤집기

대표문제

동전 2개를 뒤집은 횟수의 합이 3번일 때, ? 에 알맞은 모양을 찾아 ○표 하시오. 온라인 활동지

그림면 숫자면 → 3번 → ?

(◯ 그림면 , 숫자면)

STEP 01 그림면의 동전을 다음과 같이 뒤집었을 때, 숫자면의 동전은 몇 번 뒤집혀야 하는지 안에 알맞은 수를 써넣으시오.

경우1: 0번, **3** 번

경우2: 2번, **1** 번

STEP 02 ? 에 알맞은 모양을 찾아 ○표 하시오. (◯ 그림면 , 숫자면)

24

정답과 풀이 10쪽

01 양면이 오른쪽과 같은 카드 2장이 있습니다. 카드 2장을 뒤집은 횟수의 합이 5번일 때, ? 에 알맞은 면은 그림면입니까? 숫자면입니까? **그림면**

온라인 활동지

그림면 숫자면

5번 →

02 왼쪽 탁자 위에 놓여 있는 컵 2개를 각각 뒤집습니다. 컵을 모두 8번 뒤집어서 오른쪽 탁자 위에 놓여 있는 컵과 같은 모양이 되었습니다. ? 에 알맞은 컵의 모양을 찾아 ○표 하시오.

(◯ ,)

25

대표문제

STEP 02 동전을 1번 또는 3번과 같이 홀수 번 뒤집으면 처음과 다른 면이 나옵니다.

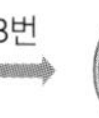

01 ♠ 카드를 뒤집기 전과 뒤집은 후의 보이는 면이 같으므로 ♠ 카드는 짝수 번 뒤집었습니다.

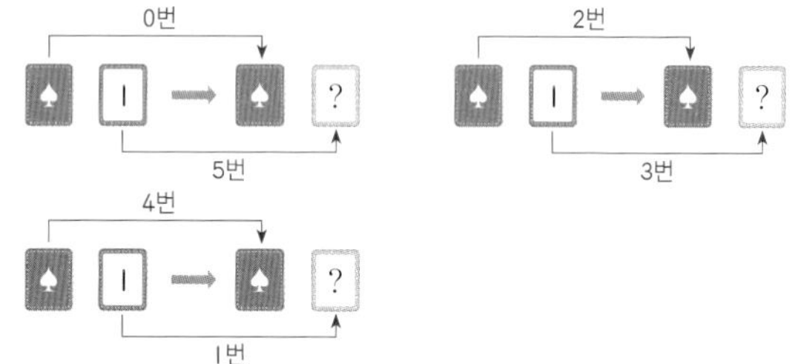

카드를 홀수 번 뒤집으면 처음과 다른 면이 나옵니다.

따라서 ? 에 알맞은 카드는 ♠ 입니다.

02 (컵)을 뒤집은 후의 컵의 모양이 바뀌었으므로 (컵)을 홀수 번 뒤집었습니다.

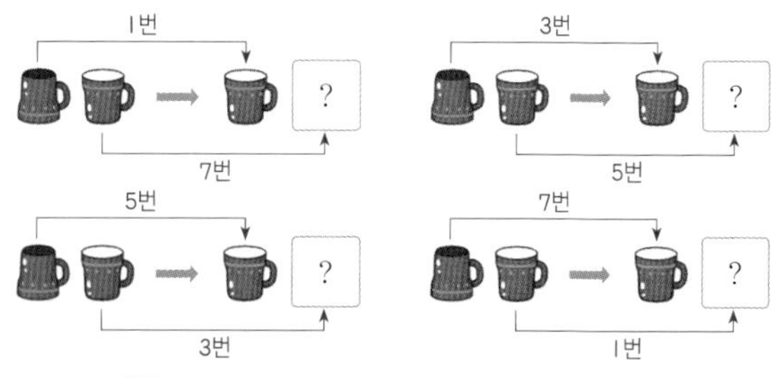

따라서 (컵)을 홀수 번 뒤집었으므로 뒤집은 후의 컵의 모양은 (컵)입니다.

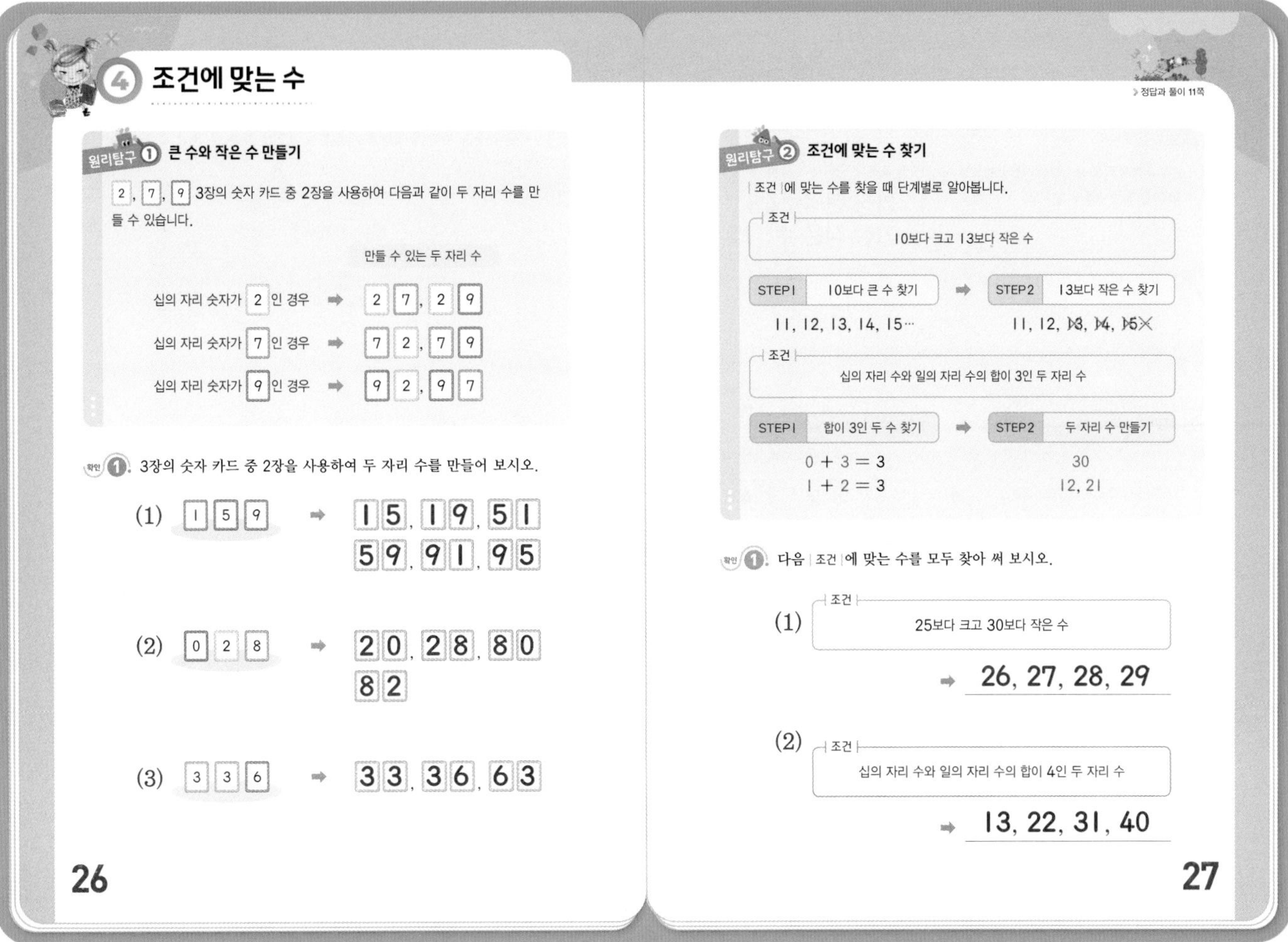

4 조건에 맞는 수
원리탐구 1 큰 수와 작은 수 만들기
2, 7, 9 3장의 숫자 카드 중 2장을 사용하여 다음과 같이 두 자리 수를 만들 수 있습니다.
만들 수 있는 두 자리 수
십의 자리 숫자가 2 인 경우 ➡ 27, 29
십의 자리 숫자가 7 인 경우 ➡ 72, 79
십의 자리 숫자가 9 인 경우 ➡ 92, 97
확인 1. 3장의 숫자 카드 중 2장을 사용하여 두 자리 수를 만들어 보시오.
(1) 1 5 9 ➡ 15, 19, 51, 59, 91, 95
(2) 0 2 8 ➡ 20, 28, 80, 82
(3) 3 3 6 ➡ 33, 36, 63
26
정답과 풀이 11쪽
원리탐구 2 조건에 맞는 수 찾기
조건 에 맞는 수를 찾을 때 단계별로 알아봅니다.
조건
10보다 크고 13보다 작은 수
STEP1 10보다 큰 수 찾기 ➡ STEP2 13보다 작은 수 찾기
11, 12, 13, 14, 15…
11, 12, 13, 14, 15
조건
십의 자리 수와 일의 자리 수의 합이 3인 두 자리 수
STEP1 합이 3인 두 수 찾기 ➡ STEP2 두 자리 수 만들기
0 + 3 = 3
1 + 2 = 3
30
12, 21
확인 1. 다음 조건 에 맞는 수를 모두 찾아 써 보시오.
(1) 조건 25보다 크고 30보다 작은 수
➡ 26, 27, 28, 29
(2) 조건 십의 자리 수와 일의 자리 수의 합이 4인 두 자리 수
➡ 13, 22, 31, 40
27

1. (1) 십의 자리 숫자가 1인 경우: 15, 19
십의 자리 숫자가 5인 경우: 51, 59
십의 자리 숫자가 9인 경우: 91, 95

(2) 십의 자리에 0을 놓을 수 없습니다.
십의 자리 숫자가 2인 경우: 20, 28
십의 자리 숫자가 8인 경우: 80, 82

(3) 십의 자리 숫자가 3인 경우: 33, 36
십의 자리 숫자가 6인 경우: 63

1. (1) 25보다 큰 수: 26, 27, 28, 29, 30, 31…
25보다 큰 수 중에서 30보다 작은 수는 26, 27, 28, 29입니다.

(2) 합이 4인 수: $0+4=4$, $1+3=4$, $2+2=4$
두 자리 수 만들기: 40, 13, 31, 22

원리탐구 ❶ 큰 수와 작은 수 만들기

대표문제

4장의 숫자 카드 중 2장을 사용하여 만들 수 있는 두 자리 수 중에서 가장 큰 수와 가장 작은 수를 써 보시오.

1 2 3 4

가장 큰 수: 43
가장 작은 수: 12

STEP 01 4장의 숫자 카드 중 2장을 사용하여 만들 수 있는 두 자리 수를 모두 써 보시오.

십의 자리 숫자가 1인 경우 ➡ 12, 13, 14
십의 자리 숫자가 2인 경우 ➡ 21, 23, 24
십의 자리 숫자가 3인 경우 ➡ 31, 32, 34
십의 자리 숫자가 4인 경우 ➡ 41, 42, 43

STEP 02 STEP 01에서 만든 수 중 가장 큰 수와 가장 작은 수를 찾아 써 보시오.

가장 큰 수: 43, 가장 작은 수: 12

28

> 정답과 풀이 12쪽

01 4장의 숫자 카드 중 2장을 사용하여 조건에 맞는 두 자리 수를 만들어 보시오.

(1) 2 4 4 9

조건: 둘째 번으로 큰 두 자리 수 ➡ 92

(2) 0 4 6 7

조건: 가장 작은 두 자리 수 ➡ 40

(3) 0 3 3 8

조건: 둘째 번으로 작은 두 자리 수 ➡ 33

29

대표문제

STEP 01 십의 자리 숫자를 1, 2, 3, 4로 했을 때 만들 수 있는 두 자리 수는 다음과 같습니다.

1 ➡ 12 13 14
2 ➡ 21 23 24
3 ➡ 31 32 34
4 ➡ 41 42 43

STEP 02 STEP 01에서 만든 두 자리 수 중에서 가장 큰 수는 십의 자리 숫자가 4인 43이고, 가장 작은 수는 십의 자리 숫자가 1인 12입니다.

01 (1) $9>4=4>2$이므로 가장 큰 두 자리 수는 94이고, 둘째 번으로 큰 두 자리 수는 92입니다.

(2) $0<4<6<7$이고 십의 자리에 0을 쓸 수 없으므로 가장 작은 두 자리 수는 40입니다.

(3) $0<3=3<8$이고 십의 자리에 0을 쓸 수 없으므로 가장 작은 두 자리 수는 30이고, 둘째 번으로 작은 두 자리 수는 33입니다.

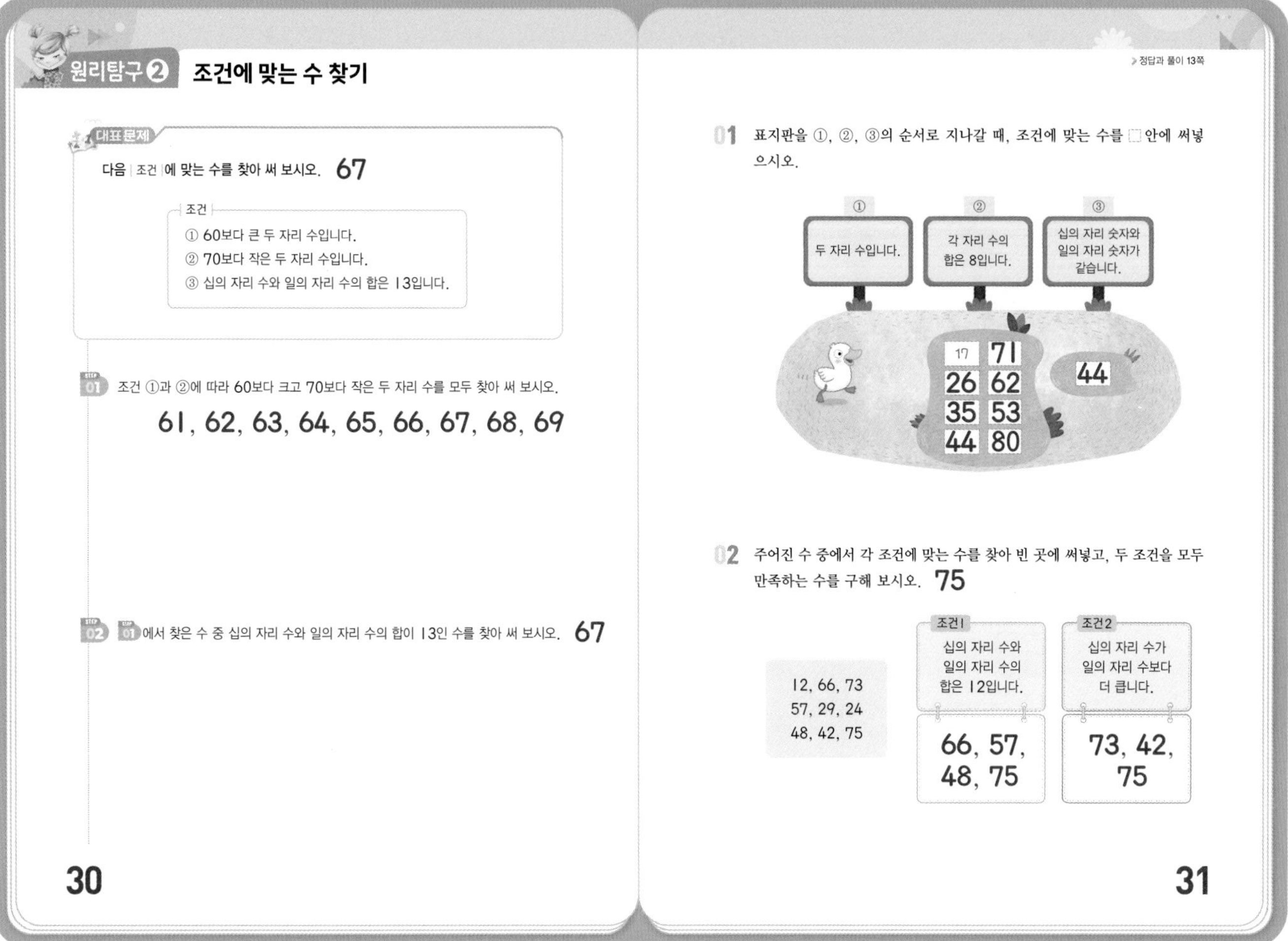

원리탐구 ❷ 조건에 맞는 수 찾기
대표문제
다음 조건에 맞는 수를 찾아 써 보시오. 67
조건
① 60보다 큰 두 자리 수입니다.
② 70보다 작은 두 자리 수입니다.
③ 십의 자리 수와 일의 자리 수의 합은 13입니다.
STEP 01 조건 ①과 ②에 따라 60보다 크고 70보다 작은 두 자리 수를 모두 찾아 써 보시오.
61, 62, 63, 64, 65, 66, 67, 68, 69
STEP 02 STEP 01에서 찾은 수 중 십의 자리 수와 일의 자리 수의 합이 13인 수를 찾아 써 보시오. 67
30
정답과 풀이 13쪽
01 표지판을 ①, ②, ③의 순서로 지나갈 때, 조건에 맞는 수를 □ 안에 써넣으시오.
두 자리 수입니다.
각 자리 수의 합은 8입니다.
십의 자리 숫자와 일의 자리 숫자가 같습니다.
17 71 26 62 35 53 44 80
44
02 주어진 수 중에서 각 조건에 맞는 수를 찾아 빈 곳에 써넣고, 두 조건을 모두 만족하는 수를 구해 보시오. 75
12, 66, 73
57, 29, 24
48, 42, 75
조건1 십의 자리 수와 일의 자리 수의 합은 12입니다.
66, 57, 48, 75
조건2 십의 자리 수가 일의 자리 수보다 더 큽니다.
73, 42, 75
31

대표문제

STEP 02 6＋7＝13이므로 십의 자리 수와 일의 자리 수의 합이 13인 수는 67입니다.

01 ② 각 자리 수의 합은 8입니다.
→ 0＋8＝8, 1＋7＝8, 2＋6＝8, 3＋5＝8, 4＋4＝8

① 두 자리 수입니다.
→ 80, 17, 71, 26, 62, 35, 53, 44

③ 십의 자리와 일의 자리 숫자가 같습니다. → 44

02 12, 66, 73, 57, 29, 24, 48, 42, 75 중에서 십의 자리 수와 일의 자리 수의 합이 12인 수는 66, 57, 48, 75이고, 십의 자리 수가 일의 자리 수보다 큰 수는 73, 42, 75입니다.
위 두 조건을 모두 만족하는 수는 75입니다.

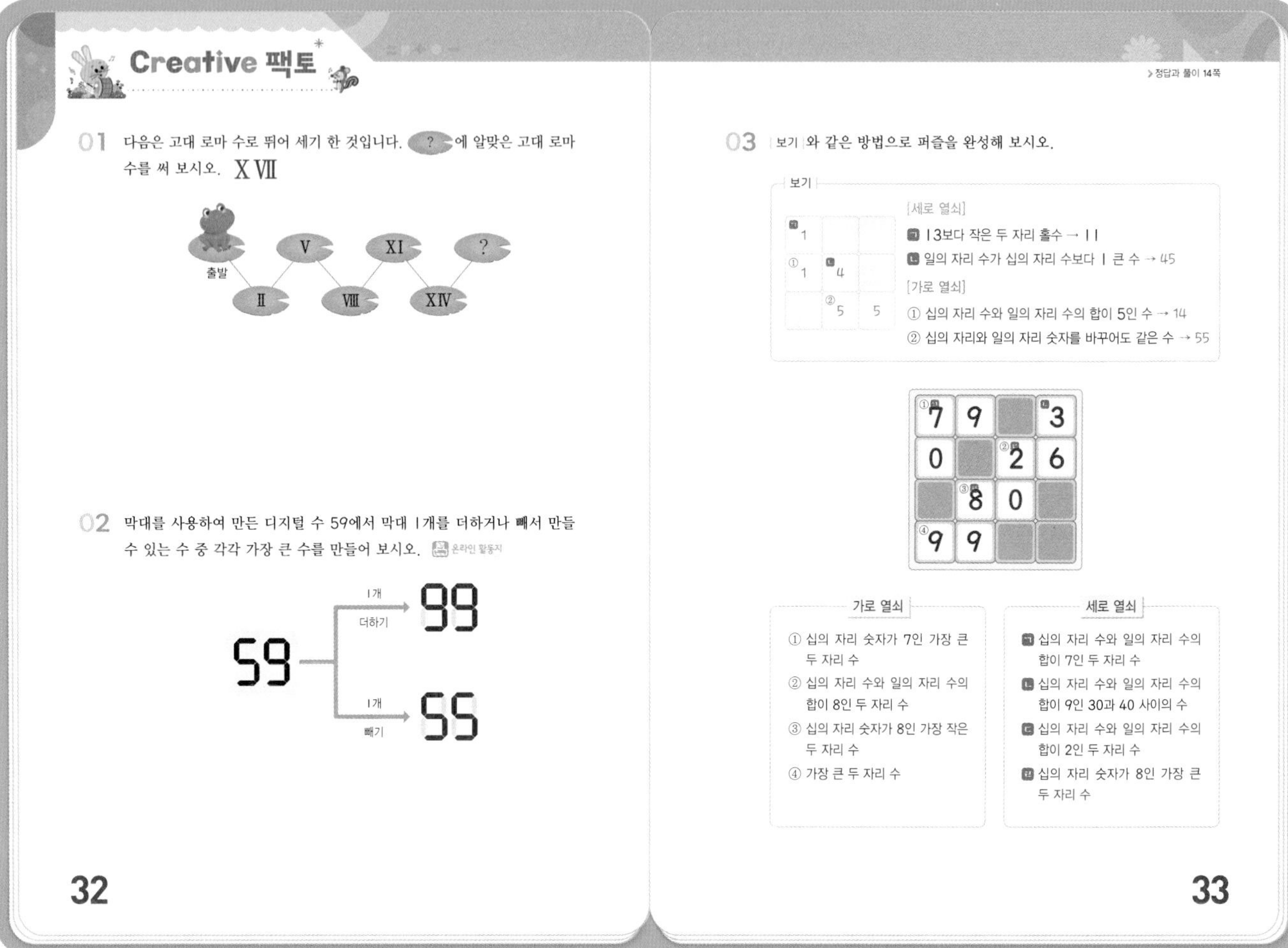

Creative 팩토

> 정답과 풀이 14쪽

01 다음은 고대 로마 수로 뛰어 세기 한 것입니다. ? 에 알맞은 고대 로마 수를 써 보시오. XVII

출발 Ⅱ V Ⅷ XI XIV ?

02 막대를 사용하여 만든 디지털 수 59에서 막대 1개를 더하거나 빼서 만들 수 있는 수 중 각각 가장 큰 수를 만들어 보시오. 온라인 활동지

59 — 1개 더하기 → 99, 1개 빼기 → 55

03 보기 와 같은 방법으로 퍼즐을 완성해 보시오.

보기

[세로 열쇠]
ㄱ 13보다 작은 두 자리 홀수 → 11
ㄴ 일의 자리 수가 십의 자리 수보다 1 큰 수 → 45
[가로 열쇠]
① 십의 자리 수와 일의 자리 수의 합이 5인 수 → 14
② 십의 자리와 일의 자리 숫자를 바꾸어도 같은 수 → 55

가로 열쇠
① 십의 자리 숫자가 7인 가장 큰 두 자리 수
② 십의 자리 수와 일의 자리 수의 합이 8인 두 자리 수
③ 십의 자리 숫자가 8인 가장 작은 두 자리 수
④ 가장 큰 두 자리 수

세로 열쇠
ㄱ 십의 자리 수와 일의 자리 수의 합이 7인 두 자리 수
ㄴ 십의 자리 수와 일의 자리 수의 합이 9인 30과 40 사이의 수
ㄷ 십의 자리 수와 일의 자리 수의 합이 2인 두 자리 수
ㄹ 십의 자리 숫자가 8인 가장 큰 두 자리 수

32 33

01 Ⅱ − V − Ⅷ − XⅠ − XⅣ − ?
2 − 5 − 8 − 11 − 14 − ?
3씩 뛰어 세기 한 것이므로 ?에 알맞은 수는 14보다 3 큰 수인 17이고, 17을 고대 로마 수로 나타내면 XⅦ입니다.

02
- 디지털 숫자 5에서 막대 1개를 더해서 만들 수 있는 숫자를 알아보면 6 또는 9입니다.
  디지털 숫자 9에서 막대 1개를 더해서 만들 수 있는 숫자를 알아보면 8입니다.
  따라서 막대 1개를 더해서 만들 수 있는 가장 큰 수는 99입니다.
- 디지털 숫자 5에서 막대 1개를 빼서 만들 수 있는 숫자는 없으므로 9에서 막대 1개를 빼서 만들 수 있는 숫자를 알아보면 3 또는 5입니다.
  따라서 막대 1개를 빼서 만들 수 있는 가장 큰 수는 55입니다.

03 [가로 열쇠]
① 십의 자리 숫자가 7인 가장 큰 두 자리 수 → 79
② 십의 자리 수와 일의 자리 수의 합이 8인 두 자리 수
→ 17, 26, 35, 44, 53, 62, 71, 80
③ 십의 자리 숫자가 8인 가장 작은 두 자리 수 → 80
④ 가장 큰 두 자리 수 → 99

[세로 열쇠]
ㄱ 십의 자리 수와 일의 자리 수의 합이 7인 두 자리 수
→ 70
ㄴ 십의 자리 수와 일의 자리 수의 합이 9인 30과 40 사이의 수 → 18, 27, (36), 45, 54, 63, 72, 81, 90
ㄷ 십의 자리 수와 일의 자리 수의 합이 2인 두 자리 수
→ 11, 20
ㄹ 십의 자리 숫자가 8인 가장 큰 두 자리 수 → 89

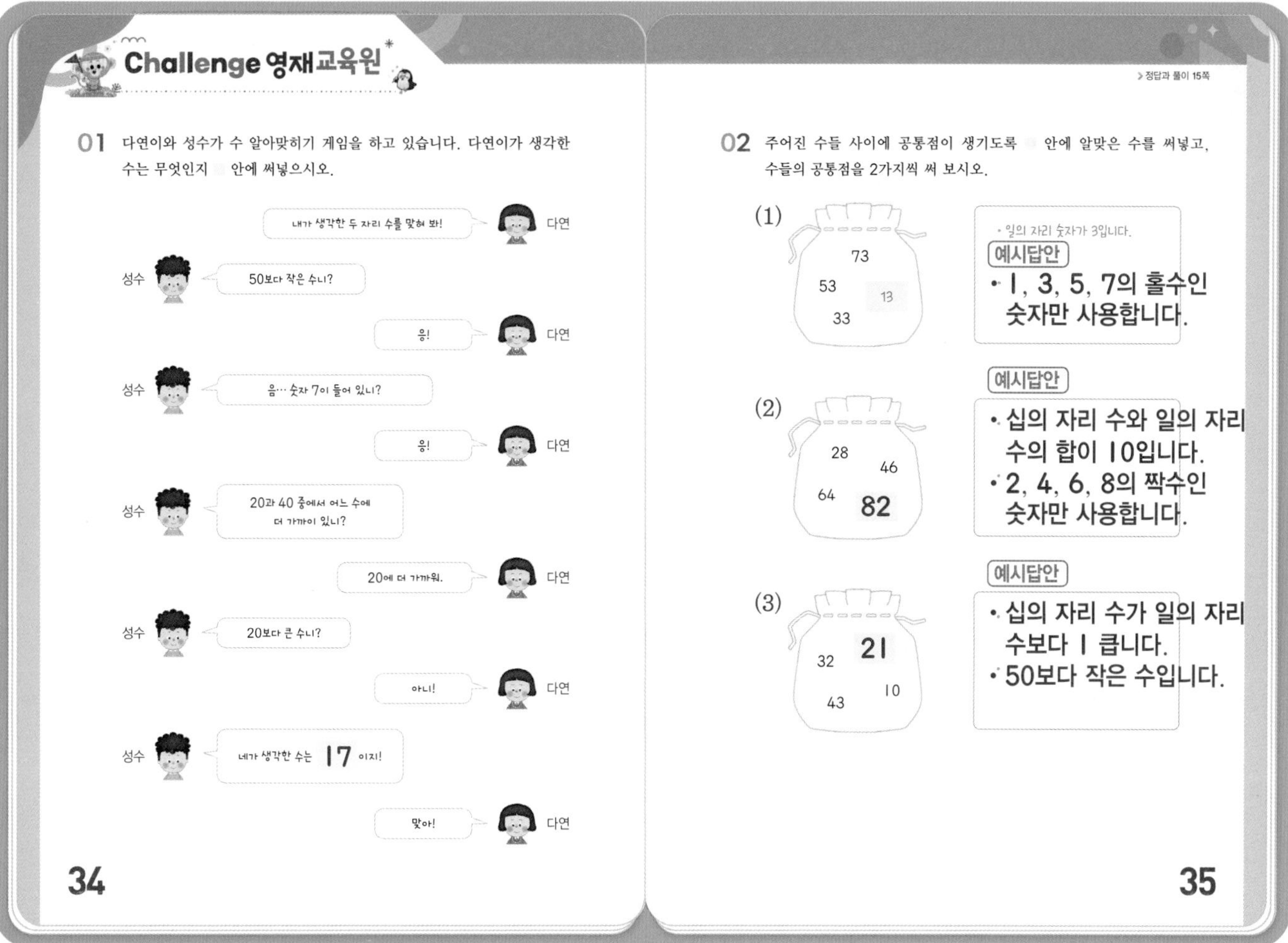

01 성수: 50보다 작은 수니?

다연: 응! → 10, 11, 12…, 48, 49

성수: 음… 숫자 7이 들어 있니?

다연: 응! → 50보다 작은 수이므로 십의 자리 숫자가 7이 될 수 없습니다.
17, 27, 37, 47

성수: 20과 40 중에서 어느 수에 더 가까이 있니?

다연: 20에 더 가까워. → 17, 27, 37, 47 중에서 20에 더 가까운 수는 17과 27입니다.

성수: 20보다 큰 수니?

다연: 아니! → 17과 27 중에서 20보다 작은 수는 17입니다.

02 이 외에도 여러 가지 공통점이 있을 수 있습니다.

(1) • 십의 자리와 일의 자리 수의 합이 짝수입니다.

(2) • 십의 자리 숫자와 일의 자리 숫자를 바꾸어도 같은 수의 구성이 됩니다.
• 짝수입니다.

(3) • 십의 자리 수와 일의 자리 수의 합이 홀수입니다.
• 십의 자리 수와 일의 자리 수의 차가 1입니다.

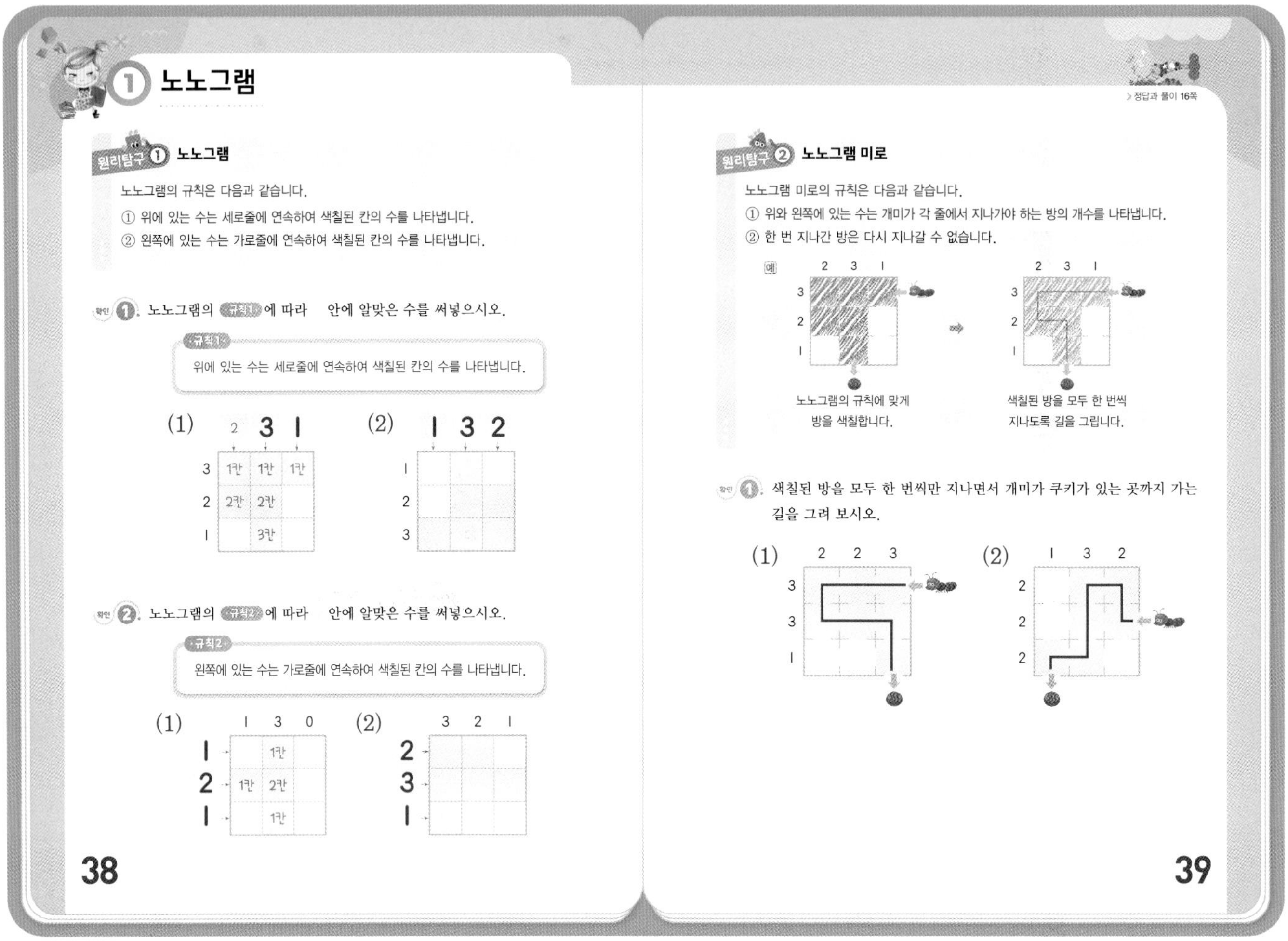

① 노노그램

원리탐구 ① 노노그램

노노그램의 규칙은 다음과 같습니다.

① 위에 있는 수는 세로줄에 연속하여 색칠된 칸의 수를 나타냅니다.

② 왼쪽에 있는 수는 가로줄에 연속하여 색칠된 칸의 수를 나타냅니다.

확인 1. 노노그램의 규칙1 에 따라 안에 알맞은 수를 써넣으시오.

규칙1 위에 있는 수는 세로줄에 연속하여 색칠된 칸의 수를 나타냅니다.

(1)

	2	3	1
3	1칸	1칸	1칸
2	2칸	2칸	
1		3칸	

(2)

	1	3	2
1			
2			
3			

확인 2. 노노그램의 규칙2 에 따라 안에 알맞은 수를 써넣으시오.

규칙2 왼쪽에 있는 수는 가로줄에 연속하여 색칠된 칸의 수를 나타냅니다.

(1)

	1	3	0
1		1칸	
2	1칸	2칸	
1		1칸	

(2)

	3	2	1
2			
3			
1			

38

정답과 풀이 16쪽

원리탐구 ② 노노그램 미로

노노그램 미로의 규칙은 다음과 같습니다.

① 위와 왼쪽에 있는 수는 개미가 각 줄에서 지나가야 하는 방의 개수를 나타냅니다.

② 한 번 지나간 방은 다시 지나갈 수 없습니다.

예 노노그램의 규칙에 맞게 방을 색칠합니다. → 색칠된 방을 모두 한 번씩 지나도록 길을 그립니다.

확인 1. 색칠된 방을 모두 한 번씩만 지나면서 개미가 쿠키가 있는 곳까지 가는 길을 그려 보시오.

(1) 2 2 3 / 3 3 1　(2) 1 3 2 / 2 2 2

39

1. 세로줄에 연속하여 색칠된 칸의 수를 셉니다.

(1)

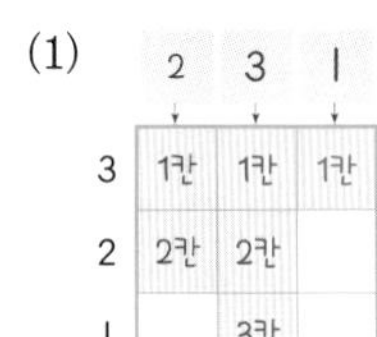

	2	3	1
3	1칸	1칸	1칸
2	2칸	2칸	
1		3칸	

(2)

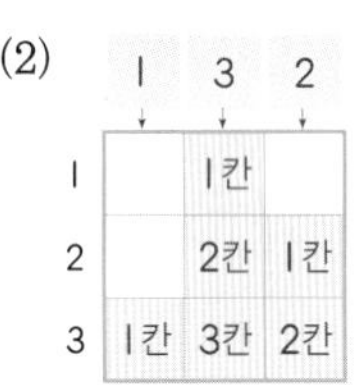

	1	3	2
1		1칸	
2		2칸	1칸
3	1칸	3칸	2칸

2. 가로줄에 연속하여 색칠된 칸의 수를 셉니다.

(1)

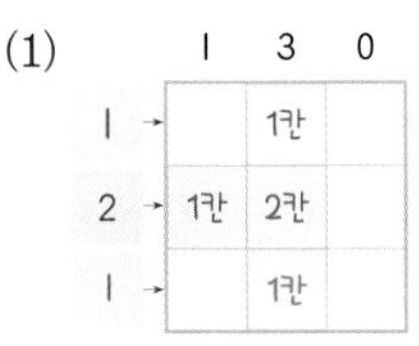

	1	3	0
1		1칸	
2	1칸	2칸	
1		1칸	

(2)

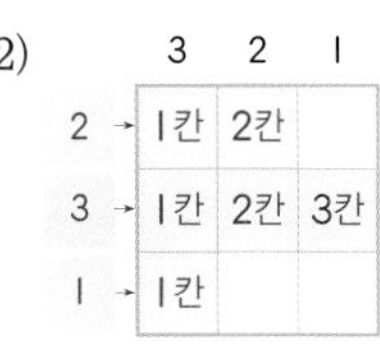

	3	2	1
2	1칸	2칸	
3	1칸	2칸	3칸
1	1칸		

1. 색칠된 곳을 선으로 연결하여 미로를 통과합니다.

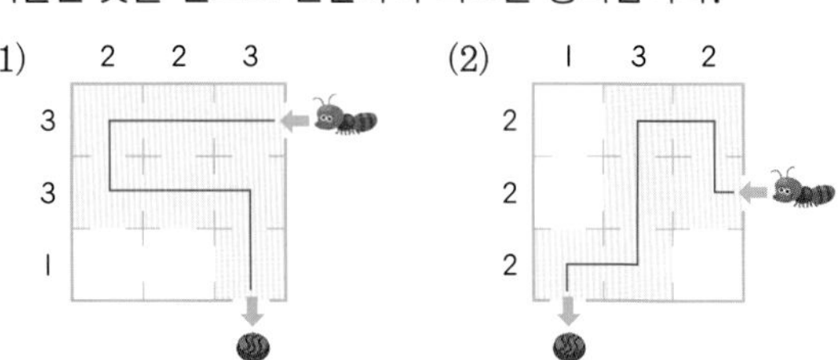

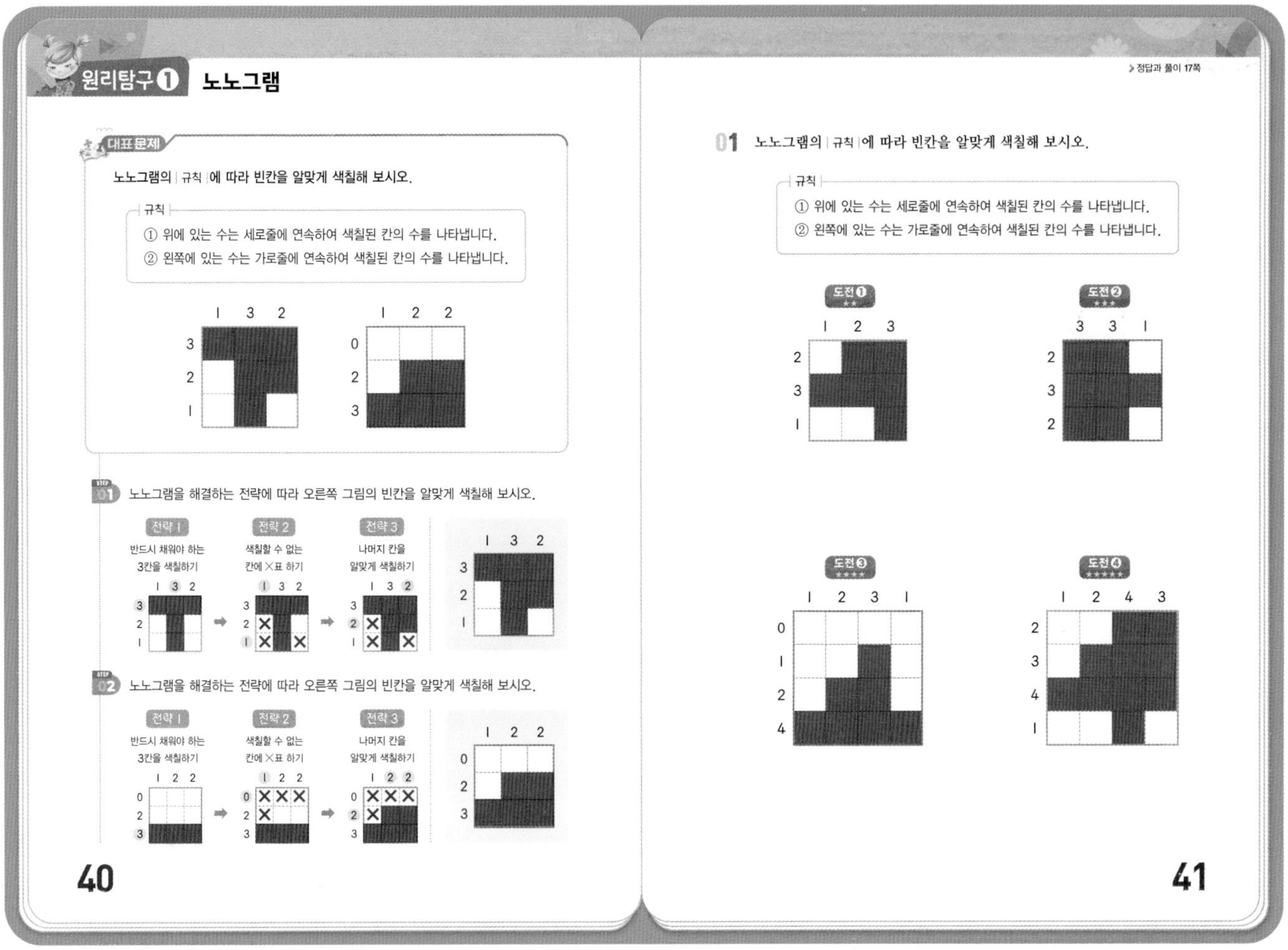

원리탐구 ❶ 노노그램

정답과 풀이 17쪽

대표문제

노노그램의 규칙 에 따라 빈칸을 알맞게 색칠해 보시오.

규칙
① 위에 있는 수는 세로줄에 연속하여 색칠된 칸의 수를 나타냅니다.
② 왼쪽에 있는 수는 가로줄에 연속하여 색칠된 칸의 수를 나타냅니다.

STEP 01 노노그램을 해결하는 전략에 따라 오른쪽 그림의 빈칸을 알맞게 색칠해 보시오.

전략 1 반드시 채워야 하는 3칸을 색칠하기
전략 2 색칠할 수 없는 칸에 ×표 하기
전략 3 나머지 칸을 알맞게 색칠하기

STEP 02 노노그램을 해결하는 전략에 따라 오른쪽 그림의 빈칸을 알맞게 색칠해 보시오.

전략 1 반드시 채워야 하는 3칸을 색칠하기
전략 2 색칠할 수 없는 칸에 ×표 하기
전략 3 나머지 칸을 알맞게 색칠하기

40

01 노노그램의 규칙 에 따라 빈칸을 알맞게 색칠해 보시오.

규칙
① 위에 있는 수는 세로줄에 연속하여 색칠된 칸의 수를 나타냅니다.
② 왼쪽에 있는 수는 가로줄에 연속하여 색칠된 칸의 수를 나타냅니다.

도전❶ ★★ 도전❷ ★★★ 도전❸ ★★★★ 도전❹ ★★★★★

41

대표문제

전략 순서에 따라 반드시 채워야 하는 칸부터 색칠하고, 색칠하지 않아야 하는 칸에는 ×표 해가며 퍼즐을 해결합니다.

01

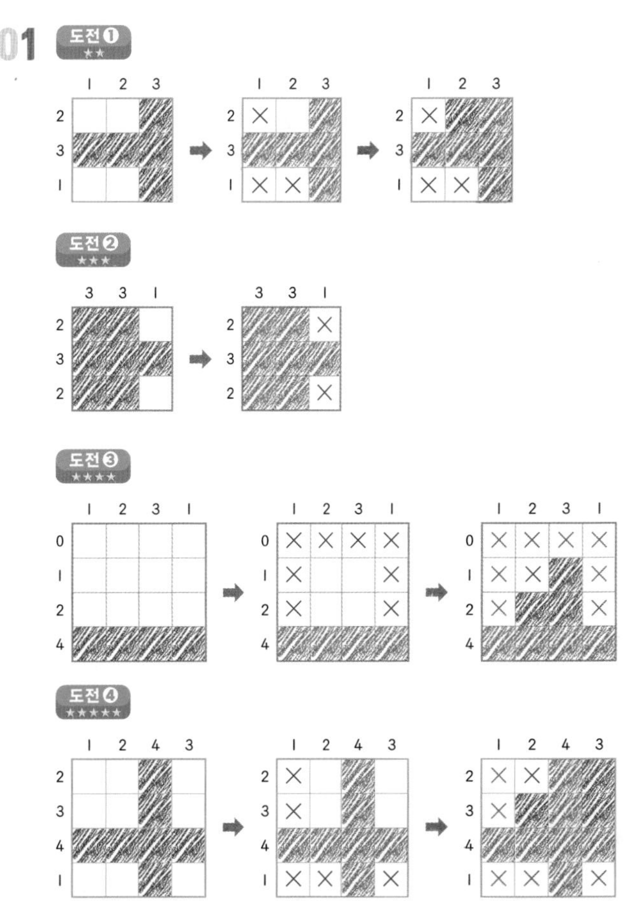

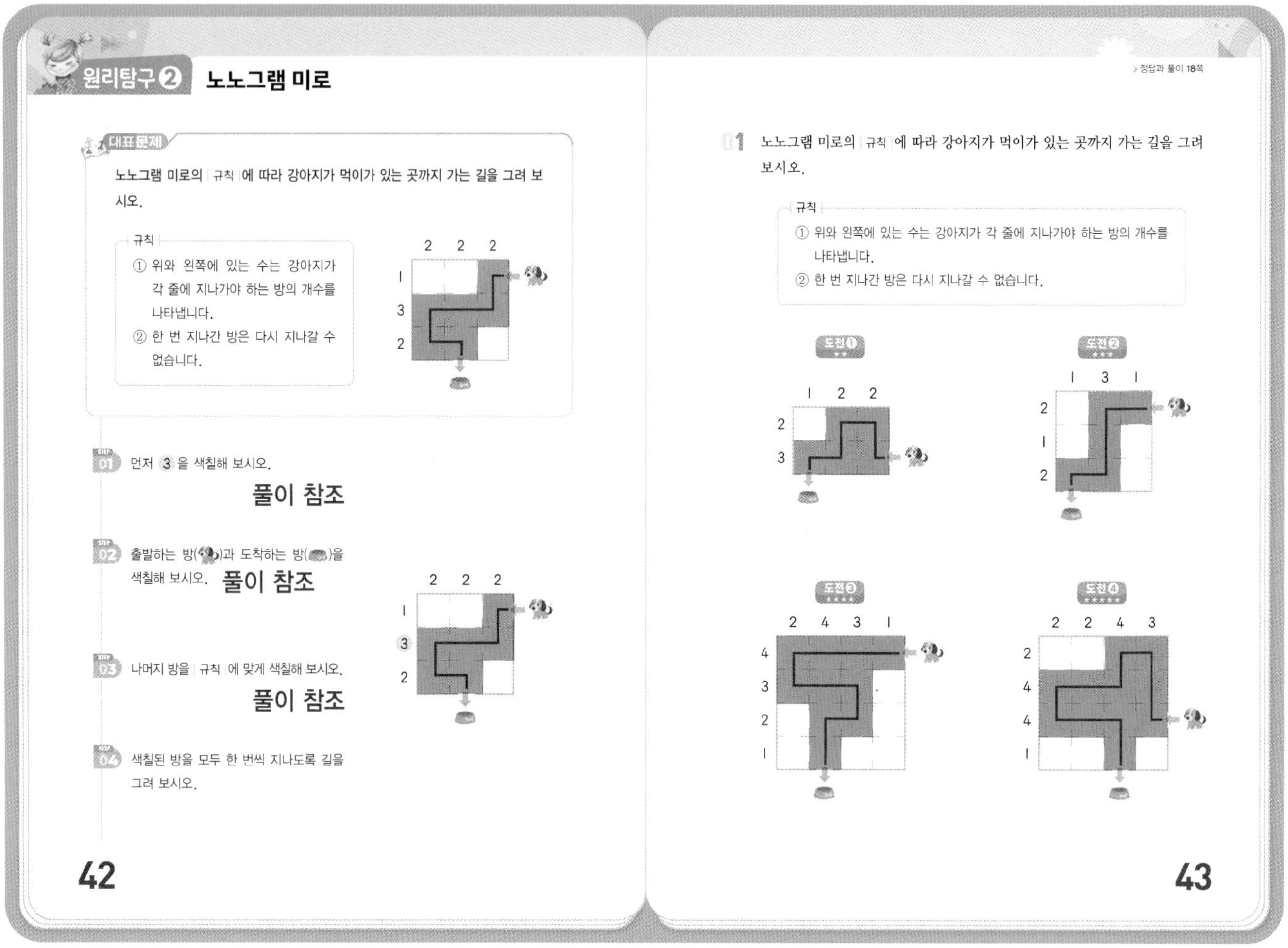

원리탐구 ❷ 노노그램 미로

정답과 풀이 18쪽

대표문제

노노그램 미로의 규칙 에 따라 강아지가 먹이가 있는 곳까지 가는 길을 그려 보시오.

규칙
① 위와 왼쪽에 있는 수는 강아지가 각 줄에 지나가야 하는 방의 개수를 나타냅니다.
② 한 번 지나간 방은 다시 지나갈 수 없습니다.

STEP 01 먼저 ③을 색칠해 보시오.

풀이 참조

STEP 02 출발하는 방(강아지)과 도착하는 방(먹이)을 색칠해 보시오. 풀이 참조

STEP 03 나머지 방을 규칙 에 맞게 색칠해 보시오.

풀이 참조

STEP 04 색칠된 방을 모두 한 번씩 지나도록 길을 그려 보시오.

42

01 노노그램 미로의 규칙 에 따라 강아지가 먹이가 있는 곳까지 가는 길을 그려 보시오.

규칙
① 위와 왼쪽에 있는 수는 강아지가 각 줄에 지나가야 하는 방의 개수를 나타냅니다.
② 한 번 지나간 방은 다시 지나갈 수 없습니다.

도전❶ ★★

도전❷ ★★★

도전❸ ★★★★

도전❹ ★★★★★

43

대표문제

STEP 01

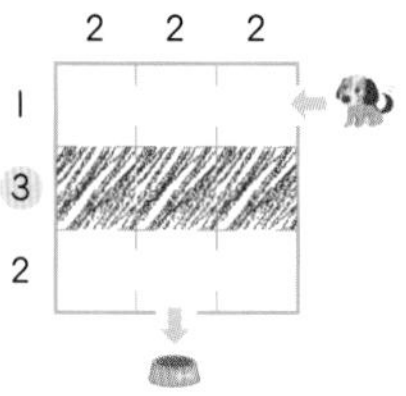

STEP 02

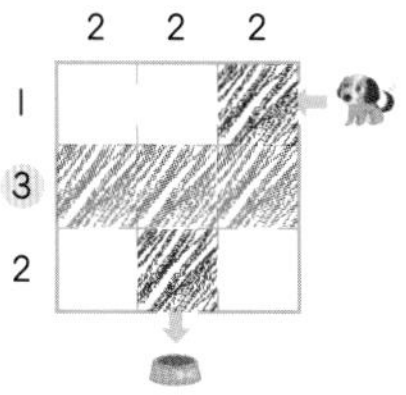

STEP 03

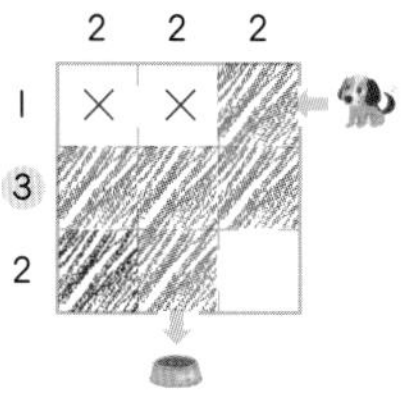

STEP 04

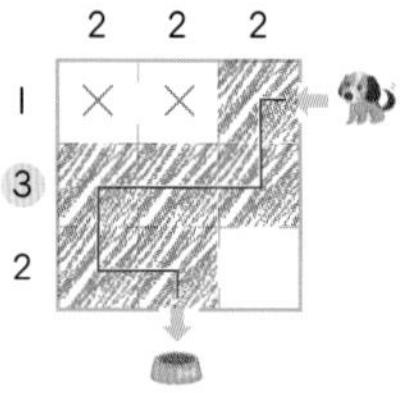

01

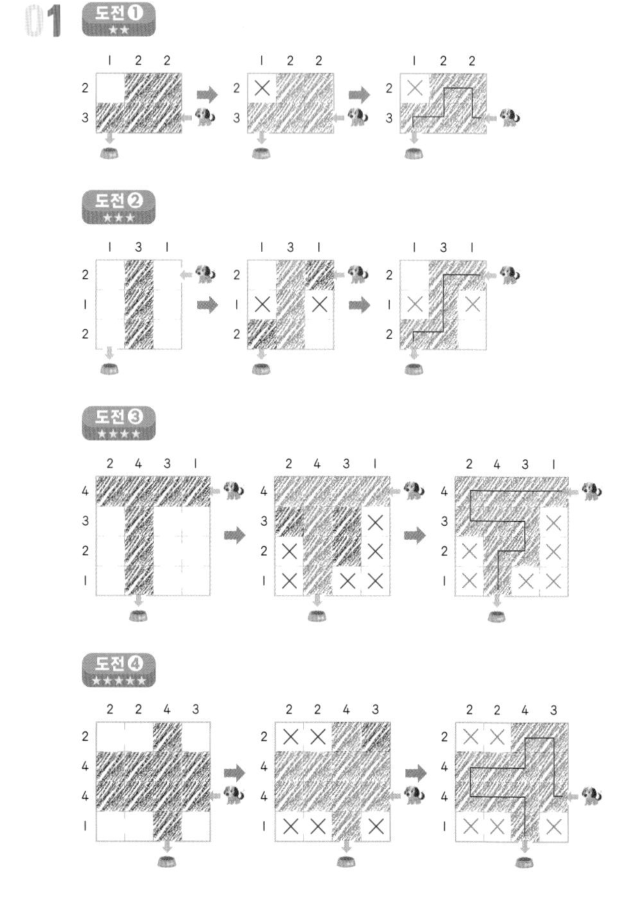

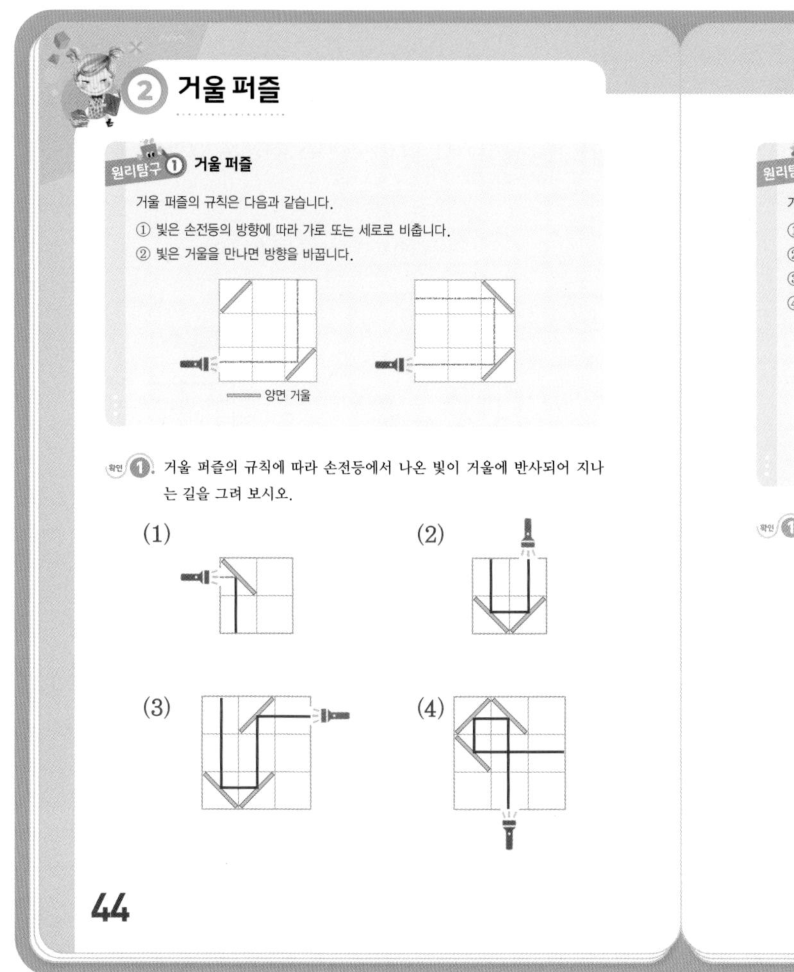
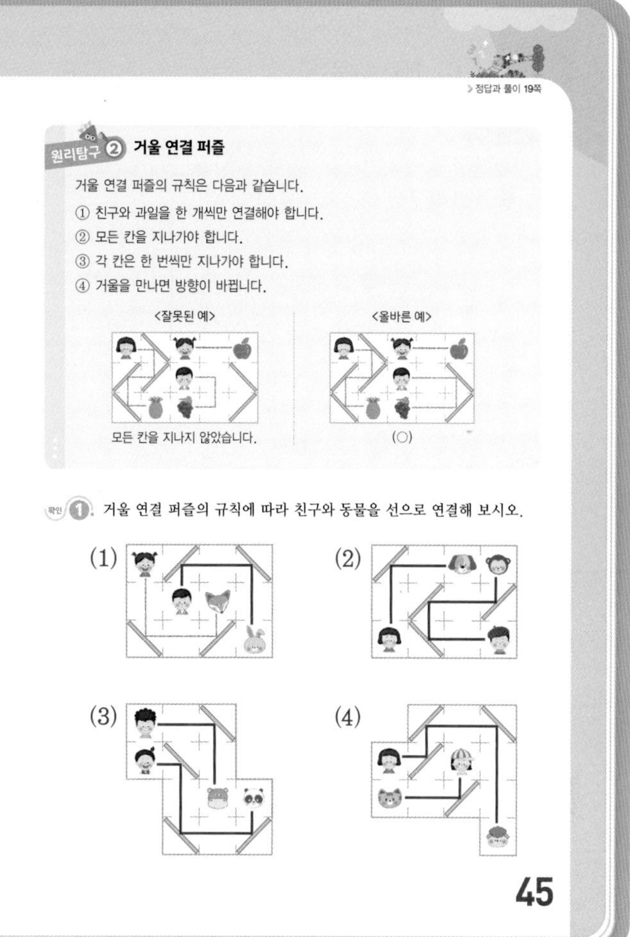

1. 손전등의 방향을 따라 선을 그리다가 거울을 만나면 방향을 바꾸어 그립니다.

(1)

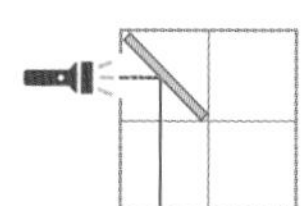

(2)

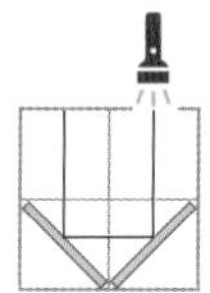

(3)

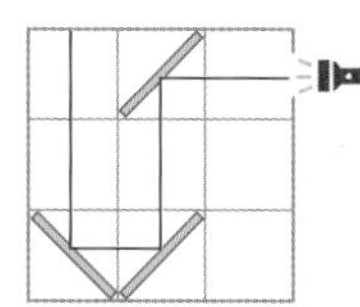

(4)

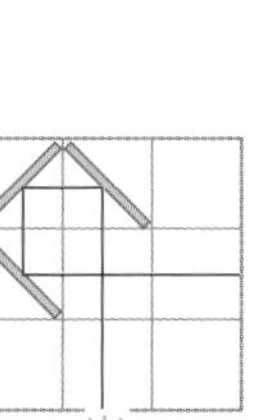

1. 친구 또는 동물을 시작점으로 규칙에 따라 가로 또는 세로 방향으로 선을 그어 친구와 동물을 연결합니다.

(1)

(2)

(3)

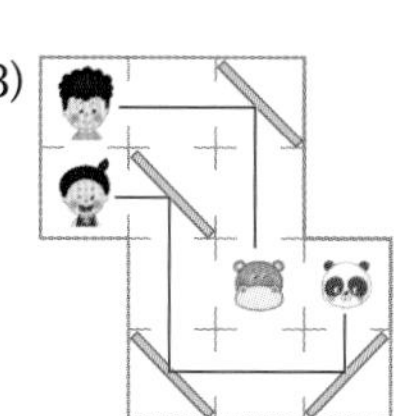

(4)

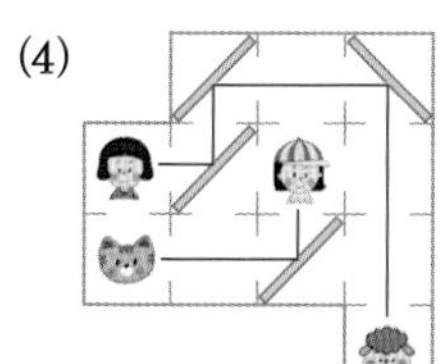

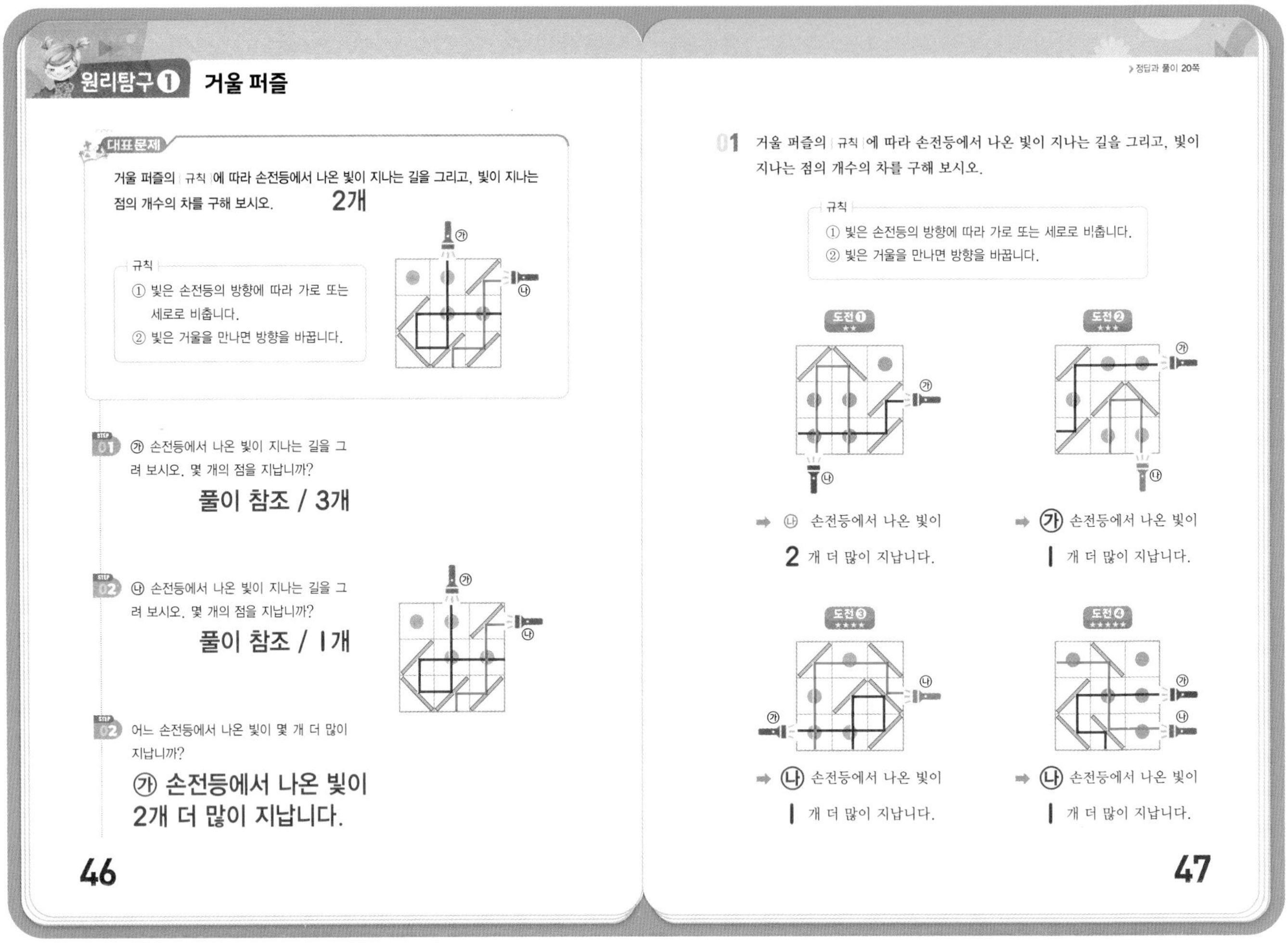

원리탐구 ① 거울 퍼즐

대표문제

거울 퍼즐의 규칙에 따라 손전등에서 나온 빛이 지나는 길을 그리고, 빛이 지나는 점의 개수의 차를 구해 보시오. **2개**

규칙
① 빛은 손전등의 방향에 따라 가로 또는 세로로 비춥니다.
② 빛은 거울을 만나면 방향을 바꿉니다.

STEP 01 ㉮ 손전등에서 나온 빛이 지나는 길을 그려 보시오. 몇 개의 점을 지납니까?

풀이 참조 / 3개

STEP 02 ㉯ 손전등에서 나온 빛이 지나는 길을 그려 보시오. 몇 개의 점을 지납니까?

풀이 참조 / 1개

STEP 02 어느 손전등에서 나온 빛이 몇 개 더 많이 지납니까?

㉮ 손전등에서 나온 빛이 2개 더 많이 지납니다.

46

정답과 풀이 20쪽

01 거울 퍼즐의 규칙에 따라 손전등에서 나온 빛이 지나는 길을 그리고, 빛이 지나는 점의 개수의 차를 구해 보시오.

규칙
① 빛은 손전등의 방향에 따라 가로 또는 세로로 비춥니다.
② 빛은 거울을 만나면 방향을 바꿉니다.

도전① ★★
➡ ㉯ 손전등에서 나온 빛이 **2** 개 더 많이 지납니다.

도전② ★★★
➡ **㉮** 손전등에서 나온 빛이 **1** 개 더 많이 지납니다.

도전③ ★★★★
➡ **㉯** 손전등에서 나온 빛이 **1** 개 더 많이 지납니다.

도전④ ★★★★★
➡ **㉯** 손전등에서 나온 빛이 **1** 개 더 많이 지납니다.

47

STEP 01

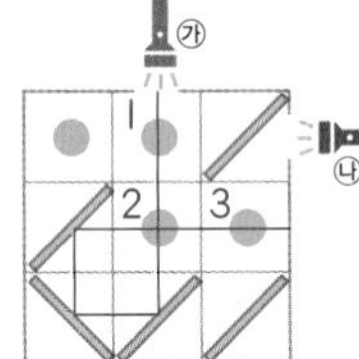

3개의 점을 지납니다.

STEP 02

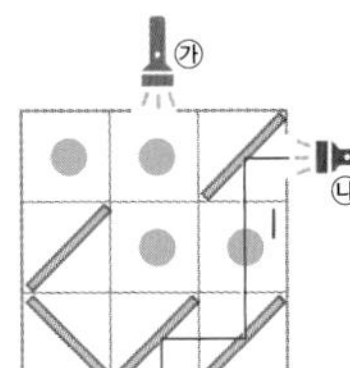

1개의 점을 지납니다.

STEP 03 ㉮는 3개, ㉯는 1개의 점을 지나므로 ㉮ 손전등에서 나온 빛이 3－1＝2(개) 더 많이 지납니다.

01

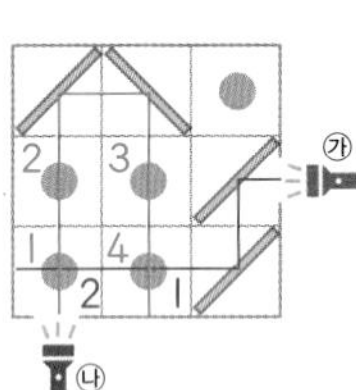

㉯ 손전등에서 나온 빛이 2개 더 많이 지납니다.

도전② ★★★

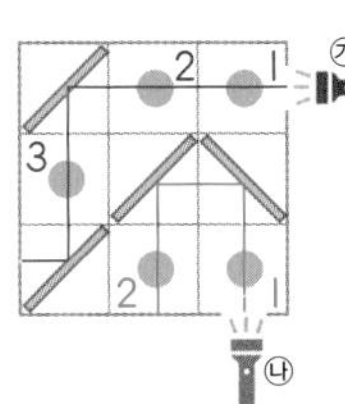

㉮ 손전등에서 나온 빛이 1개 더 많이 지납니다.

도전③ ★★★★

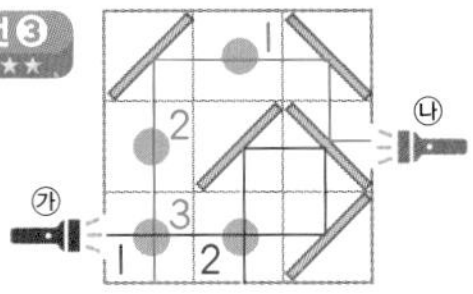

㉯ 손전등에서 나온 빛이 1개 더 많이 지납니다.

도전④ ★★★★★

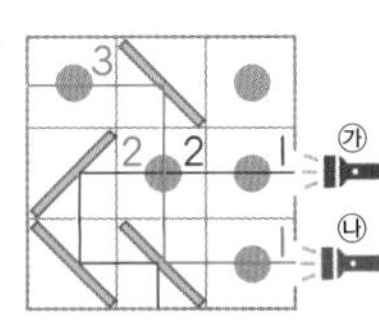

㉯ 손전등에서 나온 빛이 1개 더 많이 지납니다.

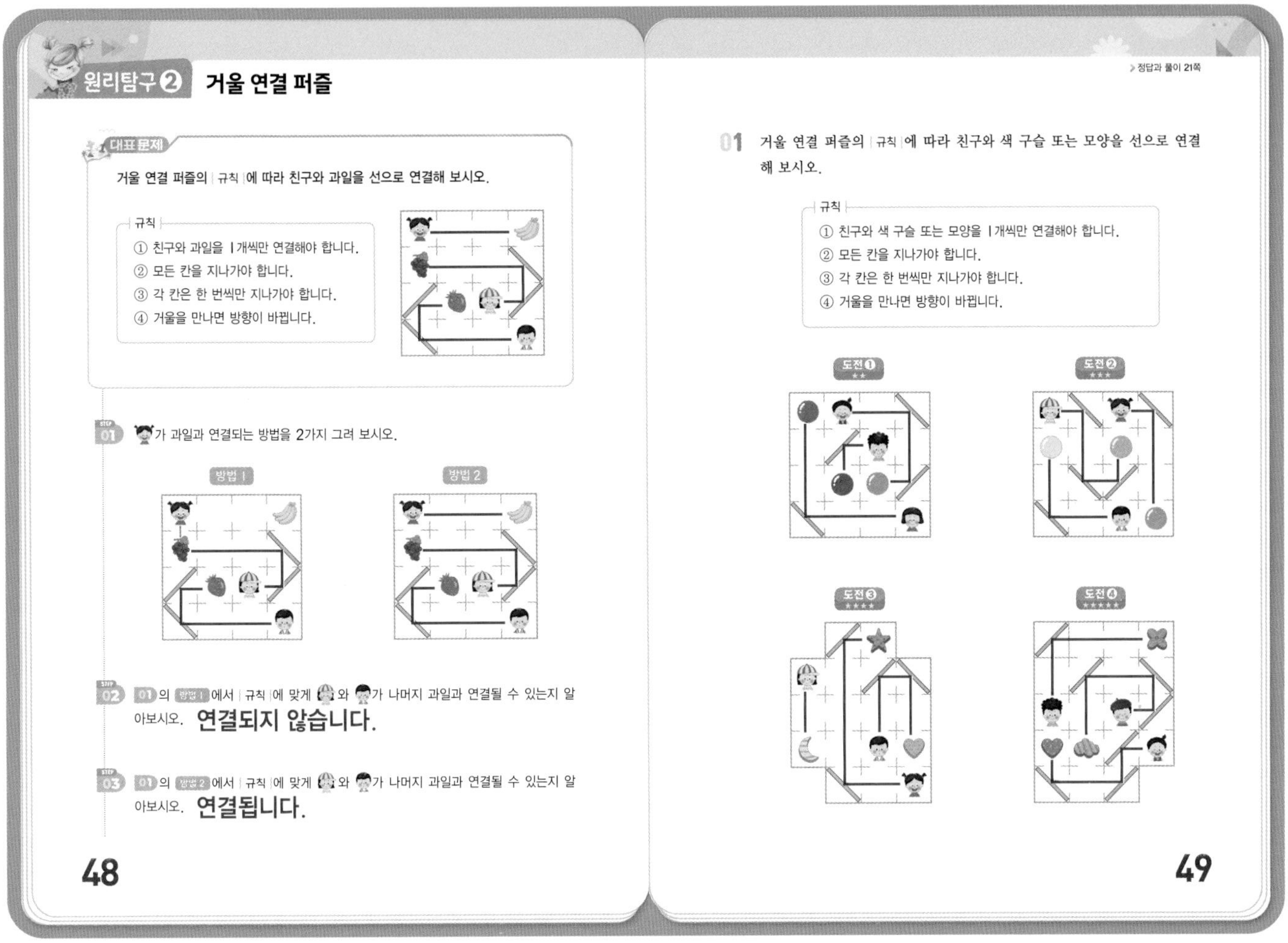

원리탐구 ❷ 거울 연결 퍼즐

대표문제

거울 연결 퍼즐의 규칙에 따라 친구와 과일을 선으로 연결해 보시오.

규칙
① 친구와 과일을 1개씩만 연결해야 합니다.
② 모든 칸을 지나가야 합니다.
③ 각 칸은 한 번씩만 지나가야 합니다.
④ 거울을 만나면 방향이 바뀝니다.

STEP 01 가 과일과 연결되는 방법을 2가지 그려 보시오.

방법 1 방법 2

STEP 02 01의 방법 1에서 규칙에 맞게 와 가 나머지 과일과 연결될 수 있는지 알아보시오. 연결되지 않습니다.

STEP 03 01의 방법 2에서 규칙에 맞게 와 가 나머지 과일과 연결될 수 있는지 알아보시오. 연결됩니다.

48

정답과 풀이 21쪽

01 거울 연결 퍼즐의 규칙에 따라 친구와 색 구슬 또는 모양을 선으로 연결해 보시오.

규칙
① 친구와 색 구슬 또는 모양을 1개씩만 연결해야 합니다.
② 모든 칸을 지나가야 합니다.
③ 각 칸은 한 번씩만 지나가야 합니다.
④ 거울을 만나면 방향이 바뀝니다.

도전❶ ★★ 도전❷ ★★★ 도전❸ ★★★★ 도전❹ ★★★★★

49

대표문제

STEP 01

방법 1

방법 2

STEP 02

방법 1

두 명의 친구가 포도와 연결되고, 모든 칸을 지나지 않으므로 규칙에 맞게 연결될 수 없습니다.

STEP 03

방법 2

규칙에 맞게 연결될 수 있습니다.

01

도전❶ ★★

(×)

(○)

도전❷ ★★★

(×)

(○)

도전❸ ★★★★

(×)

(○)

도전❹ ★★★★★

(×)

(○)

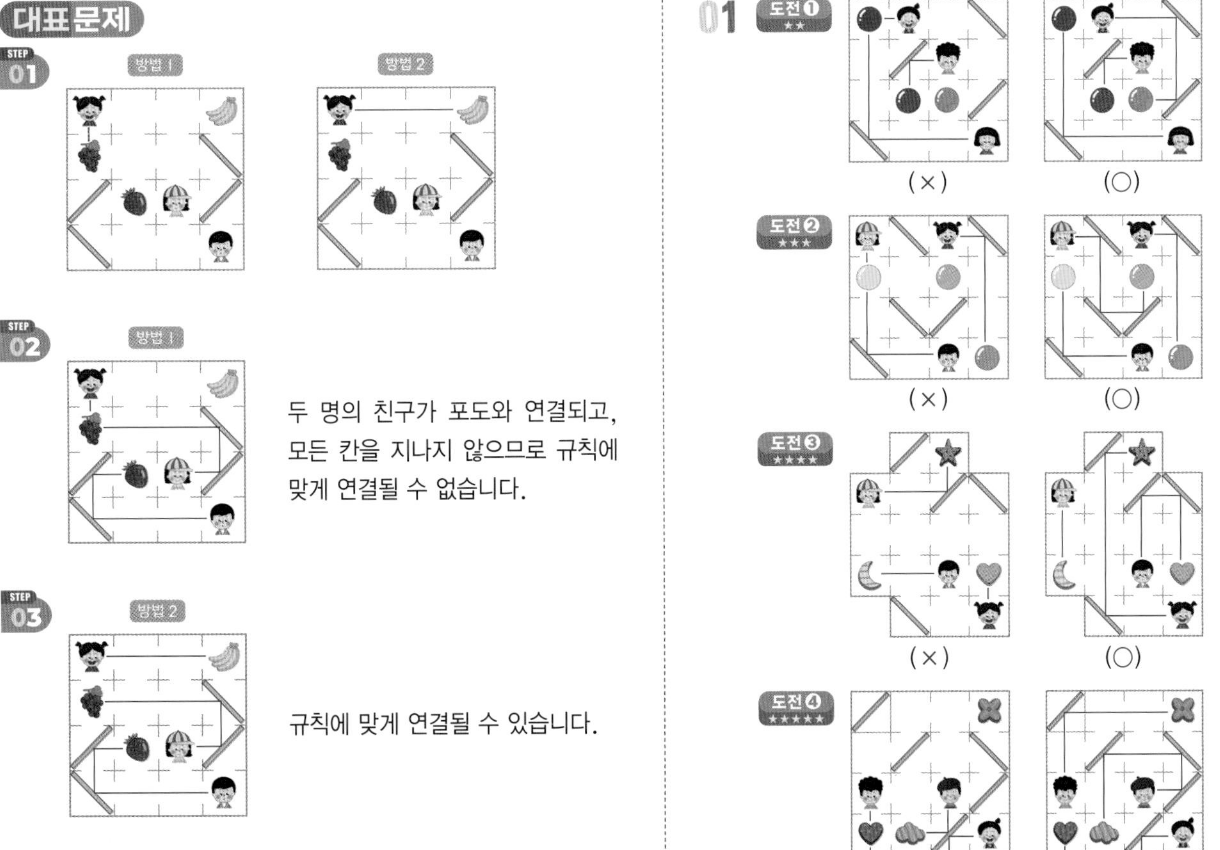

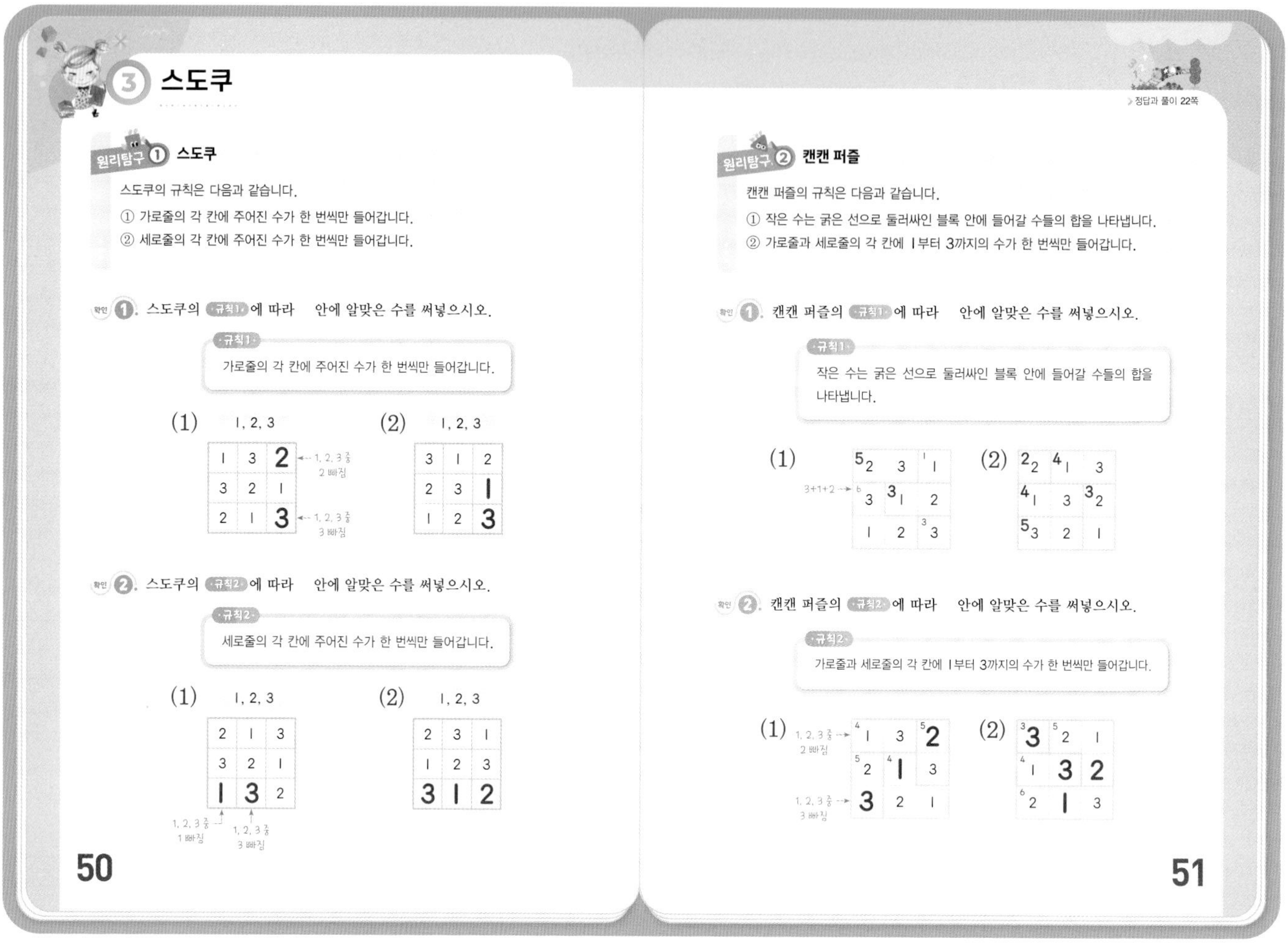

③ 스도쿠

원리탐구 ① 스도쿠

스도쿠의 규칙은 다음과 같습니다.
① 가로줄의 각 칸에 주어진 수가 한 번씩만 들어갑니다.
② 세로줄의 각 칸에 주어진 수가 한 번씩만 들어갑니다.

확인 1. 스도쿠의 규칙1에 따라 □ 안에 알맞은 수를 써넣으시오.

규칙1: 가로줄의 각 칸에 주어진 수가 한 번씩만 들어갑니다.

(1) 1, 2, 3

1	3	2	← 1, 2, 3 중 2 빠짐
3	2	1	
2	1	3	← 1, 2, 3 중 3 빠짐

(2) 1, 2, 3

3	1	2
2	3	1
1	2	3

확인 2. 스도쿠의 규칙2에 따라 □ 안에 알맞은 수를 써넣으시오.

규칙2: 세로줄의 각 칸에 주어진 수가 한 번씩만 들어갑니다.

(1) 1, 2, 3

2	1	3
3	2	1
1	3	2

1, 2, 3 중 1 빠짐 / 1, 2, 3 중 3 빠짐

(2) 1, 2, 3

2	3	1
1	2	3
3	1	2

50

정답과 풀이 22쪽

원리탐구 ② 캔캔 퍼즐

캔캔 퍼즐의 규칙은 다음과 같습니다.
① 작은 수는 굵은 선으로 둘러싸인 블록 안에 들어갈 수들의 합을 나타냅니다.
② 가로줄과 세로줄의 각 칸에 1부터 3까지의 수가 한 번씩만 들어갑니다.

확인 1. 캔캔 퍼즐의 규칙1에 따라 □ 안에 알맞은 수를 써넣으시오.

규칙1: 작은 수는 굵은 선으로 둘러싸인 블록 안에 들어갈 수들의 합을 나타냅니다.

(1)

5 2	3	1 1
6 3	3 1	2
1	2	3 3

3+1+2 → 6

(2)

2 2	4 1	3
4 1	3	3 2
5 3	2	1

확인 2. 캔캔 퍼즐의 규칙2에 따라 □ 안에 알맞은 수를 써넣으시오.

규칙2: 가로줄과 세로줄의 각 칸에 1부터 3까지의 수가 한 번씩만 들어갑니다.

(1)

1, 2, 3 중 2 빠짐 →	4 1	3	5 2
	5 2	4 1	3
1, 2, 3 중 3 빠짐 →	3	2	1

(2)

3 3	5 2	1
4 1	3	2
6 2	1	3

51

1. 가로줄에서 1, 2, 3 중 빠진 수를 찾습니다.

(1)

1	3	2	← 1, 2, 3 중 2 빠짐
3	2	1	
2	1	3	← 1, 2, 3 중 3 빠짐

(2)

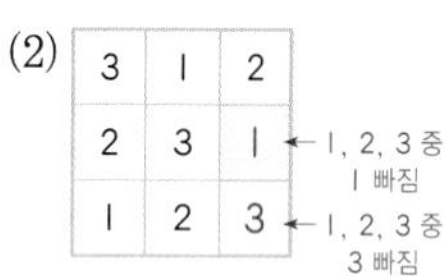

2. 세로줄에서 1, 2, 3 중 빠진 수를 찾습니다.

(1)

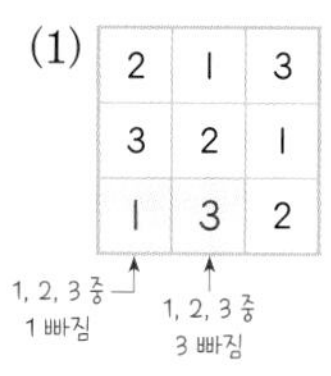

(2)

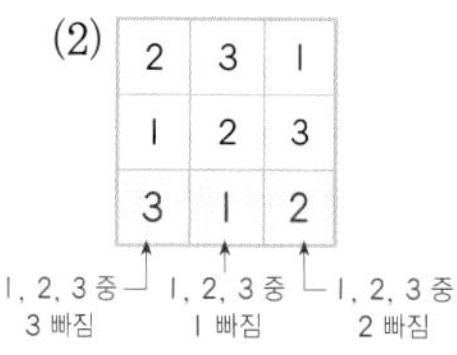

1. 굵은 선으로 둘러싸인 블록 안 수들의 합을 구합니다.

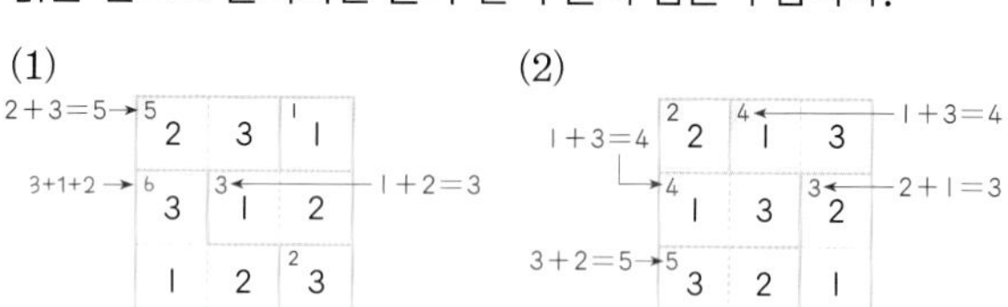

2. 가로줄과 세로줄에서 1, 2, 3 중 빠진 수를 찾습니다.

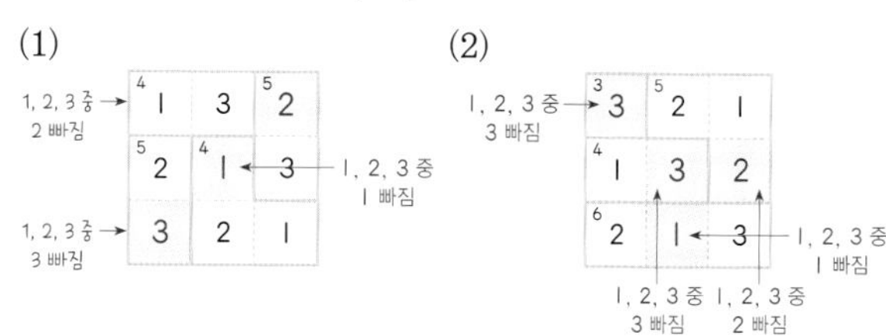

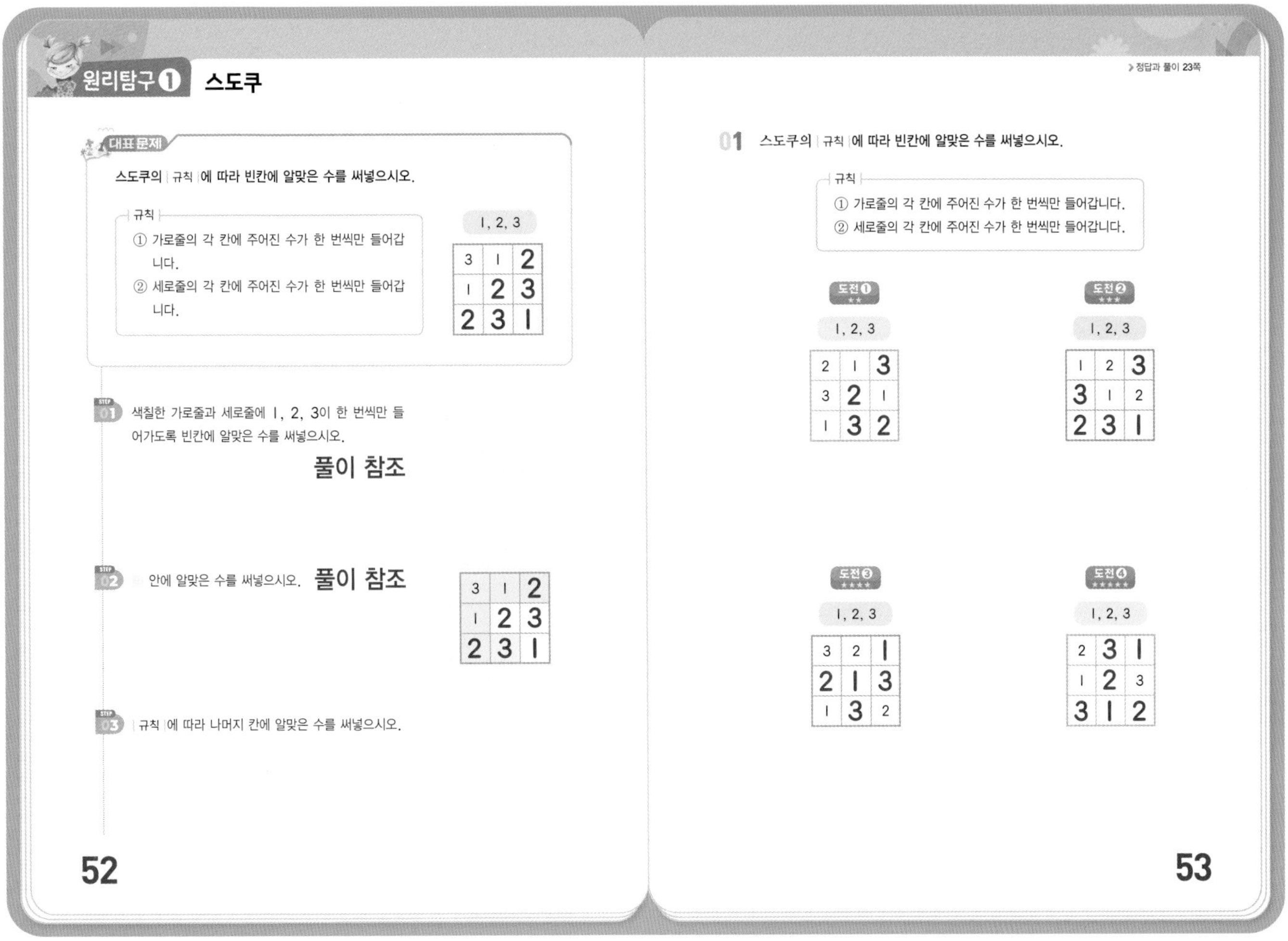

원리탐구 ① 스도쿠

대표문제

스도쿠의 규칙 에 따라 빈칸에 알맞은 수를 써넣으시오.

규칙
① 가로줄의 각 칸에 주어진 수가 한 번씩만 들어갑니다.
② 세로줄의 각 칸에 주어진 수가 한 번씩만 들어갑니다.

I, 2, 3

3	I	2
I	2	3
2	3	I

STEP 01 색칠한 가로줄과 세로줄에 I, 2, 3이 한 번씩만 들어가도록 빈칸에 알맞은 수를 써넣으시오. 풀이 참조

STEP 02 안에 알맞은 수를 써넣으시오. 풀이 참조

3	I	2
I	2	3
2	3	I

STEP 03 규칙 에 따라 나머지 칸에 알맞은 수를 써넣으시오.

52

정답과 풀이 23쪽

01 스도쿠의 규칙 에 따라 빈칸에 알맞은 수를 써넣으시오.

규칙
① 가로줄의 각 칸에 주어진 수가 한 번씩만 들어갑니다.
② 세로줄의 각 칸에 주어진 수가 한 번씩만 들어갑니다.

도전① ★★ I, 2, 3

2	I	3
3	2	I
I	3	2

도전② ★★★ I, 2, 3

I	2	3
3	I	2
2	3	I

도전③ ★★★★ I, 2, 3

3	2	I
2	I	3
I	3	2

도전④ ★★★★★ I, 2, 3

2	3	I
I	2	3
3	I	2

53

대표문제

STEP 01

3	I	2
I		
2		

STEP 02

3	I	2
I		
2	3	

빈칸 가로줄: 빠진 수 I, 3
빈칸 세로줄: 빠진 수 2, 3

STEP 03

3	I	2
I	2	3
2	3	I

01 도전① ★★

2	I	3
3	2	I
I		

➡

2	I	3
3	2	I
I	3	2

도전② ★★★

I	2	3
3	I	2
	3	

➡

I	2	3
3	I	2
2	3	I

도전③ ★★★★

3	2	I
2		
I	3	2

➡

3	2	I
2	I	3
I	3	2

도전④ ★★★★★

2		
I	2	3
3		

➡

2		
I	2	3
3	I	

빠진 수 I, 2
빠진 수 I, 3

➡

2	3	I
I	2	3
3	I	2

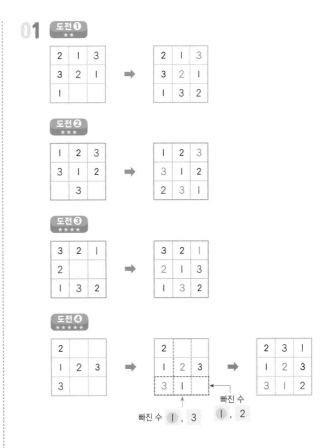

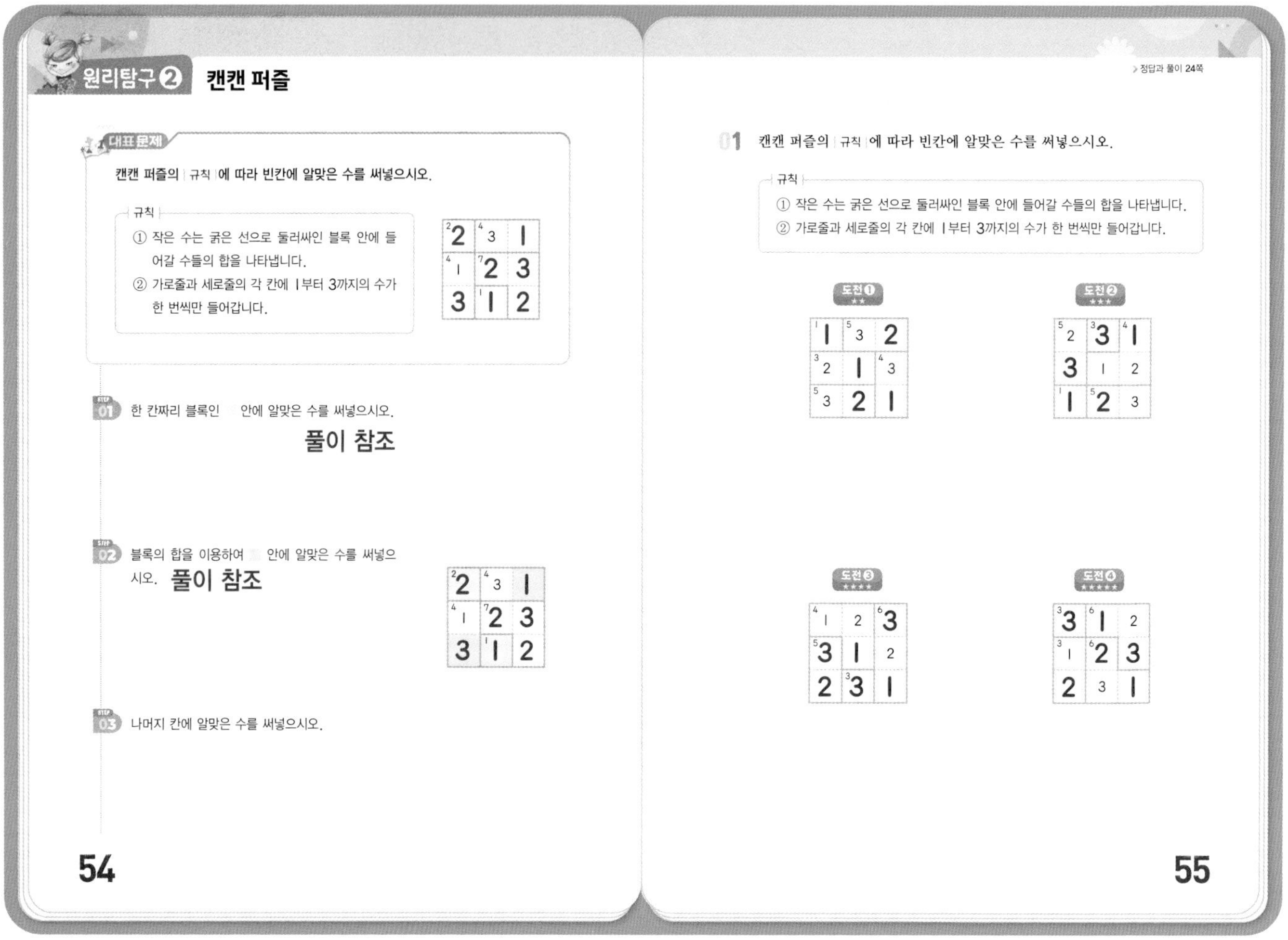

원리탐구② 캔캔 퍼즐

정답과 풀이 24쪽

대표문제

캔캔 퍼즐의 규칙에 따라 빈칸에 알맞은 수를 써넣으시오.

규칙
① 작은 수는 굵은 선으로 둘러싸인 블록 안에 들어갈 수들의 합을 나타냅니다.
② 가로줄과 세로줄의 각 칸에 1부터 3까지의 수가 한 번씩만 들어갑니다.

[2] 2	[4] 3	1
[4] 1	[7] 2	3
3	[1] 1	2

STEP 01 한 칸짜리 블록인 안에 알맞은 수를 써넣으시오.
풀이 참조

STEP 02 블록의 합을 이용하여 안에 알맞은 수를 써넣으시오. 풀이 참조

[2] 2	[4] 3	1
[4] 1	[7] 2	3
3	[1] 1	2

STEP 03 나머지 칸에 알맞은 수를 써넣으시오.

01 캔캔 퍼즐의 규칙에 따라 빈칸에 알맞은 수를 써넣으시오.

규칙
① 작은 수는 굵은 선으로 둘러싸인 블록 안에 들어갈 수들의 합을 나타냅니다.
② 가로줄과 세로줄의 각 칸에 1부터 3까지의 수가 한 번씩만 들어갑니다.

도전① ★★

[1] 1	[5] 3	2
[3] 2	1	[4] 3
[5] 3	2	1

도전② ★★★

[5] 2	[3] 3	[4] 1
3	1	2
[1] 1	[5] 2	3

도전③ ★★★★

[4] 1	2	[6] 3
[5] 3	1	2
2	[3] 3	1

도전④ ★★★★★

[3] 3	[6] 1	2
[3] 1	[6] 2	3
2	3	1

대표문제

STEP 01

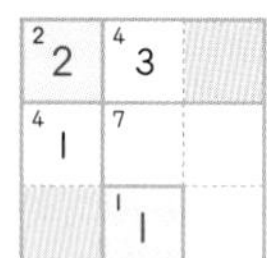

[2] 2	[4] 3	
[4] 1	[7]	
	[1] 1	

STEP 02

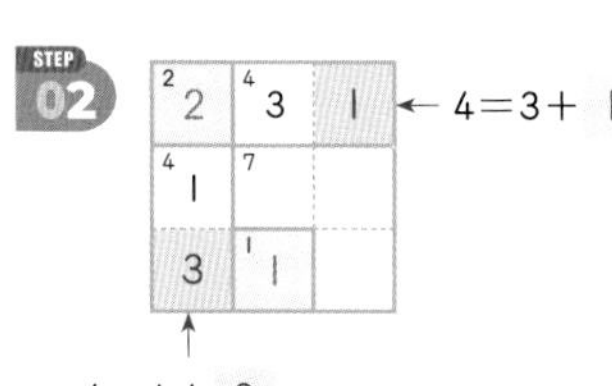

[2] 2	[4] 3	1
[4] 1	[7]	
3	[1] 1	

STEP 03

[2] 2	[4] 3	1
[4] 1	[7] 2	3
3	[1] 1	2

01

도전① ★★

[1] 1	[5] 3	
[3] 2		[4] 3
[5] 3		

→

[1] 1	[5] 3	2
[3] 2	1	[4] 3
[5] 3	2	1

도전② ★★★

[5] 2	[3] 3	[4]
	1	2
[1] 1	[5]	3

→

[5] 2	[3] 3	[4] 1
3	1	2
[1] 1	[5] 2	3

도전③ ★★★★

[4] 1	2	[6]
[5]		2
	[3] 3	

→

[4] 1	2	[6] 3
[5]	1	2
	[3] 3	

→

[4] 1	2	[6] 3
[5] 3	1	2
2	[3] 3	1

도전④ ★★★★★

[3] 3	[6]	2
[3] 1	[6]	
	3	

→

[3] 3	[6] 1	2
[3] 1	[6]	
2	3	

→

[3] 3	[6] 1	2
[3] 1	[6] 2	3
2	3	1

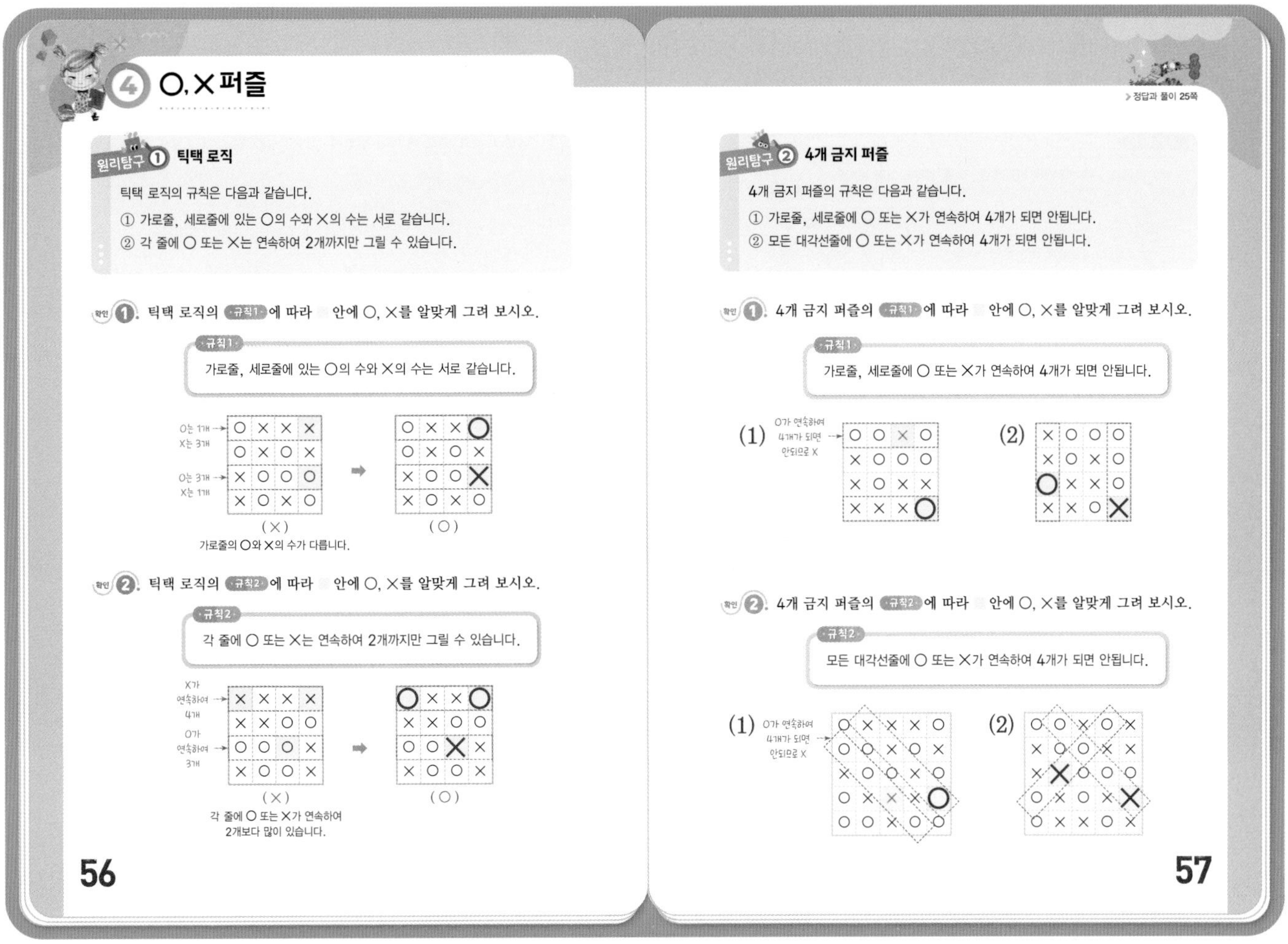

4 O, X 퍼즐

원리탐구 ① 틱택 로직

틱택 로직의 규칙은 다음과 같습니다.
① 가로줄, 세로줄에 있는 ○의 수와 ×의 수는 서로 같습니다.
② 각 줄에 ○ 또는 ×는 연속하여 2개까지만 그릴 수 있습니다.

확인 1. 틱택 로직의 규칙1 에 따라 안에 ○, ×를 알맞게 그려 보시오.

규칙1 가로줄, 세로줄에 있는 ○의 수와 ×의 수는 서로 같습니다.

(○는 1개, ×는 3개 / ○는 3개, ×는 1개)

○	×	×	×
○	×	○	×
×	○	○	○
×	○	×	○

(×)
가로줄의 ○와 ×의 수가 다릅니다.

➡

○	×	×	○
○	×	○	×
×	○	○	×
×	○	×	○

(○)

확인 2. 틱택 로직의 규칙2 에 따라 안에 ○, ×를 알맞게 그려 보시오.

규칙2 각 줄에 ○ 또는 ×는 연속하여 2개까지만 그릴 수 있습니다.

(×가 연속하여 4개 / ○가 연속하여 3개)

×	×	×	×
×	×	○	○
○	○	○	×
×	○	○	×

(×)
각 줄에 ○ 또는 ×가 연속하여 2개보다 많이 있습니다.

➡

○	×	×	○
×	×	○	○
○	○	×	×
×	○	○	×

(○)

56

정답과 풀이 25쪽

원리탐구 ② 4개 금지 퍼즐

4개 금지 퍼즐의 규칙은 다음과 같습니다.
① 가로줄, 세로줄에 ○ 또는 ×가 연속하여 4개가 되면 안됩니다.
② 모든 대각선줄에 ○ 또는 ×가 연속하여 4개가 되면 안됩니다.

확인 1. 4개 금지 퍼즐의 규칙1 에 따라 안에 ○, ×를 알맞게 그려 보시오.

규칙1 가로줄, 세로줄에 ○ 또는 ×가 연속하여 4개가 되면 안됩니다.

(1) (○가 연속하여 4개가 되면 안되므로 ×)

○	○	×	○
×	○	○	○
×	○	×	×
×	×	×	○

(2)

×	○	○	○
×	○	×	○
○	×	×	○
×	×	○	×

확인 2. 4개 금지 퍼즐의 규칙2 에 따라 안에 ○, ×를 알맞게 그려 보시오.

규칙2 모든 대각선줄에 ○ 또는 ×가 연속하여 4개가 되면 안됩니다.

(1) (○가 연속하여 4개가 되면 안되므로 ×)

○	×	×	×	○
○	○	×	○	×
×	○	○	×	○
○	×	×	×	○
○	○	×	○	○

(2)

○	○	×	○	×
×	○	○	×	×
×	×	○	○	○
○	×	○	×	×
○	×	×	○	×

57

1 각 가로줄, 세로줄에 ○가 2개, ×가 2개가 되도록 빈칸에 ○ 또는 ×를 그립니다.

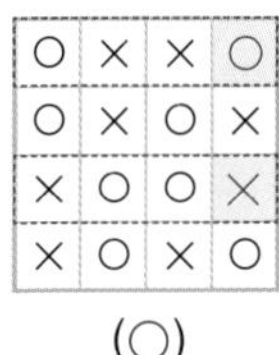

(○)

2 ○, ×가 연속하여 2개인 곳의 양쪽에 ○ 또는 ×를 그립니다.

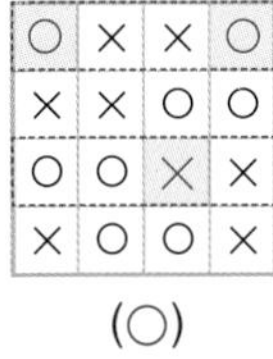

(○)

1 가로줄, 세로줄에 ○ 또는 ×가 연속하여 4개가 되지 않도록 빈칸에 ○ 또는 ×를 그립니다.

(1)
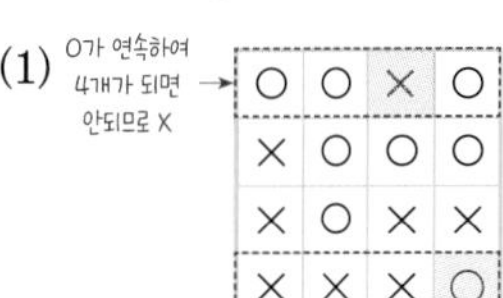

(2)
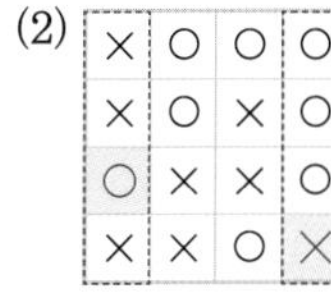

2 모든 대각선줄에 ○ 또는 ×가 연속하여 4개가 되지 않도록 빈칸에 ○ 또는 ×를 그립니다.

(1)
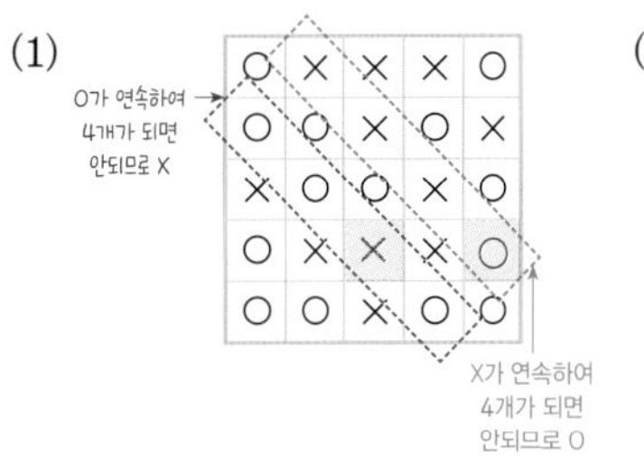

(2)
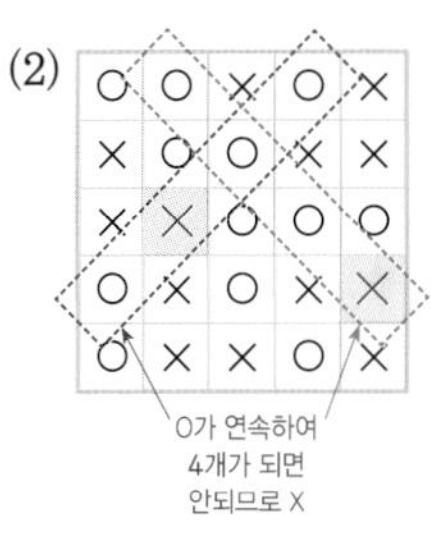

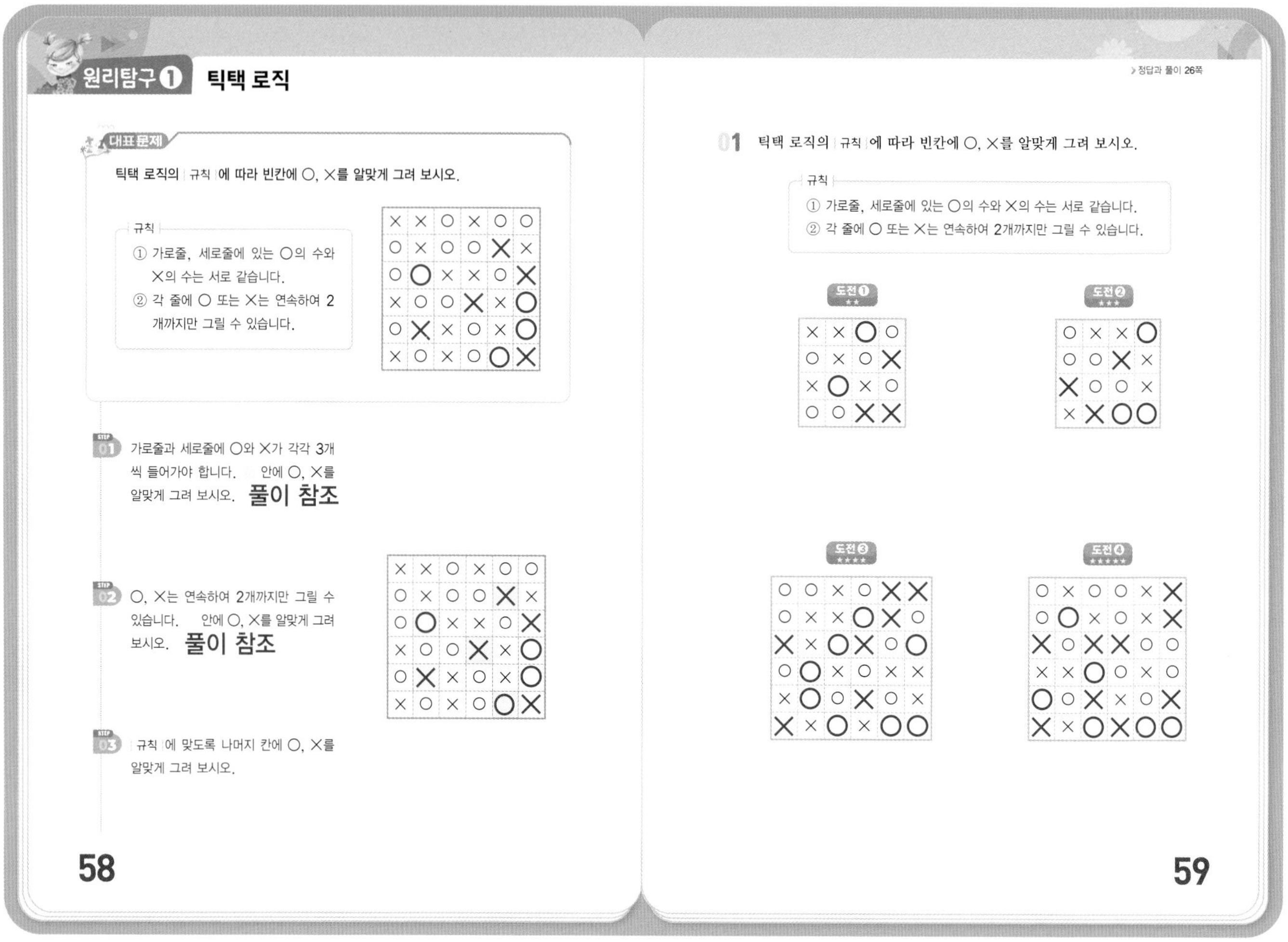

원리탐구 ❶ 틱택 로직

정답과 풀이 26쪽

대표문제

틱택 로직의 규칙 에 따라 빈칸에 ○, ×를 알맞게 그려 보시오.

규칙
① 가로줄, 세로줄에 있는 ○의 수와 ×의 수는 서로 같습니다.
② 각 줄에 ○ 또는 ×는 연속하여 2개까지만 그릴 수 있습니다.

×	×	○	×	○	○
○	×	○	○	×	×
○	○	×	×	○	×
×	○	○	×	×	○
○	×	×	○	×	○
×	○	×	○	○	×

STEP 01 가로줄과 세로줄에 ○와 ×가 각각 3개씩 들어가야 합니다. 안에 ○, ×를 알맞게 그려 보시오. 풀이 참조

STEP 02 ○, ×는 연속하여 2개까지만 그릴 수 있습니다. 안에 ○, ×를 알맞게 그려 보시오. 풀이 참조

×	×	○	×	○	○
○	×	○	○	×	×
○	○	×	×	○	×
×	○	○	×	×	○
○	×	×	○	×	○
×	○	×	○	○	×

STEP 03 규칙 에 맞도록 나머지 칸에 ○, ×를 알맞게 그려 보시오.

58

01 틱택 로직의 규칙 에 따라 빈칸에 ○, ×를 알맞게 그려 보시오.

규칙
① 가로줄, 세로줄에 있는 ○의 수와 ×의 수는 서로 같습니다.
② 각 줄에 ○ 또는 ×는 연속하여 2개까지만 그릴 수 있습니다.

도전❶ ★★

×	×	○	○
○	×	○	×
×	○	×	○
○	○	×	×

도전❷ ★★★

○	×	×	○
○	○	×	×
×	○	○	×
×	×	○	○

도전❸ ★★★★

○	○	×	○	×	×
○	×	×	○	×	○
×	×	○	×	○	○
○	○	×	○	×	×
×	○	○	×	○	×
×	×	○	×	○	○

도전❹ ★★★★★

○	×	○	○	×	×
○	○	×	○	×	×
×	○	×	×	○	○
×	×	○	○	×	○
○	○	×	×	○	×
×	×	○	×	○	○

59

대표문제

×	×	○	×	○	○
○	×	○	○	×	×
○		×	×	○	
×	○	○	×	×	
○		×	○	×	
×	○	×	○		

×	×	○	×	○	○
○	×	○	○	×	×
○	○	×	×	○	
×	○	○	×	×	
○	×	×	○	×	
×	○	×	○	○	

×	×	○	×	○	○
○	×	○	○	×	×
○	○	×	×	○	×
×	○	○	×	×	○
○	×	×	○	×	○
×	○	×	○	○	×

01

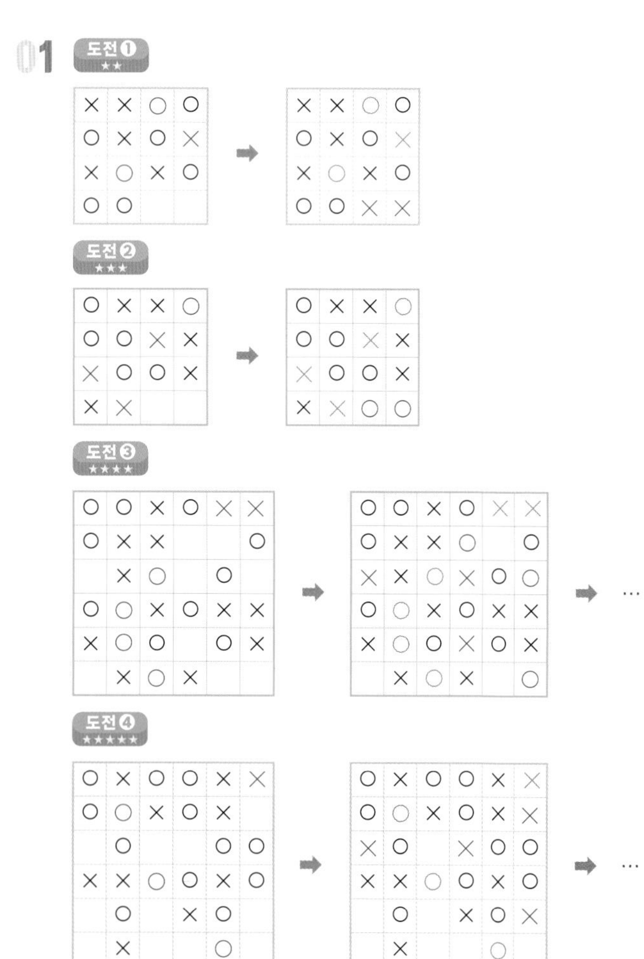

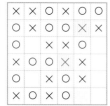

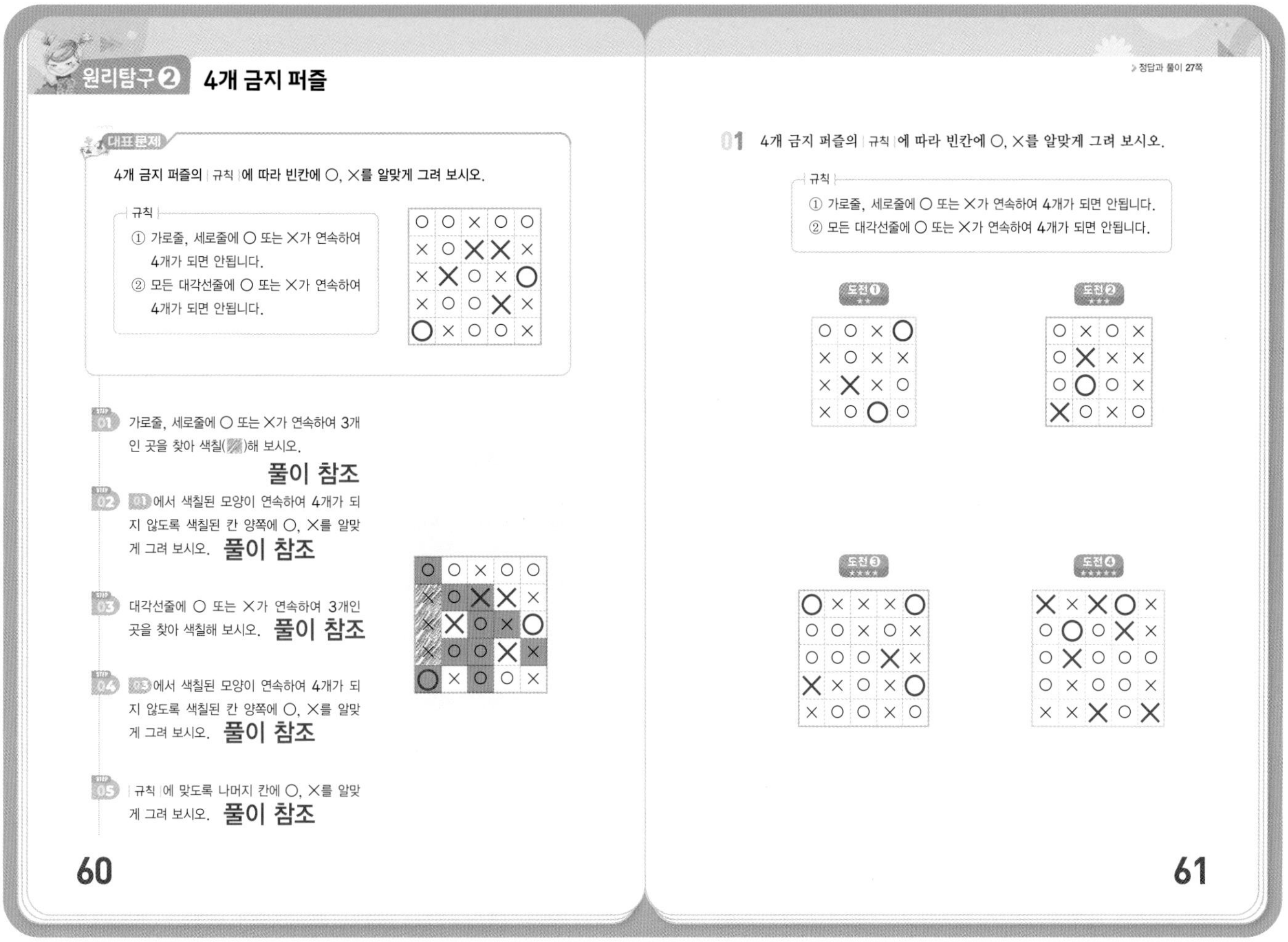

원리탐구 ② 4개 금지 퍼즐

대표문제

4개 금지 퍼즐의 규칙에 따라 빈칸에 ○, ×를 알맞게 그려 보시오.

규칙
① 가로줄, 세로줄에 ○ 또는 ×가 연속하여 4개가 되면 안됩니다.
② 모든 대각선줄에 ○ 또는 ×가 연속하여 4개가 되면 안됩니다.

○	○	×	○	○
×	○	×	×	×
×	×	○	×	○
×	○	○	×	×
○	×	○	○	×

STEP 01 가로줄, 세로줄에 ○ 또는 ×가 연속하여 3개인 곳을 찾아 색칠( )해 보시오. **풀이 참조**

STEP 02 01에서 색칠된 모양이 연속하여 4개가 되지 않도록 색칠된 칸 양쪽에 ○, ×를 알맞게 그려 보시오. **풀이 참조**

STEP 03 대각선줄에 ○ 또는 ×가 연속하여 3개인 곳을 찾아 색칠해 보시오. **풀이 참조**

STEP 04 03에서 색칠된 모양이 연속하여 4개가 되지 않도록 색칠된 칸 양쪽에 ○, ×를 알맞게 그려 보시오. **풀이 참조**

STEP 05 규칙에 맞도록 나머지 칸에 ○, ×를 알맞게 그려 보시오. **풀이 참조**

○	○	×	○	○
×	○	×	×	×
×	×	○	×	○
×	○	○	×	×
○	×	○	○	×

60

정답과 풀이 27쪽

01 4개 금지 퍼즐의 규칙에 따라 빈칸에 ○, ×를 알맞게 그려 보시오.

규칙
① 가로줄, 세로줄에 ○ 또는 ×가 연속하여 4개가 되면 안됩니다.
② 모든 대각선줄에 ○ 또는 ×가 연속하여 4개가 되면 안됩니다.

도전❶ ★★

○	○	×	○
×	○	×	×
×	×	×	○
×	○	○	○

도전❷ ★★★

○	×	○	×
○	×	×	×
○	○	○	×
×	○	×	○

도전❸ ★★★★

○	×	×	×	○
○	○	×	○	×
○	○	○	×	×
×	×	○	×	○
×	○	○	×	○

도전❹ ★★★★★

×	×	×	○	×
○	○	○	×	×
○	×	○	○	○
○	×	○	○	×
×	×	×	○	×

61

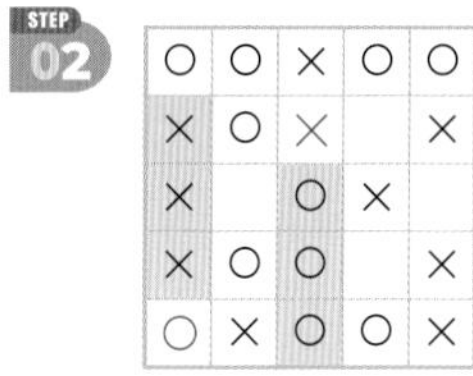

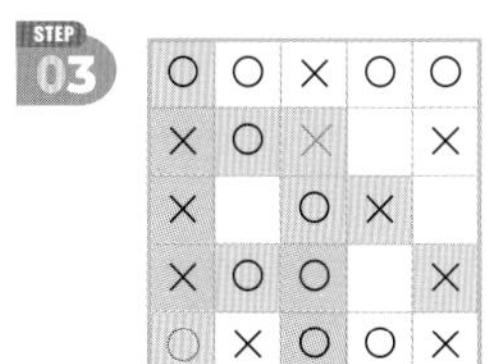

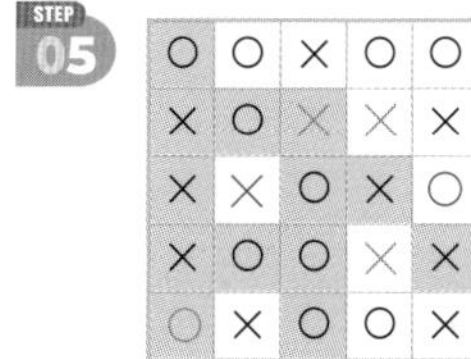

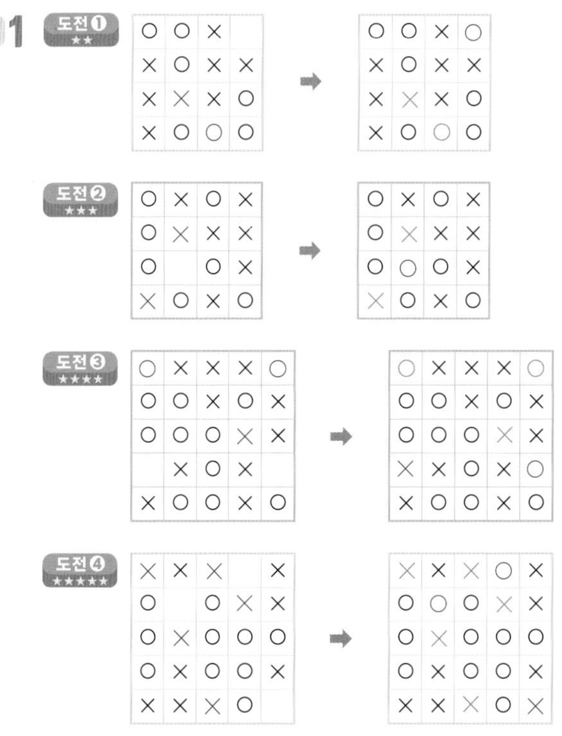

Creative 팩토

01 |규칙|에 따라 친구가 가위가 있는 곳까지 가는 길을 그려 보시오.

규칙
① 위와 왼쪽에 있는 수는 친구가 각 줄에 지나가야 하는 방의 개수를 나타냅니다.
② 한 번 지나간 방은 다시 지나갈 수 없습니다.

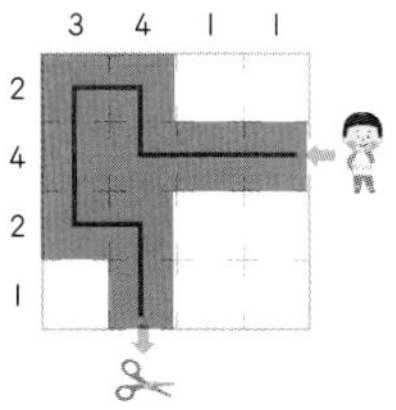

3 4 1 1 / 2 4 2 1

02 |규칙|에 따라 친구와 색 구슬을 선으로 연결해 보시오.

규칙
① 친구와 색 구슬을 1개씩만 연결해야 합니다.
② 모든 칸을 지나가야 합니다.
③ 각 칸은 한 번씩만 지나가야 합니다.
④ 거울을 만나면 방향이 바뀝니다.

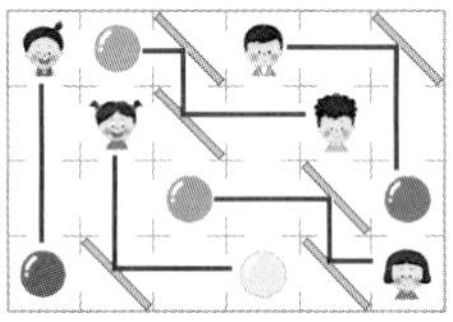

62

> 정답과 풀이 28쪽

03 |규칙|에 따라 빈칸에 알맞은 수를 써넣으시오.

규칙
① 작은 수는 굵은 선으로 둘러싸인 블록 안에 들어갈 수들의 합을 나타냅니다.
② 가로줄과 세로줄의 각 칸에 1부터 4까지의 수가 한 번씩만 들어갑니다.

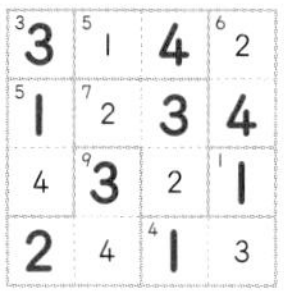

^{3}3	^{5}1	4	^{6}2
^{5}1	^{7}2	3	4
4	^{9}3	2	^{1}1
2	4	^{4}1	3

04 |규칙|에 따라 빈칸에 ○, ×를 알맞게 그려 보시오.

규칙
① 가로줄, 세로줄에 ○ 또는 ×가 연속하여 4개가 되면 안됩니다.
② 모든 대각선줄에 ○ 또는 ×가 연속하여 4개가 되면 안됩니다.

○	○	×	×	×	○
	○	×	○	○	
	○	○	×	○	
○	×	×	×	○	×
○	○	×	×	×	○

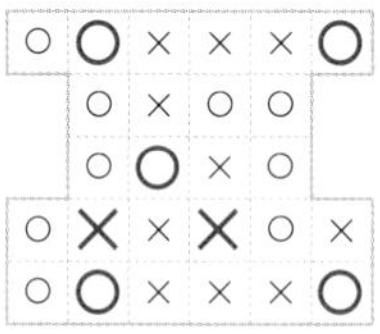

63

01 먼저 노노그램의 규칙에 따라 지나가야 하는 방에 색칠한 다음 색칠된 곳을 선으로 연결하여 미로를 통과합니다.

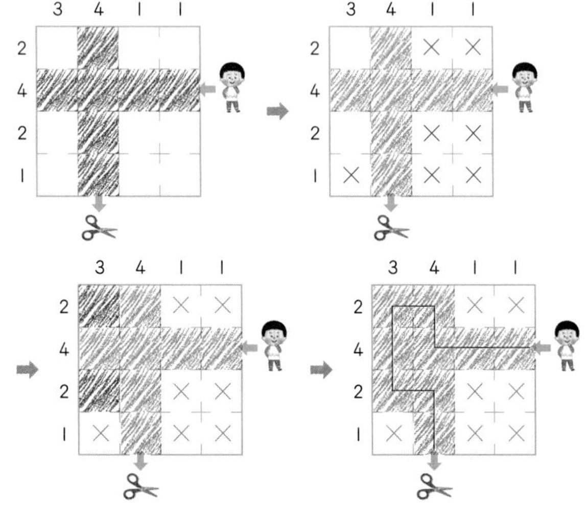

02 친구 또는 색 구슬을 시작점으로 규칙에 따라 가로 또는 세로 방향으로 선을 그어 친구와 색 구슬을 연결합니다.

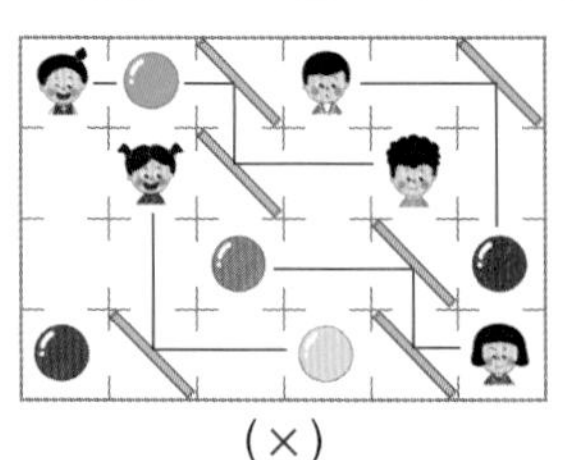

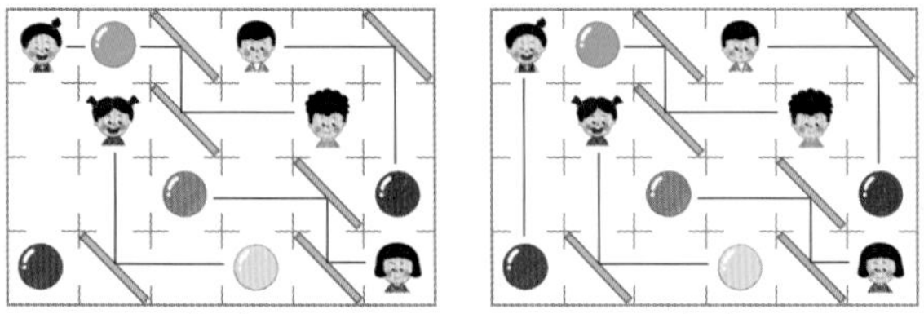

(×)

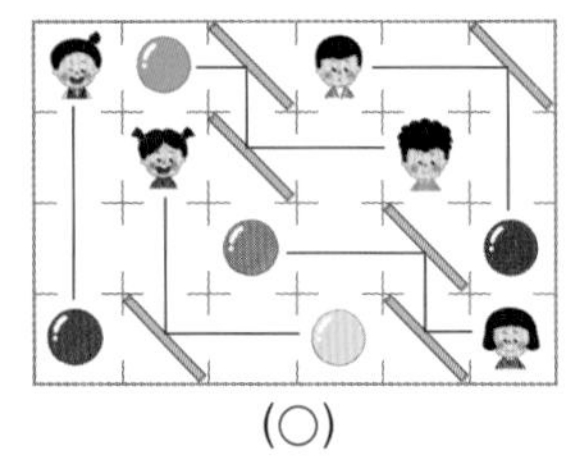

(○)

03 ① 한 칸짜리 블록을 채운 다음 블록의 합을 이용하여 빈칸을 채웁니다.
② 가로줄, 세로줄에 1부터 4까지의 수가 한 번씩만 들어간다는 것을 이용하여 빈칸을 채웁니다.

^{3}3	^{5}1		^{6}2
^{5}	^{7}2		
4	^{9}	2	^{1}1
	4	^{4}	3

→

^{3}3	^{5}1	4	^{6}2
^{5}1	^{7}2	3	4
4	^{9}	2	^{1}1
	4	^{4}1	3

→

^{3}3	^{5}1	4	^{6}2
^{5}1	^{7}2	3	4
4	^{9}3	2	^{1}1
2	4	^{4}1	3

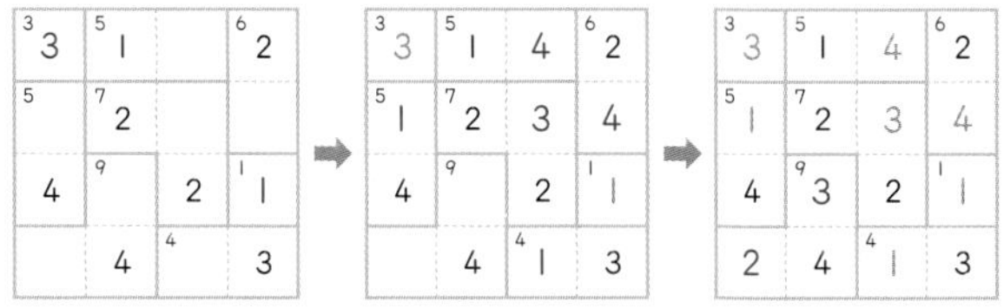

04 먼저 가로줄, 세로줄, 대각선줄에 ○, ×가 연속하여 3개인 곳을 찾아 4개가 되지 않도록 빈칸에 ○ 또는 ×를 그립니다.

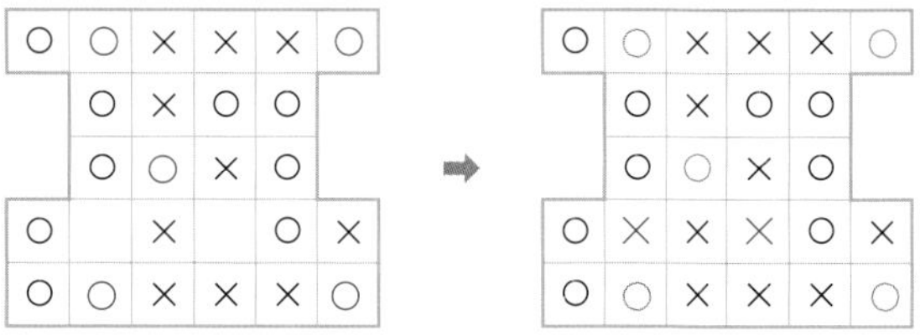

○	○	×	×	×	○
	○	×	○	○	
	○	○	×	○	
○		×		○	×
○	○	×	×	×	○

→

○	○	×	×	×	○
	○	×	○	○	
	○	○	×	○	
○	×	×	×	○	×
○	○	×	×	×	○

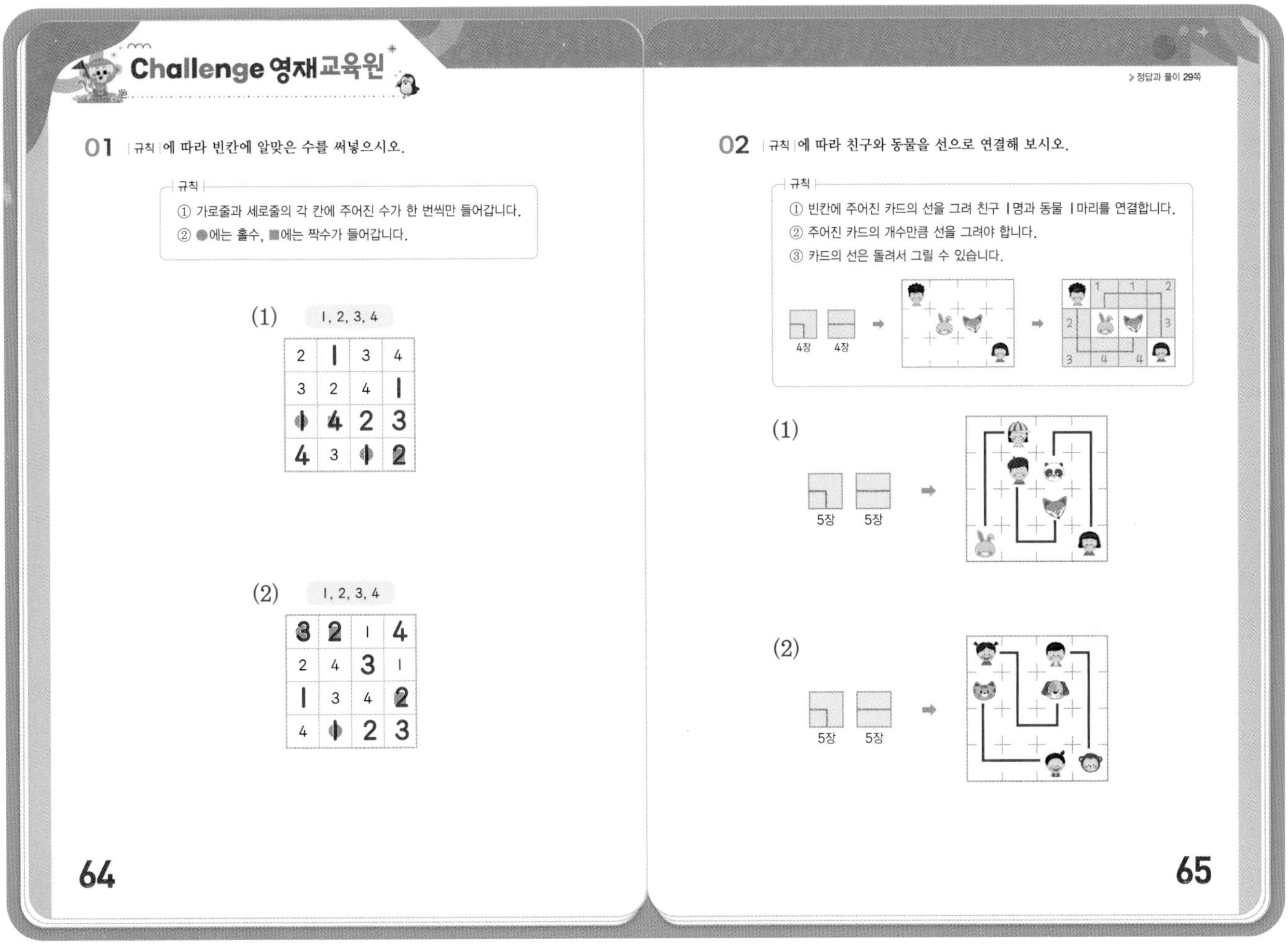

Challenge 영재교육원

정답과 풀이 29쪽

01 규칙에 따라 빈칸에 알맞은 수를 써넣으시오.

규칙
① 가로줄과 세로줄의 각 칸에 주어진 수가 한 번씩만 들어갑니다.
② ●에는 홀수, ■에는 짝수가 들어갑니다.

(1) 1, 2, 3, 4

2	1	3	4
3	2	4	1
1	4	2	3
4	3	1	2

(2) 1, 2, 3, 4

3	2	1	4
2	4	3	1
1	3	4	2
4	1	2	3

02 규칙에 따라 친구와 동물을 선으로 연결해 보시오.

규칙
① 빈칸에 주어진 카드의 선을 그려 친구 1명과 동물 1마리를 연결합니다.
② 주어진 카드의 개수만큼 선을 그려야 합니다.
③ 카드의 선은 돌려서 그릴 수 있습니다.

4장 4장 ➡ ➡

(1) 5장 5장 ➡

(2) 5장 5장 ➡

01 각 줄에서 1부터 4까지 수 중 빠진 수를 찾은 다음 ●에 홀수, ■에 짝수를 써넣습니다.

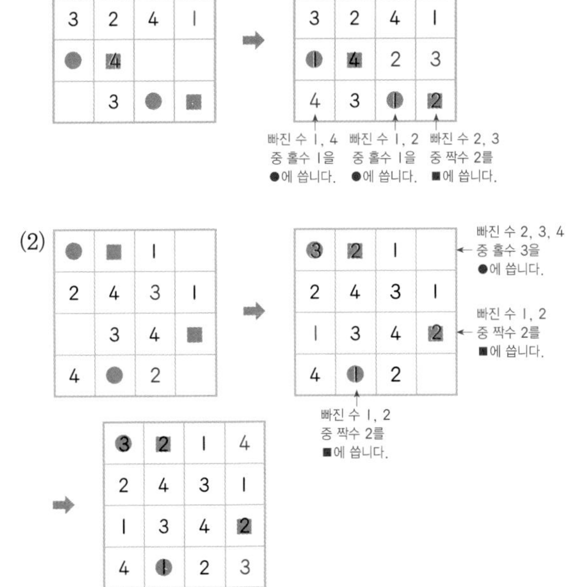

빠진 수 1, 4 중 홀수 1을 ●에 씁니다.
빠진 수 1, 2 중 홀수 1을 ●에 씁니다.
빠진 수 2, 3 중 짝수 2를 ■에 씁니다.
빠진 수 2, 3, 4 중 홀수 3을 ●에 씁니다.
빠진 수 1, 2 중 짝수 2를 ■에 씁니다.
빠진 수 1, 2 중 짝수 2를 ■에 씁니다.

02 방향을 바꾸는 선이 있는 카드가 5장, 방향대로 가는 선이 있는 카드가 5장입니다. 어느 카드를 몇 장 사용했는지 세어 가며 친구와 동물을 연결합니다.

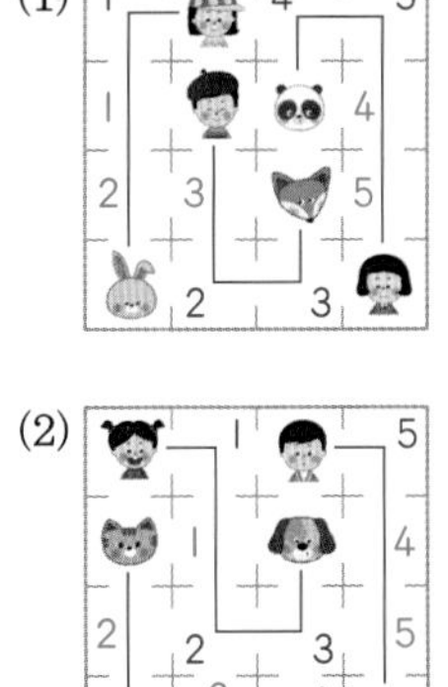

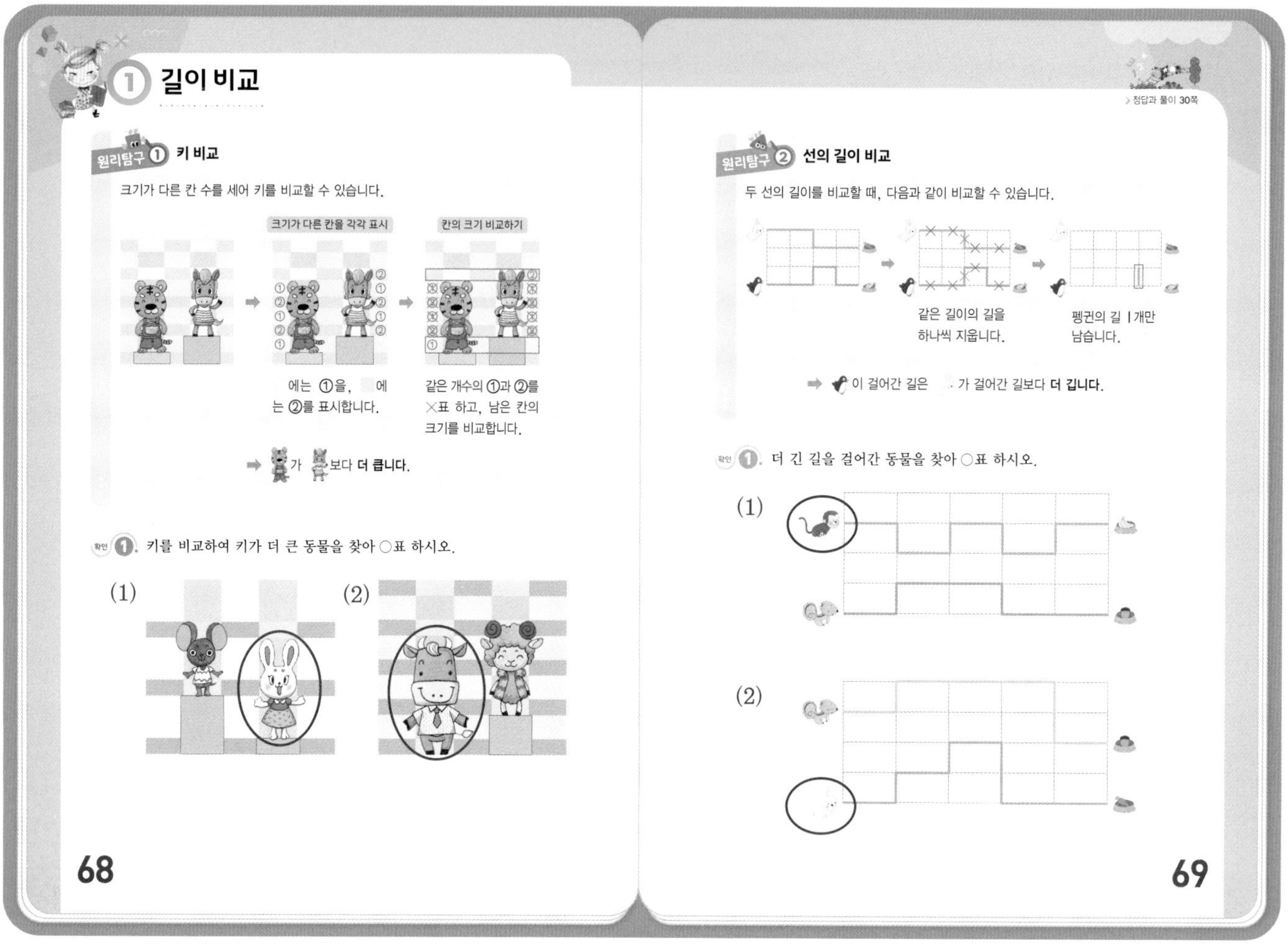

① 길이 비교

원리탐구 ① 키 비교

크기가 다른 칸 수를 세어 키를 비교할 수 있습니다.

크기가 다른 칸을 각각 표시 / 칸의 크기 비교하기

에는 ①을, 에는 ②를 표시합니다.

같은 개수의 ①과 ②를 ×표 하고, 남은 칸의 크기를 비교합니다.

➡ 가 보다 **더 큽니다.**

확인 1. 키를 비교하여 키가 더 큰 동물을 찾아 ○표 하시오.

(1) (2)

68

정답과 풀이 30쪽

원리탐구 ② 선의 길이 비교

두 선의 길이를 비교할 때, 다음과 같이 비교할 수 있습니다.

같은 길이의 길을 하나씩 지웁니다. / 펭귄의 길 1개만 남습니다.

➡ 이 걸어간 길은 가 걸어간 길보다 **더 깁니다.**

확인 1. 더 긴 길을 걸어간 동물을 찾아 ○표 하시오.

(1)

(2)

69

1. 동물 뒤쪽의 크기가 다른 칸에 수를 표시합니다. 같은 크기의 칸을 하나씩 지우고 남은 칸의 크기를 비교합니다.

(1)

쥐는 ①이 1개, 토끼는 ②가 1개 남았습니다. ②가 더 크므로 키가 더 큰 동물은 토끼입니다.

(2)

소만 ②가 1개 남았으므로 키가 더 큰 동물은 소입니다.

1. 같은 길이의 길을 하나씩 지우고, 남은 길의 개수를 비교합니다.

(1)

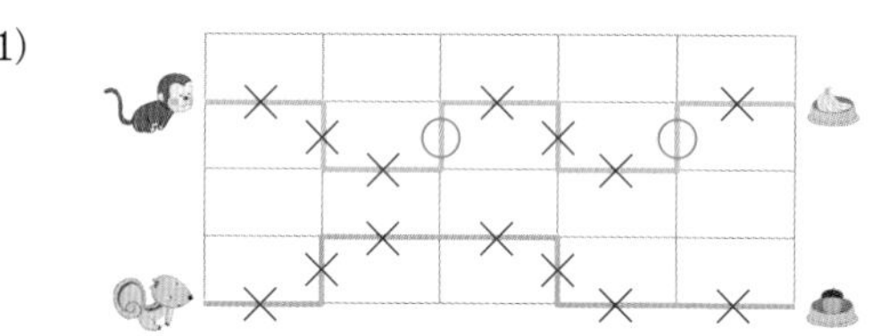

➡ 원숭이의 길은 남은 선이 2개이므로 원숭이가 걸어간 길이 더 깁니다.

(2)

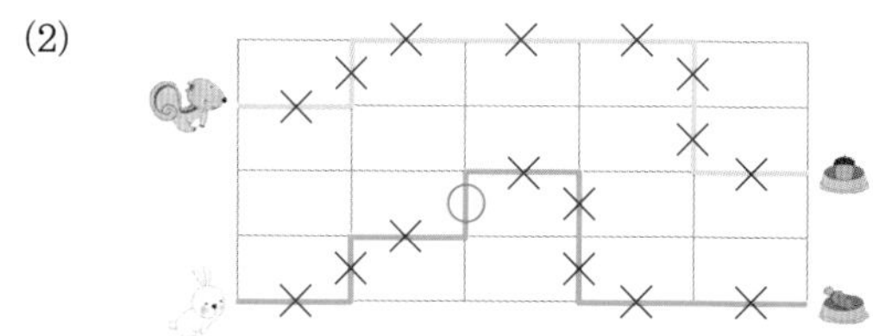

➡ 토끼의 길은 남은 선이 1개이므로 토끼가 걸어간 길이 더 깁니다.

TIP 가로와 세로의 길이가 다르므로 가로는 가로끼리, 세로는 세로끼리 차례로 하나씩 지웁니다.

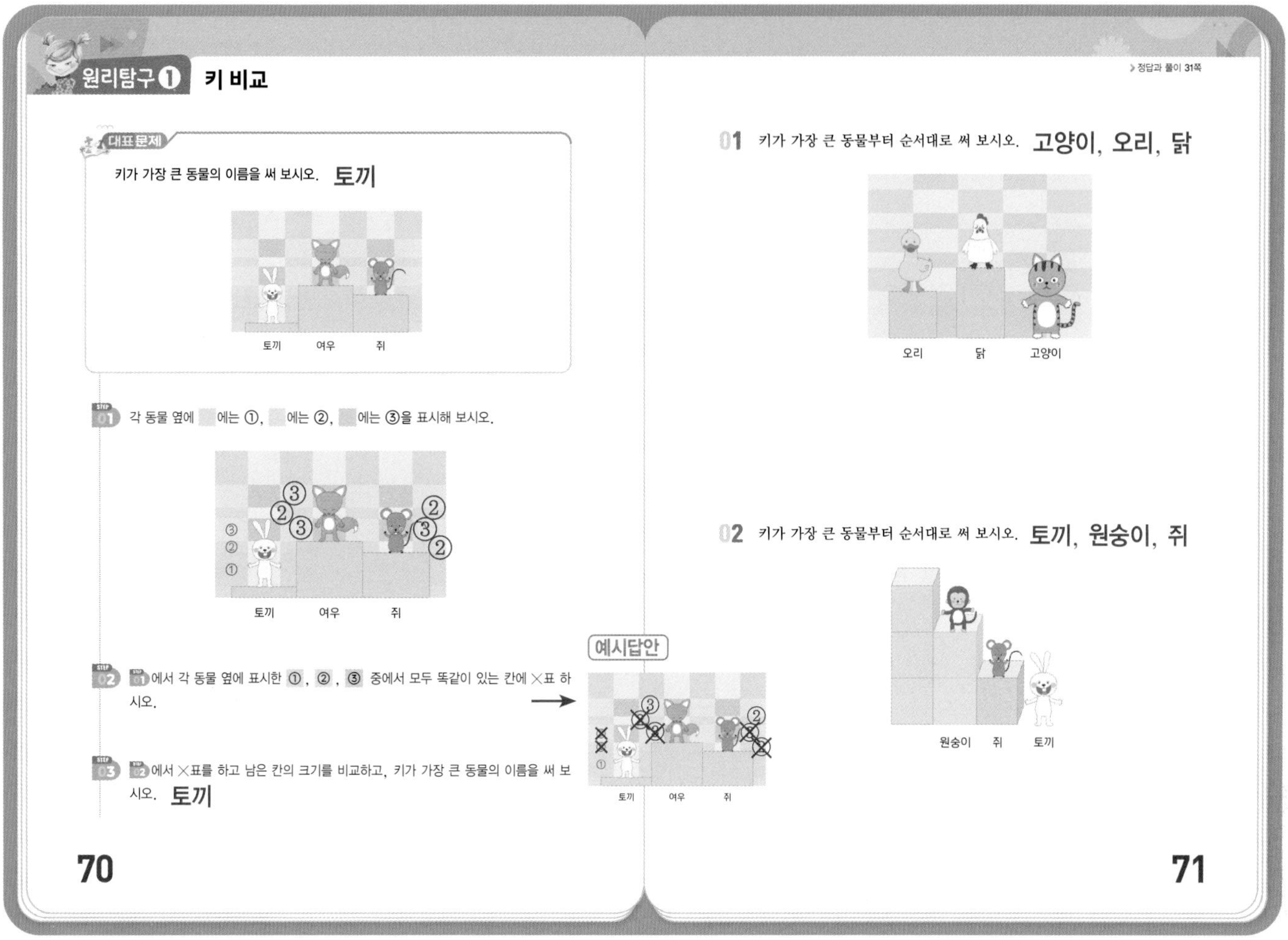

원리탐구 ❶ 키 비교

정답과 풀이 31쪽

대표문제

키가 가장 큰 동물의 이름을 써 보시오. **토끼**

토끼 여우 쥐

STEP 01 각 동물 옆에 ▢에는 ①, ▢에는 ②, ▢에는 ③을 표시해 보시오.

토끼 여우 쥐

STEP 02 STEP 01에서 각 동물 옆에 표시한 ①, ②, ③ 중에서 모두 똑같이 있는 칸에 ×표 하시오.

예시답안

토끼 여우 쥐

STEP 03 STEP 02에서 ×표를 하고 남은 칸의 크기를 비교하고, 키가 가장 큰 동물의 이름을 써 보시오. **토끼**

01 키가 가장 큰 동물부터 순서대로 써 보시오. **고양이, 오리, 닭**

오리 닭 고양이

02 키가 가장 큰 동물부터 순서대로 써 보시오. **토끼, 원숭이, 쥐**

원숭이 쥐 토끼

70 71

대표문제

STEP 01 3가지 색깔의 칸은 크기가 모두 다릅니다. 색깔별로 칸에 ①, ②, ③을 표시합니다.

STEP 02 토끼, 여우, 쥐에게 모두 똑같이 있는 칸을 찾아보면 ②, ③입니다.

STEP 03 남은 칸을 찾아보면 토끼는 가장 큰 칸인 ①, 여우는 중간 크기 칸인 ③, 쥐는 가장 작은 칸인 ②입니다.
따라서 키가 가장 큰 동물은 토끼입니다.

01 동물 뒤쪽의 크기가 다른 칸에 수를 표시한 후 같은 크기의 칸을 지우고, 남은 칸의 개수로 키를 비교합니다.

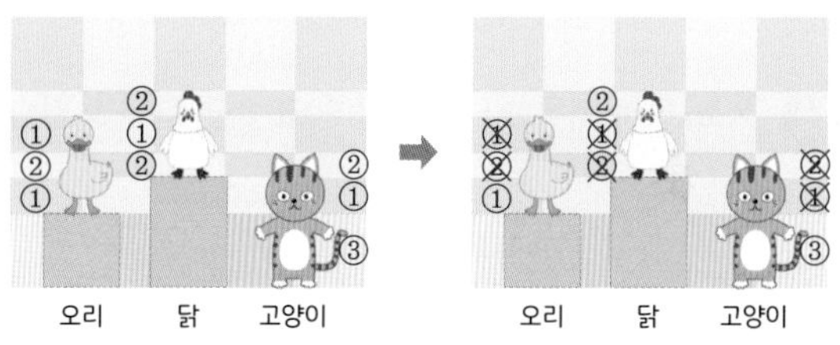

남은 칸을 찾아보면 오리는 중간 크기 네모인 ①이 1개, 닭은 가장 작은 네모인 ②가 1개, 고양이는 가장 큰 네모인 ③이 1개이므로 키가 큰 순서는 고양이, 오리, 닭입니다.

02 토끼는 상자보다 키가 더 크고, 쥐는 상자보다 키가 더 작고, 원숭이는 상자와 같습니다.

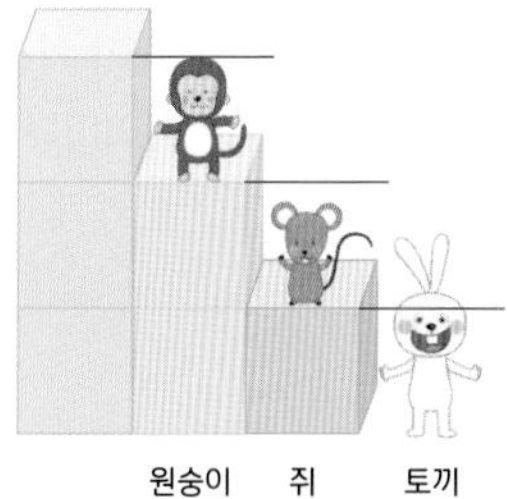

따라서 키가 큰 순서는 토끼, 원숭이, 쥐입니다.

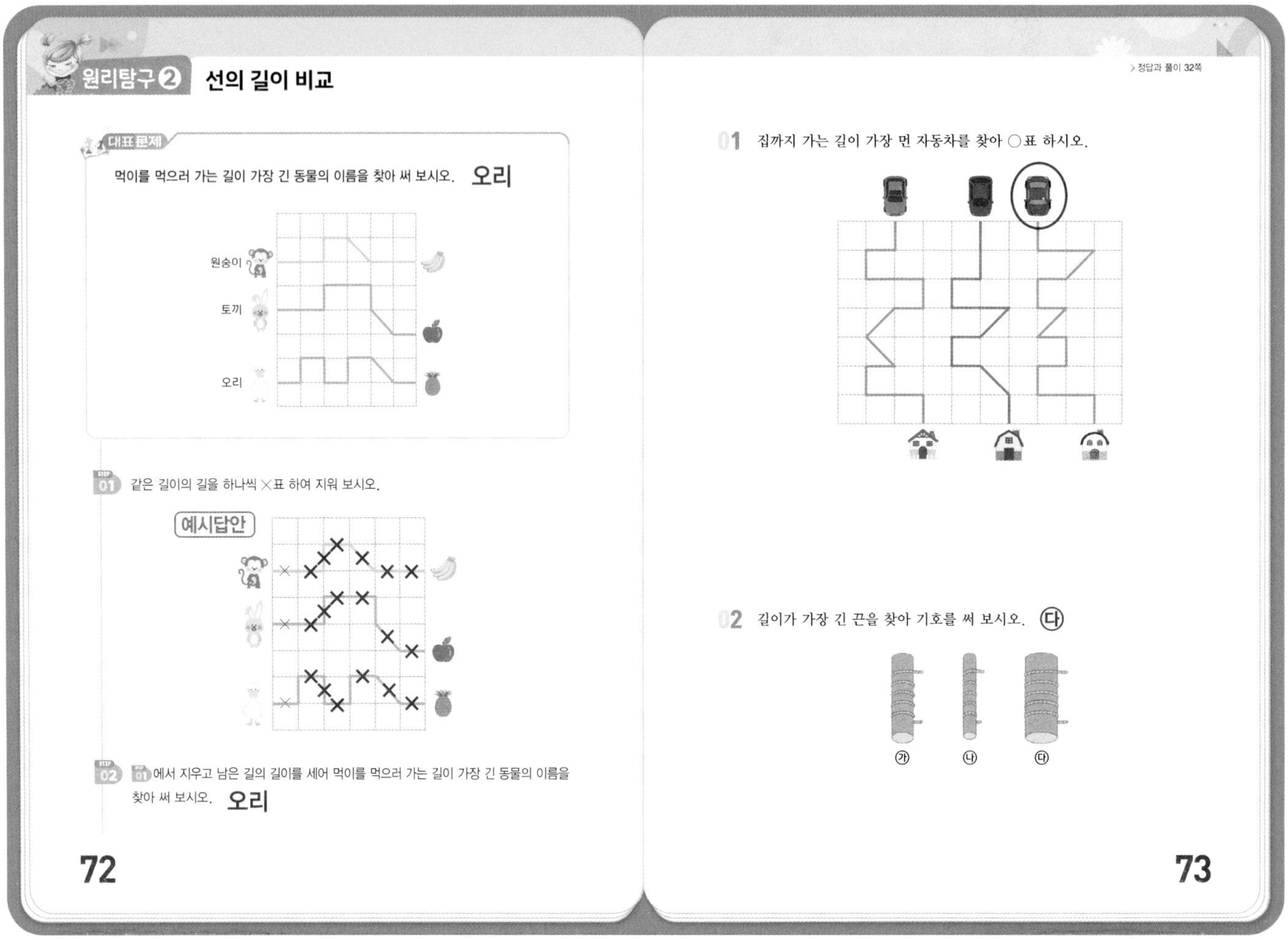

원리탐구 ❷ 선의 길이 비교

대표문제

먹이를 먹으러 가는 길이 가장 긴 동물의 이름을 찾아 써 보시오. **오리**

원숭이

토끼

오리

STEP 01 같은 길이의 길을 하나씩 ×표 하여 지워 보시오.

예시답안

STEP 02 STEP 01에서 지우고 남은 길의 길이를 세어 먹이를 먹으러 가는 길이 가장 긴 동물의 이름을 찾아 써 보시오. **오리**

72

정답과 풀이 32쪽

01 집까지 가는 길이 가장 먼 자동차를 찾아 ○표 하시오.

02 길이가 가장 긴 끈을 찾아 기호를 써 보시오. **㉰**

㉮ ㉯ ㉰

73

대표문제

STEP 01 같은 길이의 길을 찾아 ×표 합니다.

STEP 02 ×표 하여 지우고 남은 길을 ○표 하면 다음과 같습니다.

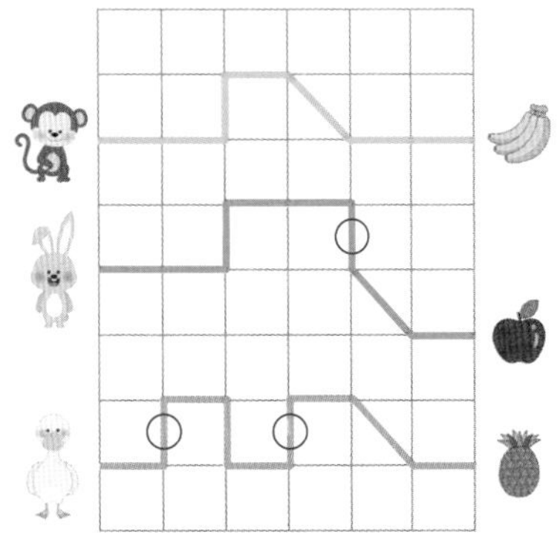

따라서 먹이를 먹으러 가는 길이 가장 긴 동물은 오리입니다.

TIP ×표 표시한 위치는 아이마다 다를 수 있습니다. 남은 선의 위치가 아닌 남은 선의 개수를 바르게 찾았는지 확인하도록 합니다.

01 같은 길이의 길을 ×표 하여 지우고, 남은 길을 ○표 하여 개수를 비교합니다.

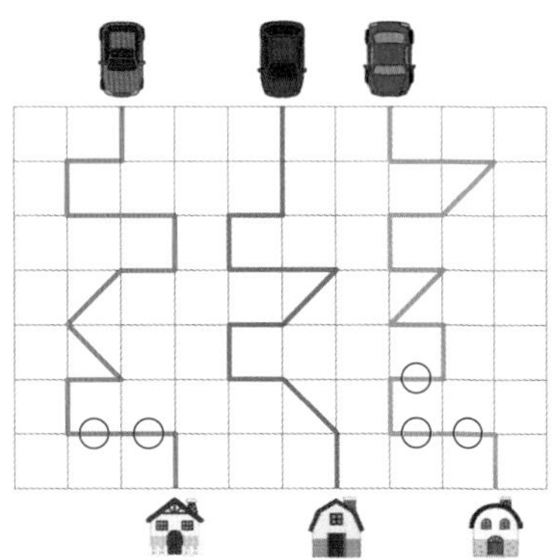

따라서 가는 길이 가장 먼 자동차는 파란색 자동차입니다.

02 3개 모두 5번 감겨 있으므로 가장 굵은 통을 감은 끈의 길이가 가장 깁니다.

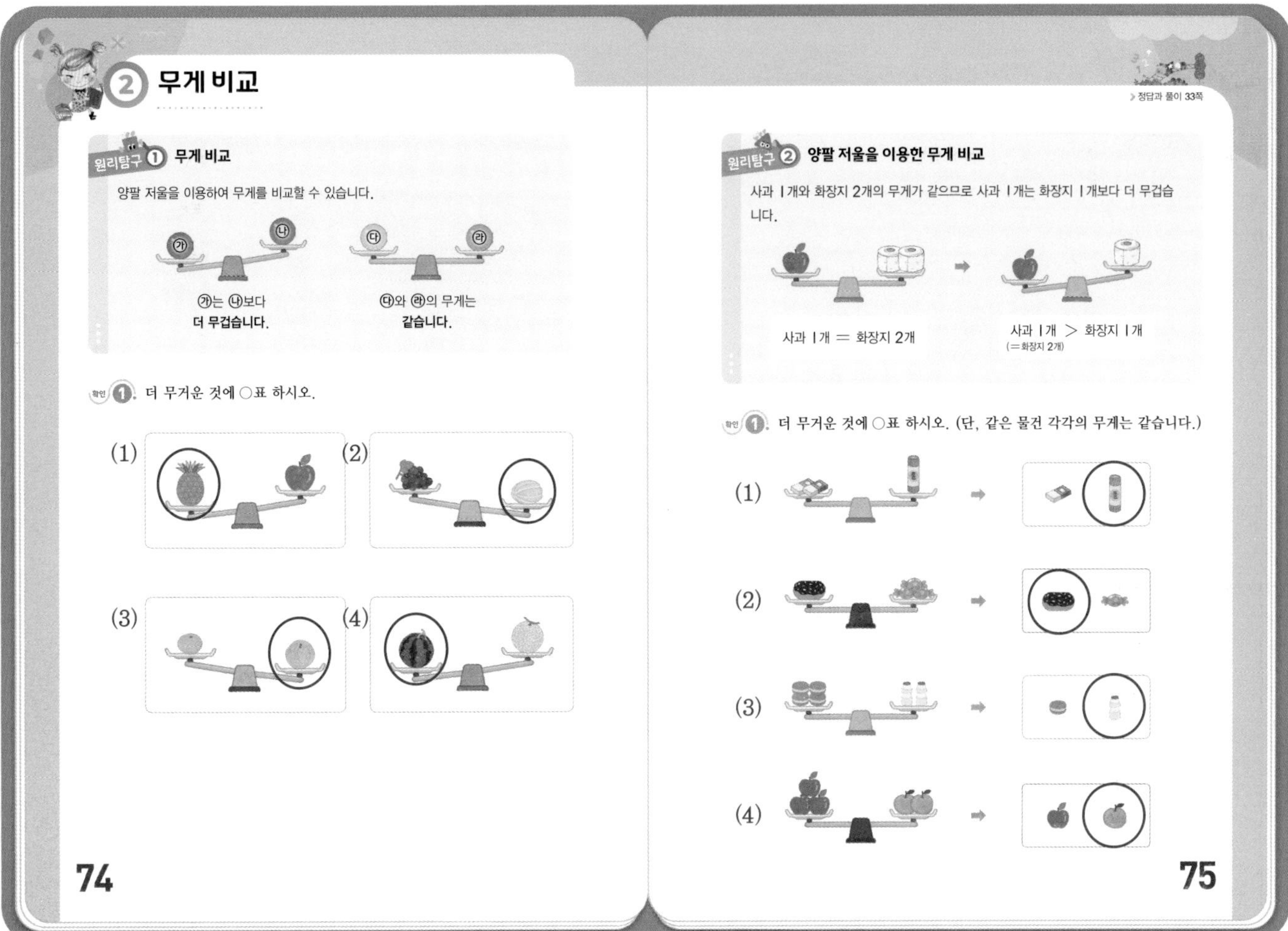

1. 양팔 저울에서 아래로 내려간 쪽이 더 무겁습니다.

(1) 파인애플은 사과보다 더 무겁습니다.

(2) 참외는 포도보다 더 무겁습니다.

(3) 복숭아는 귤보다 더 무겁습니다.

(4) 수박은 멜론보다 더 무겁습니다.

1. 2개의 물건을 올려 저울이 수평을 이루었을 때, 올려진 물건의 개수가 적은 물건 1개의 무게가 더 무겁습니다.

(1) 지우개 2개의 무게는 풀 1개의 무게와 같으므로 풀이 더 무겁습니다.

(2) 빵 1개의 무게는 사탕 3개의 무게와 같으므로 빵이 더 무겁습니다.

(3) 요구르트 2개의 무게는 마카롱 4개의 무게와 같으므로 요구르트가 더 무겁습니다.

(4) 사과 3개의 무게는 배 2개의 무게와 같으므로 배가 더 무겁습니다.

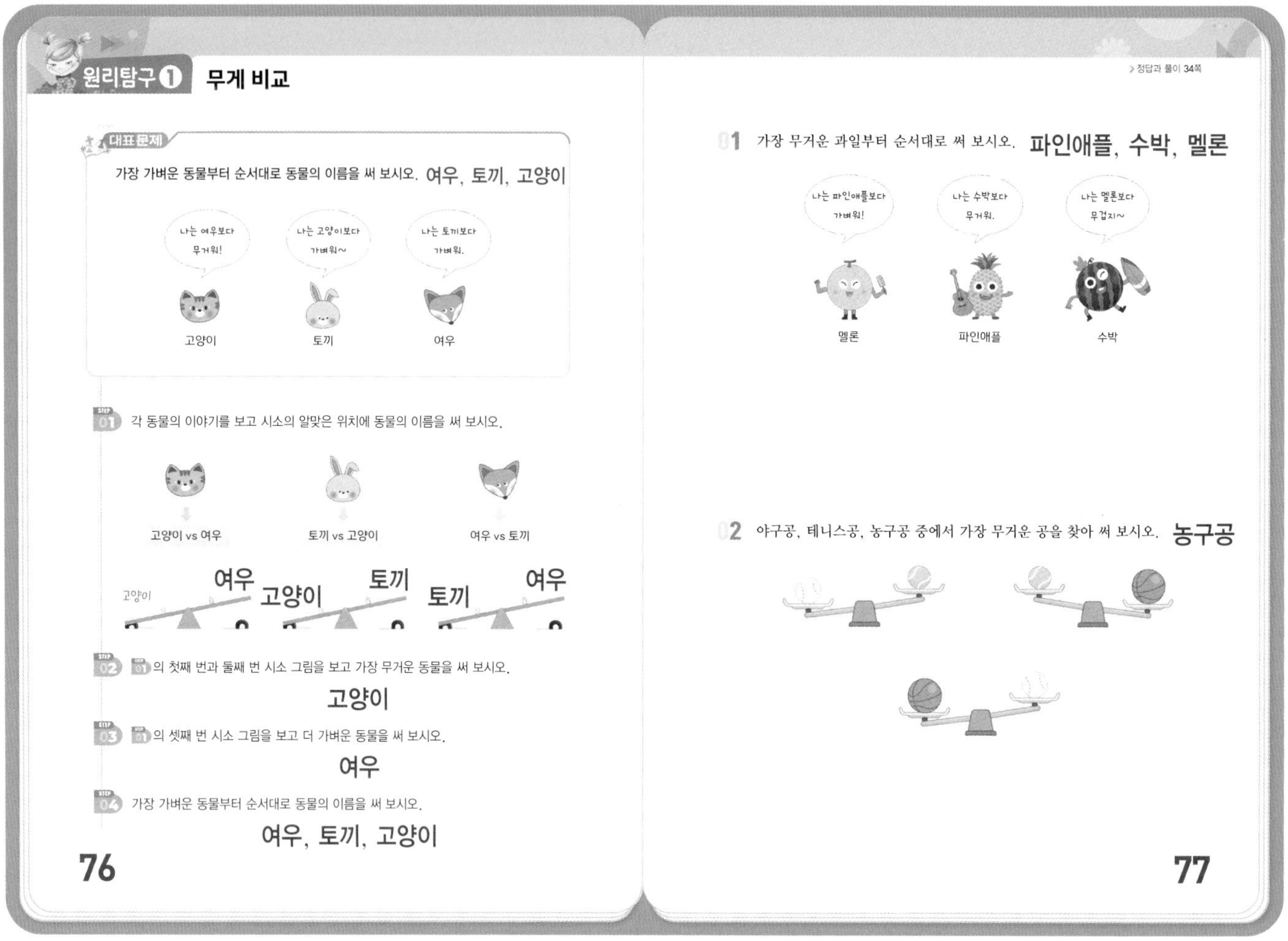

원리탐구 ❶ 무게 비교

대표문제

가장 가벼운 동물부터 순서대로 동물의 이름을 써 보시오. **여우, 토끼, 고양이**

나는 여우보다 무거워!

나는 고양이보다 가벼워~

나는 토끼보다 가벼워.

고양이 토끼 여우

STEP 01 각 동물의 이야기를 보고 시소의 알맞은 위치에 동물의 이름을 써 보시오.

고양이 vs 여우 / 토끼 vs 고양이 / 여우 vs 토끼

고양이 **여우** / **고양이** **토끼** / **토끼** **여우**

STEP 02 STEP 01의 첫째 번과 둘째 번 시소 그림을 보고 가장 무거운 동물을 써 보시오.

고양이

STEP 03 STEP 01의 셋째 번 시소 그림을 보고 더 가벼운 동물을 써 보시오.

여우

STEP 04 가장 가벼운 동물부터 순서대로 동물의 이름을 써 보시오.

여우, 토끼, 고양이

76

> 정답과 풀이 34쪽

01 가장 무거운 과일부터 순서대로 써 보시오. **파인애플, 수박, 멜론**

나는 파인애플보다 가벼워!

나는 수박보다 무거워.

나는 멜론보다 무겁지~

멜론 파인애플 수박

02 야구공, 테니스공, 농구공 중에서 가장 무거운 공을 찾아 써 보시오. **농구공**

77

대표문제

STEP 01 시소에서 아래로 내려간 쪽에 있는 동물이 더 무겁고, 위로 올라간 쪽에 있는 동물은 더 가볍습니다.

STEP 02 고양이는 여우와 토끼보다 더 무거우므로 고양이가 가장 무겁습니다.

STEP 03 여우가 토끼보다 더 가벼우므로 가장 가벼운 동물은 여우입니다.

STEP 04 고양이가 가장 무겁고, 여우가 가장 가벼우므로 가벼운 순서는 여우, 토끼, 고양이입니다.

01 각 과일의 이야기를 저울로 표현하면 다음과 같습니다.

• ①과 ② 저울에서 파인애플은 멜론과 수박보다 더 무겁기 때문에 가장 무거운 과일은 파인애플입니다.

• ③ 저울에서 수박은 멜론보다 더 무겁습니다.

따라서 무거운 순서는 파인애플, 수박, 멜론입니다.

02 야구공은 테니스공보다 더 무겁고, 농구공은 야구공보다 더 무겁습니다.

따라서 가장 무거운 공은 농구공입니다.

별해 야구공, 농구공은 테니스공보다 무거우므로 테니스공이 가장 가볍습니다. 농구공은 야구공보다 더 무거우므로 농구공이 가장 무겁습니다.

원리탐구 ❷ 양팔 저울을 이용한 무게 비교

대표문제

가장 무거운 구슬부터 순서대로 기호를 써 보시오. ㉮, ㉰, ㉯

STEP 01 가장 무거운 구슬의 기호를 써 보시오. ㉮

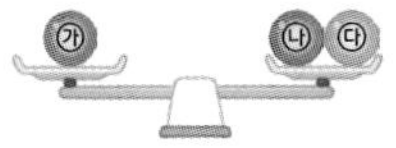

STEP 02 ㉯와 ㉰ 중에서 더 무거운 구슬의 기호를 써 보시오. ㉰

STEP 03 가장 무거운 구슬부터 순서대로 기호를 써 보시오. ㉮, ㉰, ㉯

78

정답과 풀이 35쪽

01 사과, 감, 배 중에서 가장 가벼운 과일부터 순서대로 써 보시오.

감, 사과, 배

02 구슬, 인형, 주사위 중에서 가장 무거운 것부터 순서대로 써 보시오.

인형, 구슬 ,주사위

79

대표문제

STEP 01 ㉮ 구슬의 무게는 ㉯와 ㉰ 구슬의 무게를 더한 것과 같으므로 ㉮ 구슬이 가장 무겁습니다.

STEP 02 ㉰ 구슬 1개의 무게는 ㉯ 구슬 2개의 무게와 같습니다. 따라서 ㉰ 구슬 1개의 무게가 더 무겁습니다.

STEP 03 무거운 순서는 ㉮, ㉰, ㉯ 구슬입니다.

01
- 배의 무게는 사과와 감의 무게를 더한 것과 같으므로 배가 가장 무겁습니다. ➡ 배>사과, 배>감
- 사과 2개의 무게와 감 3개의 무게가 같으므로 사과 1개의 무게가 감 1개의 무게보다 더 무겁습니다. ➡ 사과>감

따라서 가벼운 순서는 감, 사과, 배입니다.

02
- 구슬 2개의 무게는 인형 1개의 무게와 같으므로 인형 1개가 구슬 1개보다 더 무겁습니다.
- 주사위 3개의 무게는 인형 1개의 무게와 같으므로 인형 1개가 주사위 1개보다 더 무겁습니다.
- 구슬 2개의 무게와 주사위 3개의 무게가 같으므로 구슬 1개의 무게가 주사위 1개의 무게보다 더 무겁습니다.

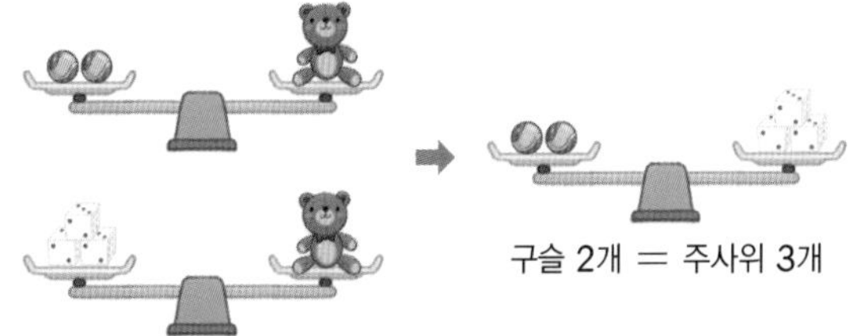

따라서 무거운 순서는 인형, 구슬, 주사위입니다.

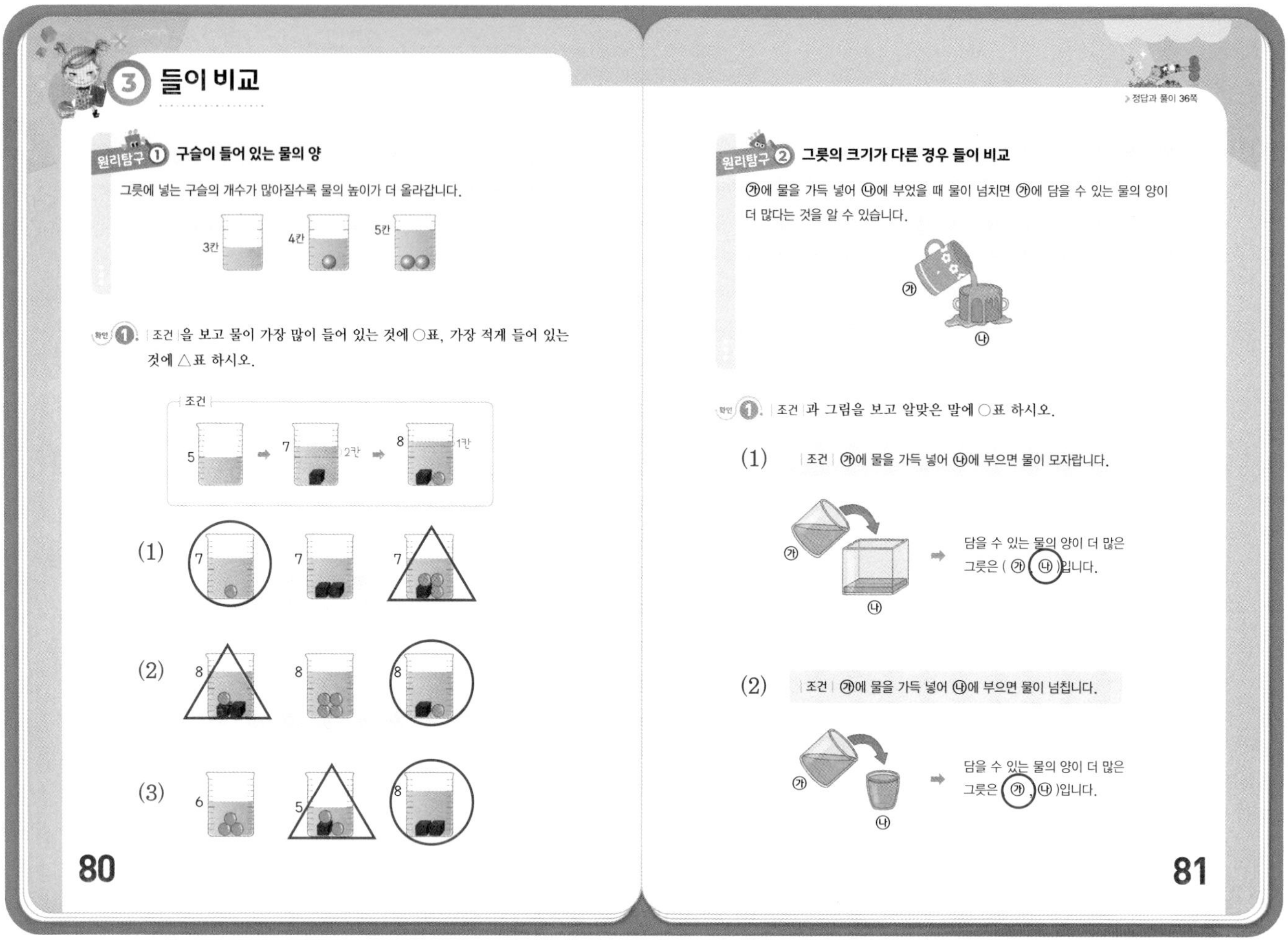

③ 들이 비교

정답과 풀이 36쪽

원리탐구 ① 구슬이 들어 있는 물의 양

그릇에 넣는 구슬의 개수가 많아질수록 물의 높이가 더 올라갑니다.

3칸 4칸 5칸

확인 1. 조건 을 보고 물이 가장 많이 들어 있는 것에 ○표, 가장 적게 들어 있는 것에 △표 하시오.

조건: 5 ➡ 7 (2칸) ➡ 8 (1칸)

(1) 7 7 7

(2) 8 8 8

(3) 6 5 8

원리탐구 ② 그릇의 크기가 다른 경우 들이 비교

㉮에 물을 가득 넣어 ㉯에 부었을 때 물이 넘치면 ㉮에 담을 수 있는 물의 양이 더 많다는 것을 알 수 있습니다.

확인 1. 조건 과 그림을 보고 알맞은 말에 ○표 하시오.

(1) 조건 ㉮에 물을 가득 넣어 ㉯에 부으면 물이 모자랍니다.

➡ 담을 수 있는 물의 양이 더 많은 그릇은 (㉮ , ㉯)입니다.

(2) 조건 ㉮에 물을 가득 넣어 ㉯에 부으면 물이 넘칩니다.

➡ 담을 수 있는 물의 양이 더 많은 그릇은 (㉮ , ㉯)입니다.

대표문제

STEP 01 조건에 ■를 넣으면 물의 높이가 2칸 올라가고, ●을 넣으면 물의 높이가 1칸 올라갑니다.

각 주어진 그릇에서 ■와 ●을 빼냈을 때의 물의 양을 비교합니다.

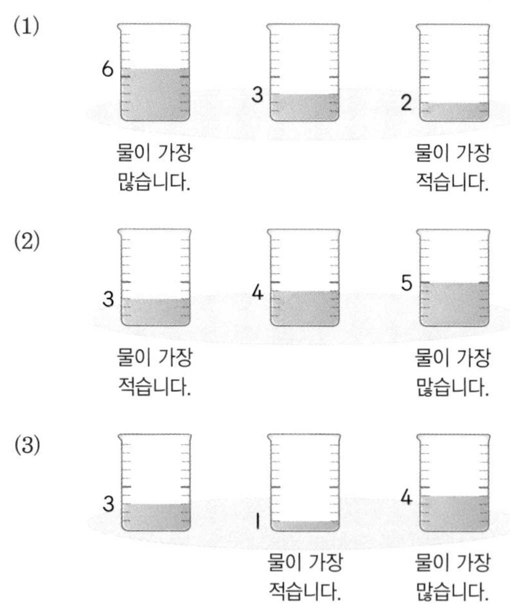

(1)
6
3
2
물이 가장 많습니다.
물이 가장 적습니다.
(2)
3
4
5
물이 가장 적습니다.
물이 가장 많습니다.
(3)
3
1
4
물이 가장 적습니다.
물이 가장 많습니다.

01 (1) ㉮에 물을 가득 넣어 ㉯에 부었을 때 물이 모자라면 ㉯에 담을 수 있는 물의 양이 더 많습니다.

(2) ㉮에 물을 가득 넣어 ㉯에 부었을 때 물이 넘치면 ㉮에 담을 수 있는 물의 양이 더 많습니다.

TIP 가정에 있는 다양한 크기의 컵을 사용하여 직접 체험해 보는 것도 좋습니다.

원리탐구 ❶ 구슬이 들어 있는 물의 양

정답과 풀이 37쪽

대표문제

㉮와 ㉯ 중 물이 더 많이 들어 있는 그릇의 기호를 써 보시오. ㉯

2칸 → 4칸 → 5칸 ㉮ ㉯

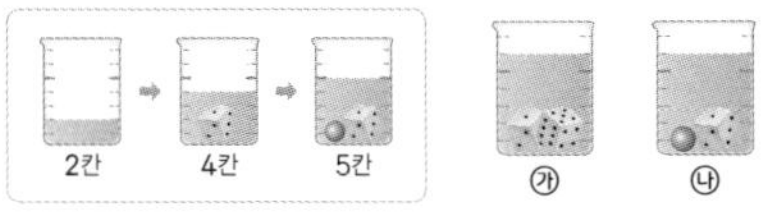

STEP 01 주사위를 넣으면 물의 높이는 몇 칸 올라갑니까?

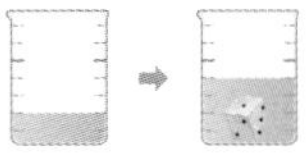

2 칸 올라갑니다.

STEP 02 구슬을 넣으면 물의 높이는 몇 칸 올라갑니까?

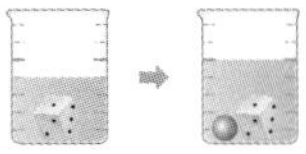

1 칸 올라갑니다.

STEP 03 주사위와 구슬을 모두 꺼냈을 때 물의 양을 그려 보고, 물이 더 많이 들어 있는 그릇의 기호를 써 보시오. ㉯

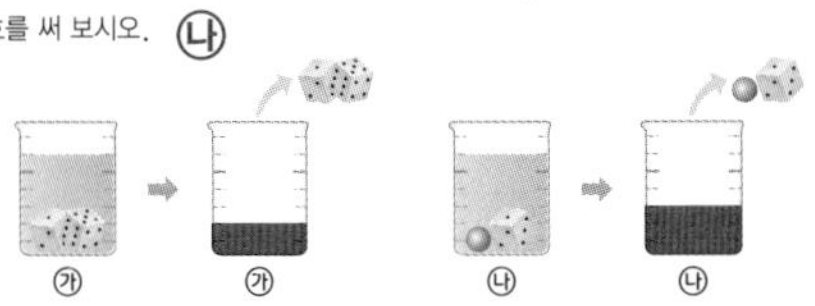

㉮ ㉮ ㉯ ㉯

01 물이 더 많이 들어 있는 그릇의 기호를 써 보시오. ㉮

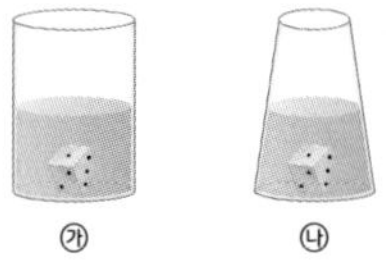

㉮ ㉯

02 그릇 ㉮의 물이 넘치려면 적어도 몇 개의 구슬을 넣어야 하는지 구해 보시오.

3개

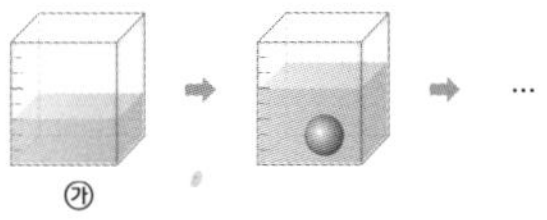

㉮

82

83

대표문제

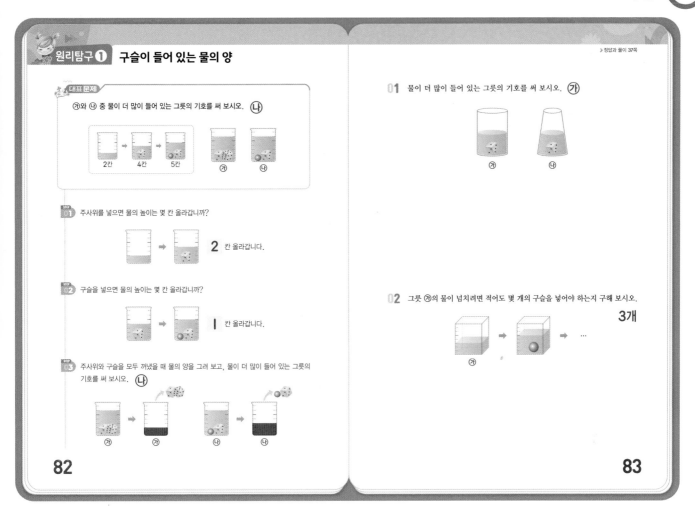

STEP 01 물의 높이가 2칸이던 물에 주사위 1개를 넣었더니 물의 높이가 4칸이 되었습니다. ➡ 눈금이 2칸 올라갔습니다.

STEP 02 물의 높이가 4칸이던 물에 구슬 1개를 넣었더니 물의 높이가 5칸이 되었습니다. ➡ 눈금이 1칸 올라갔습니다.

STEP 03 주사위 1개를 꺼내면 눈금 2칸이 내려가고, 구슬 1개를 꺼내면 눈금 1칸이 내려갑니다.
㉮: 주사위 2개 ➡ 4칸 내려갑니다.
㉯: 구슬 1개, 주사위 1개 ➡ 3칸 내려갑니다.

01 ㉮ 그릇의 윗부분이 ㉯ 그릇보다 더 넓으므로 두 그릇 모두에서 주사위를 빼면 다음과 같습니다.

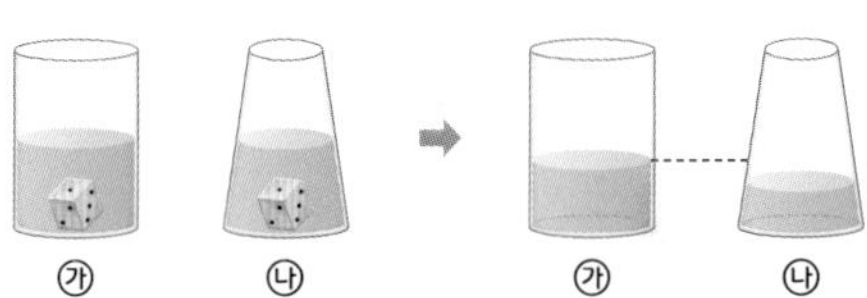

따라서 ㉮ 그릇에 더 많은 물이 들어 있습니다.

02 구슬 1개를 넣으면 물의 높이가 2칸 높아집니다.

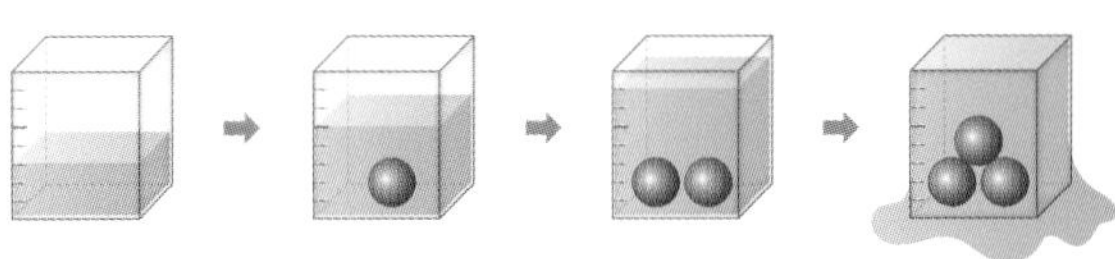

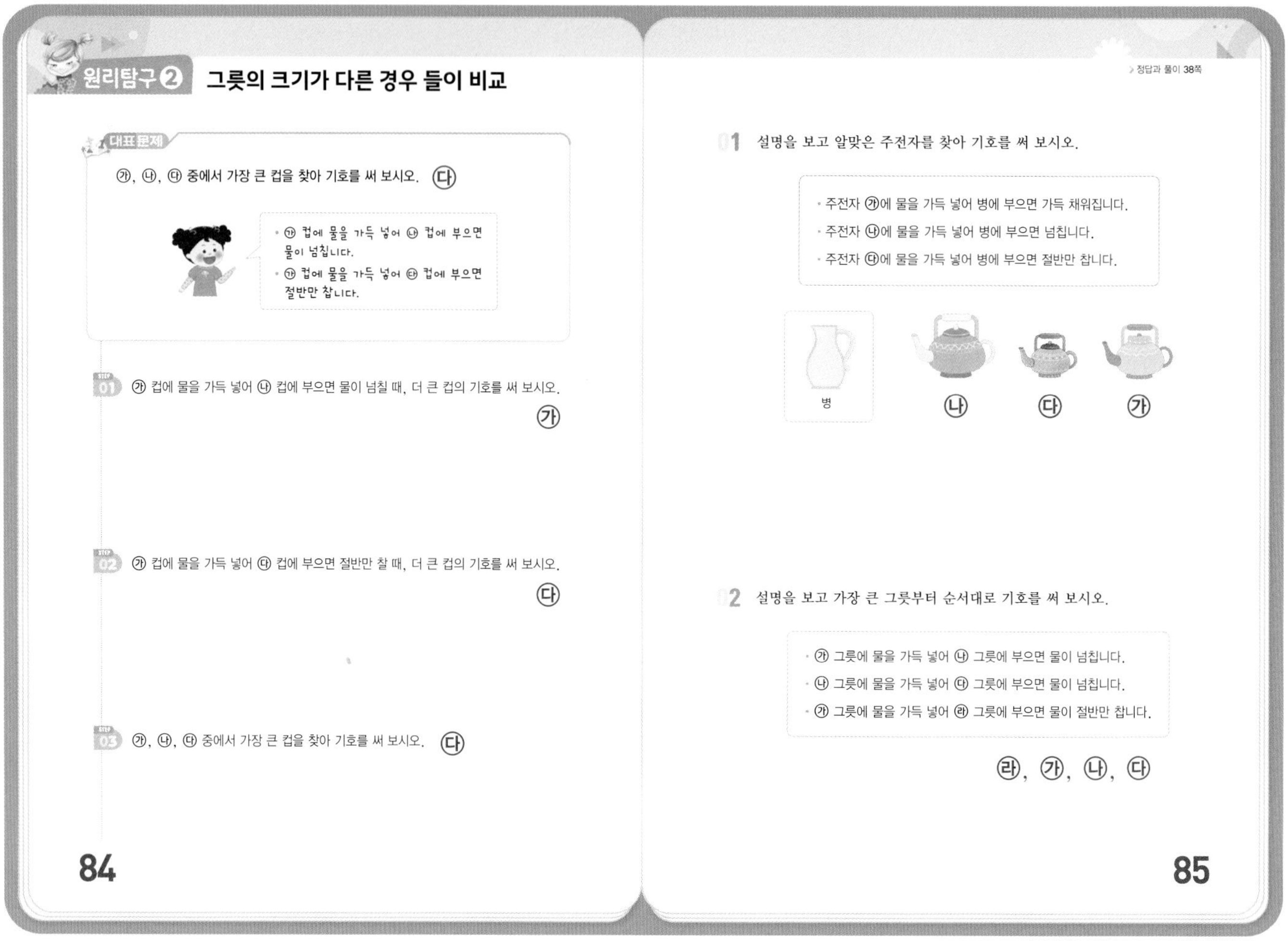

원리탐구 ❷ 그릇의 크기가 다른 경우 들이 비교

대표문제

㉮, ㉯, ㉰ 중에서 가장 큰 컵을 찾아 기호를 써 보시오. ㉰

- ㉮ 컵에 물을 가득 넣어 ㉯ 컵에 부으면 물이 넘칩니다.
- ㉮ 컵에 물을 가득 넣어 ㉰ 컵에 부으면 절반만 찹니다.

STEP 01 ㉮ 컵에 물을 가득 넣어 ㉯ 컵에 부으면 물이 넘칠 때, 더 큰 컵의 기호를 써 보시오. ㉮

STEP 02 ㉮ 컵에 물을 가득 넣어 ㉰ 컵에 부으면 절반만 찰 때, 더 큰 컵의 기호를 써 보시오. ㉰

STEP 03 ㉮, ㉯, ㉰ 중에서 가장 큰 컵을 찾아 기호를 써 보시오. ㉰

84

정답과 풀이 38쪽

01 설명을 보고 알맞은 주전자를 찾아 기호를 써 보시오.

- 주전자 ㉮에 물을 가득 넣어 병에 부으면 가득 채워집니다.
- 주전자 ㉯에 물을 가득 넣어 병에 부으면 넘칩니다.
- 주전자 ㉰에 물을 가득 넣어 병에 부으면 절반만 찹니다.

병 ㉯ ㉰ ㉮

02 설명을 보고 가장 큰 그릇부터 순서대로 기호를 써 보시오.

- ㉮ 그릇에 물을 가득 넣어 ㉯ 그릇에 부으면 물이 넘칩니다.
- ㉯ 그릇에 물을 가득 넣어 ㉰ 그릇에 부으면 물이 넘칩니다.
- ㉮ 그릇에 물을 가득 넣어 ㉱ 그릇에 부으면 물이 절반만 찹니다.

㉱, ㉮, ㉯, ㉰

85

대표문제

STEP 01 ㉮ 컵에 가득 채운 물을 ㉯ 컵에 부으면 넘치므로 ㉮ 컵이 더 큽니다.

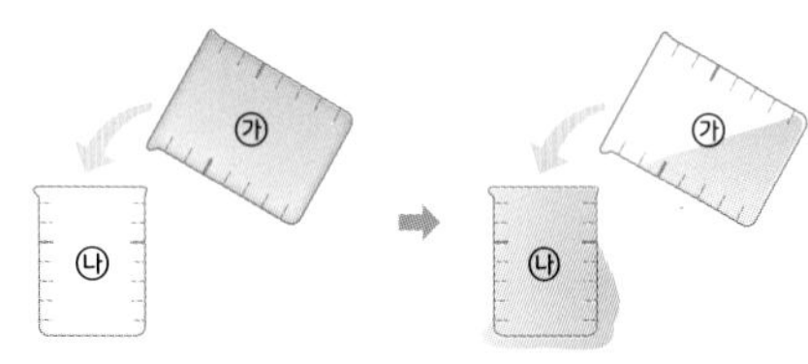

STEP 02 ㉮ 컵에 가득 채운 물을 ㉰ 컵에 부으면 절반만 채워지므로 ㉰ 컵이 더 큽니다.

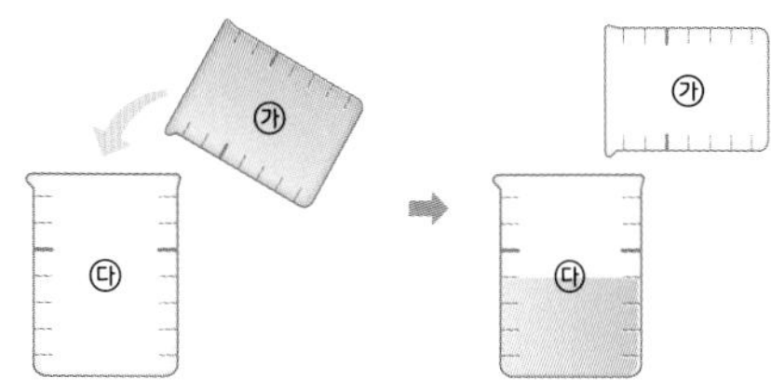

STEP 03 ㉮ 컵은 ㉯ 컵보다 크고, ㉮ 컵은 ㉰ 컵보다 작으므로 가장 큰 컵은 ㉰ 컵입니다.

01
- 주전자 ㉯에 물을 가득 넣어 병에 부으면 넘치므로 주전자 ㉯가 가장 큽니다.
- 주전자 ㉰에 물을 가득 넣어 병에 부으면 절반만 채워지므로 주전자 ㉰가 가장 작습니다.
- 주전자 ㉮에 물을 가득 넣어 병에 부으면 가득 채워지므로 주전자 ㉮는 중간 크기입니다.

02
- ㉮ 그릇에 물을 가득 넣어 ㉯ 그릇에 부으면 물이 넘칩니다. ➡ ㉮ > ㉯
- ㉯ 그릇에 물을 가득 넣어 ㉰ 그릇에 부으면 물이 넘칩니다. ➡ ㉯ > ㉰
- ㉮ 그릇에 물을 가득 넣어 ㉱ 그릇에 부으면 물이 절반만 찹니다. ➡ ㉱ > ㉮

따라서 그릇이 큰 순서는 ㉱, ㉮, ㉯, ㉰입니다.

4 위치 찾기

정답과 풀이 39쪽

원리탐구 1 점의 위치 읽기

점의 위치는 다음과 같이 나타냅니다.

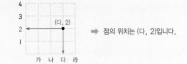

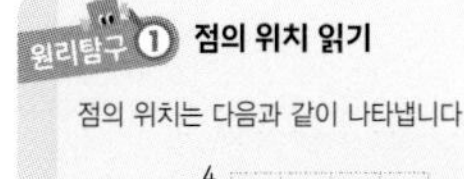

➡ 점의 위치는 (다, 2)입니다.

확인 1. ★의 위치를 써 보시오.

(1)

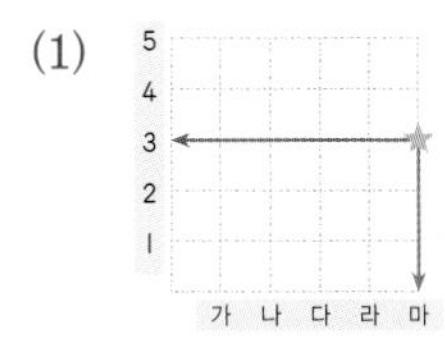

(마 , 3)

(2)

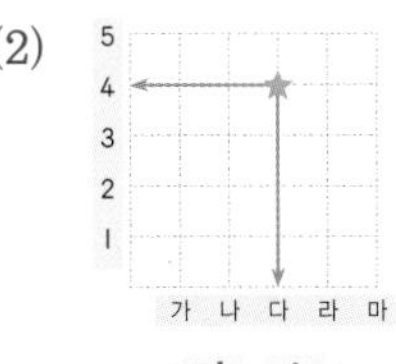

(다 , 4)

(3)

(가 , 5)

(4)

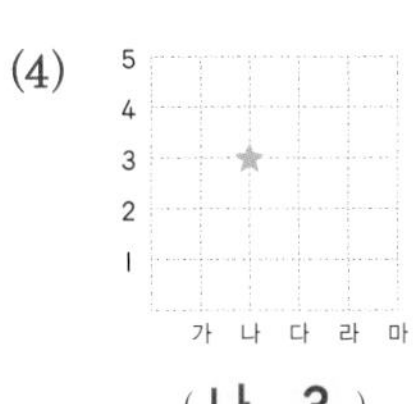

(나 , 3)

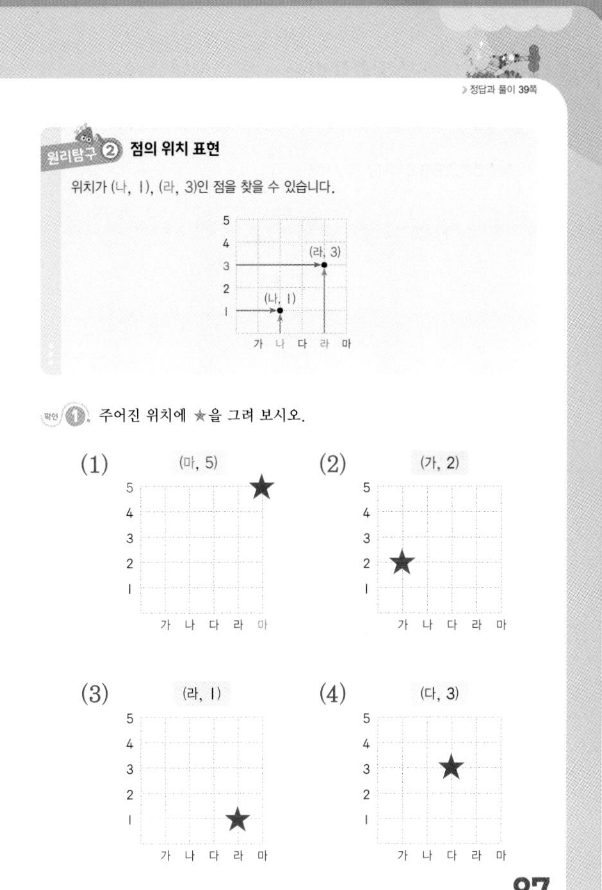

원리탐구 2 점의 위치 표현
위치가 (나, 1), (라, 3)인 점을 찾을 수 있습니다.
(라, 3)
(나, 1)
확인 1. 주어진 위치에 ★을 그려 보시오.
(1) (마, 5)
(2) (가, 2)
(3) (라, 1)
(4) (다, 3)
87

1. ★의 위치를 (글자, 숫자) 순서로 나타냅니다.

(3)

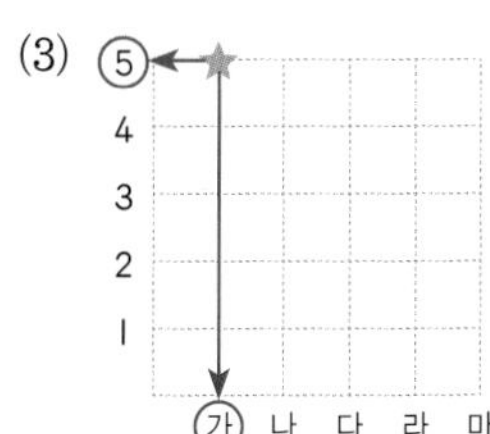

(4)

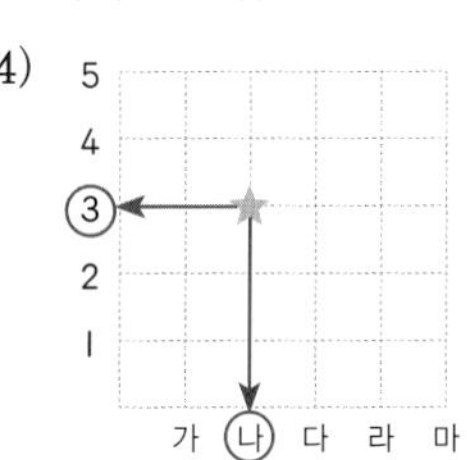

1. (글자, 숫자) 순서로 위치를 찾아 표시합니다.

(1) (마, 5)

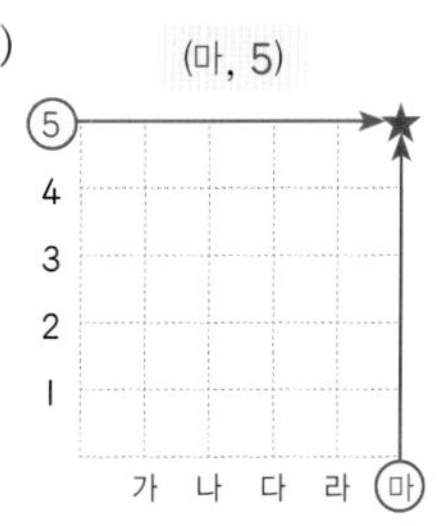

(2) (가, 2)

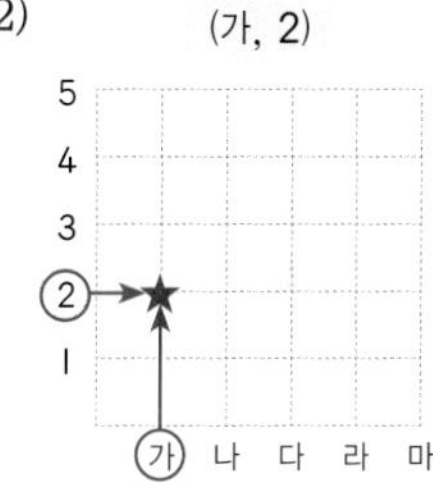

(3) (라, 1)

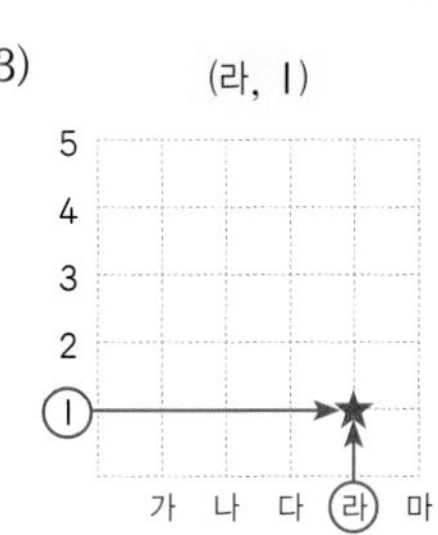

(4) (다, 3)

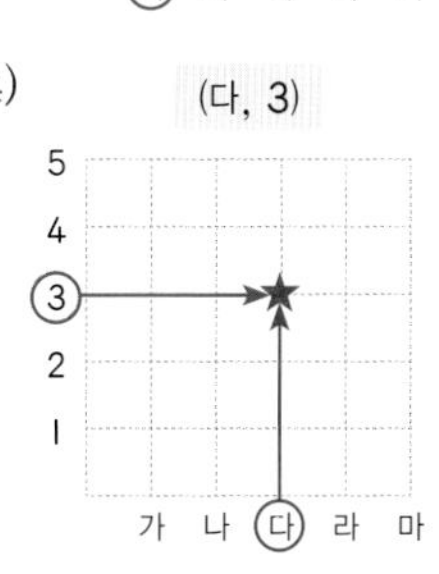

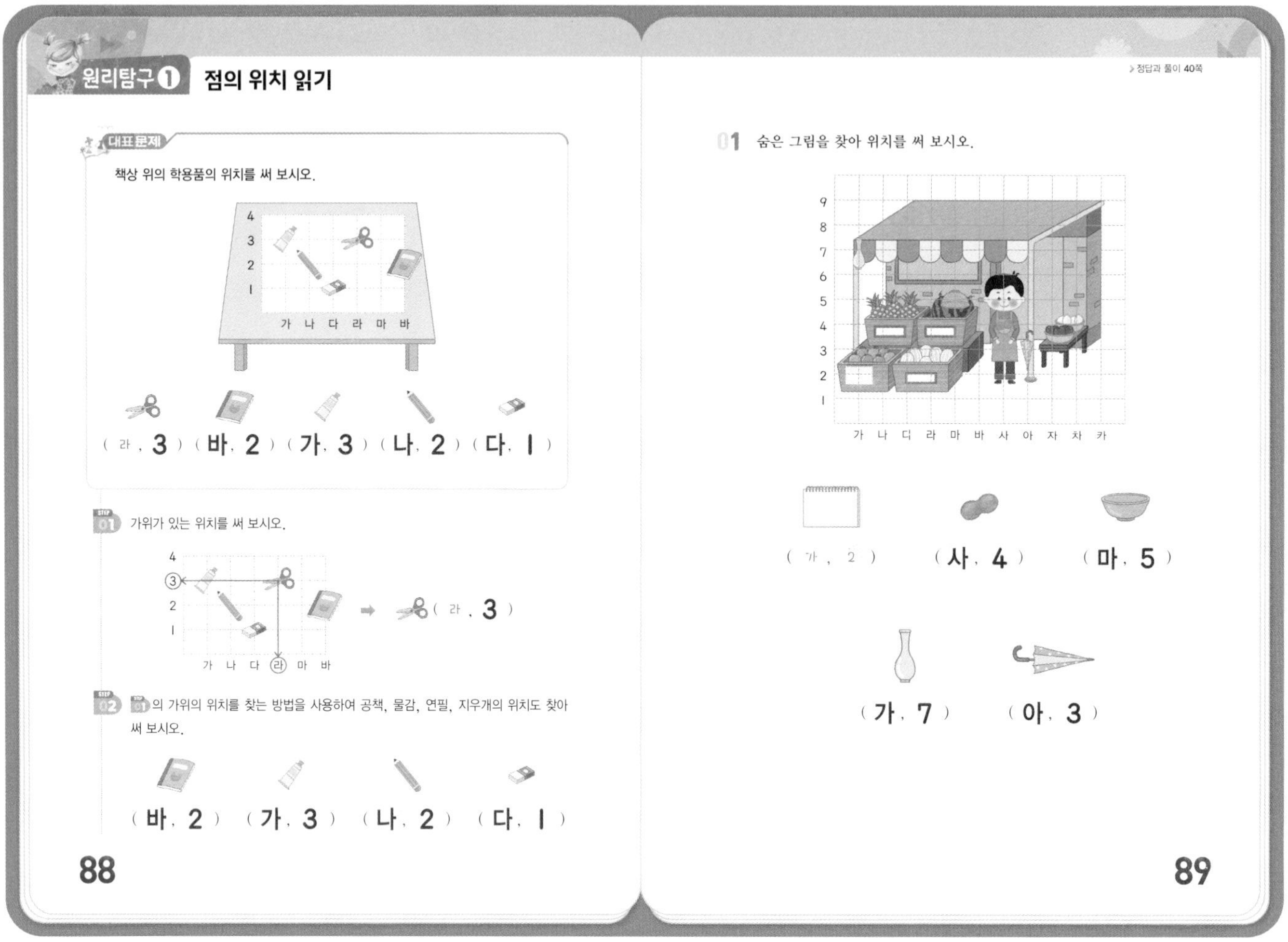

원리탐구 ① 점의 위치 읽기

대표문제

책상 위의 학용품의 위치를 써 보시오.

(라 , 3) (바 , 2) (가 , 3) (나 , 2) (다 , 1)

STEP 01 가위가 있는 위치를 써 보시오.

➡ (라 , 3)

STEP 02 01의 가위의 위치를 찾는 방법을 사용하여 공책, 물감, 연필, 지우개의 위치도 찾아 써 보시오.

(바 , 2) (가 , 3) (나 , 2) (다 , 1)

88

정답과 풀이 40쪽

01 숨은 그림을 찾아 위치를 써 보시오.

(가 , 2) (사 , 4) (마 , 5) (가 , 7) (아 , 3)

89

대표문제

STEP 01 책상 위의 가위의 위치를 (글자, 숫자) 순서로 씁니다.

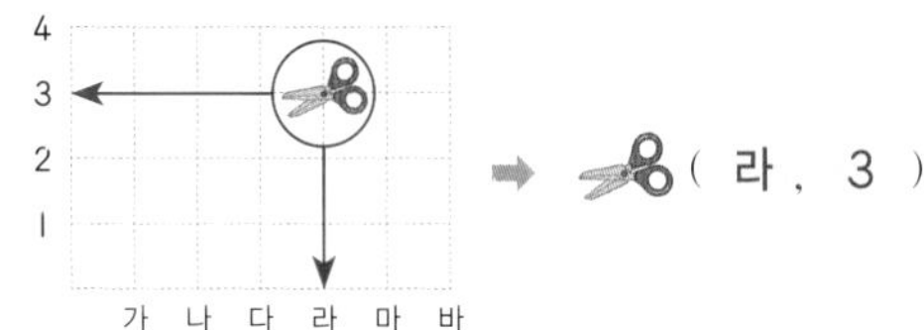

STEP 02 책상 위의 나머지 학용품의 위치를 (글자, 숫자) 순서로 씁니다.

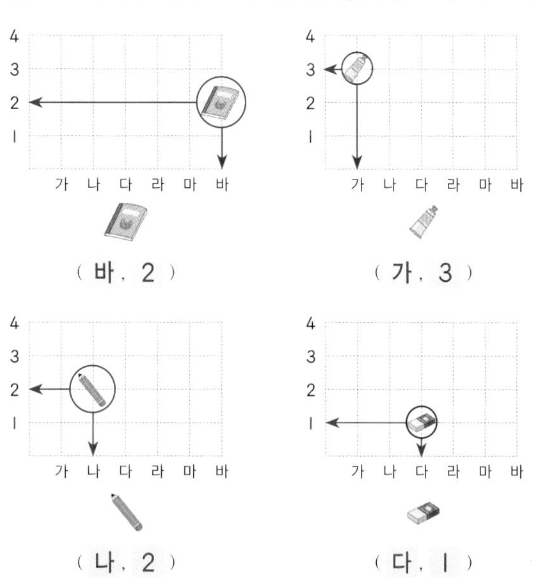

01 숨은 그림에 ○표 하여 위치를 찾아봅니다.

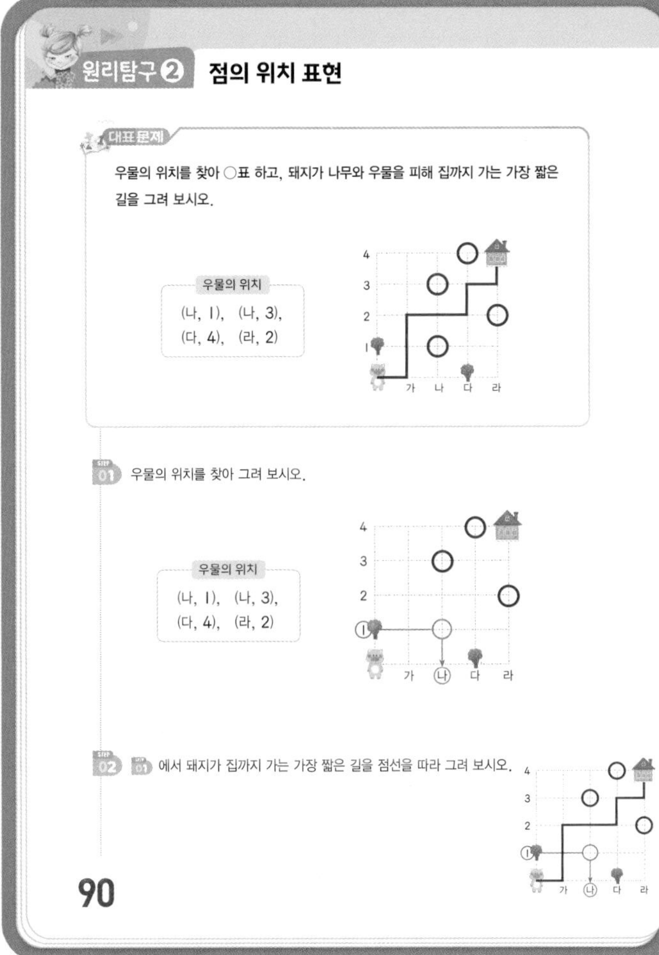

원리탐구 ② 점의 위치 표현
대표문제
우물의 위치를 찾아 ○표 하고, 돼지가 나무와 우물을 피해 집까지 가는 가장 짧은 길을 그려 보시오.
우물의 위치
(나, 1), (나, 3), (다, 4), (라, 2)
STEP 01 우물의 위치를 찾아 그려 보시오.
STEP 02 01 에서 돼지가 집까지 가는 가장 짧은 길을 점선을 따라 그려 보시오.
90

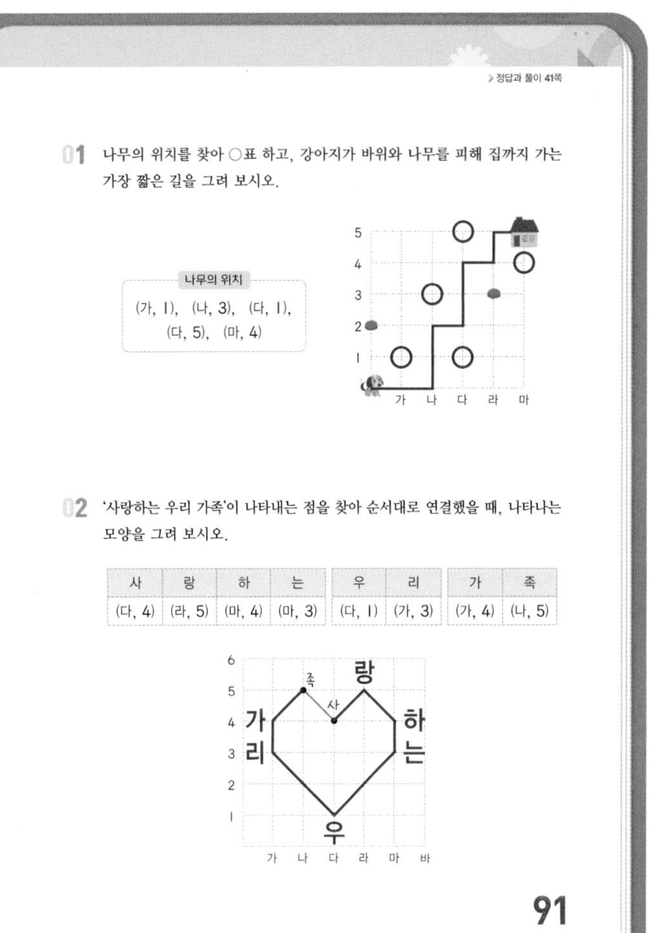

정답과 풀이 41쪽
01 나무의 위치를 찾아 ○표 하고, 강아지가 바위와 나무를 피해 집까지 가는 가장 짧은 길을 그려 보시오.
나무의 위치
(가, 1), (나, 3), (다, 1), (다, 5), (마, 4)
02 '사랑하는 우리 가족'이 나타내는 점을 찾아 순서대로 연결했을 때, 나타나는 모양을 그려 보시오.
사 랑 하 는 우 리 가 족
(다, 4) (라, 5) (마, 4) (마, 3) (다, 1) (가, 3) (가, 4) (나, 5)
91

대표문제

STEP 01 우물의 위치를 (글자, 숫자) 순서로 찾아봅니다.

01 나무의 위치를 (글자, 숫자) 순서로 찾아봅니다.

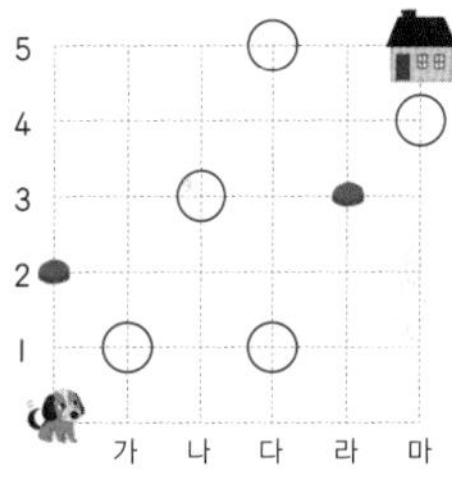

주의 다음과 같이 길을 찾을 수도 있지만 가장 짧은 길이 아니므로 정답이 될 수 없습니다.

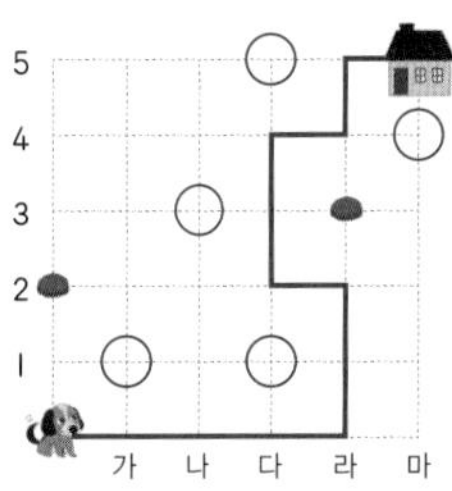

02 '사랑하는 우리 가족'을 순서대로 연결하면 하트 모양이 만들어집니다.

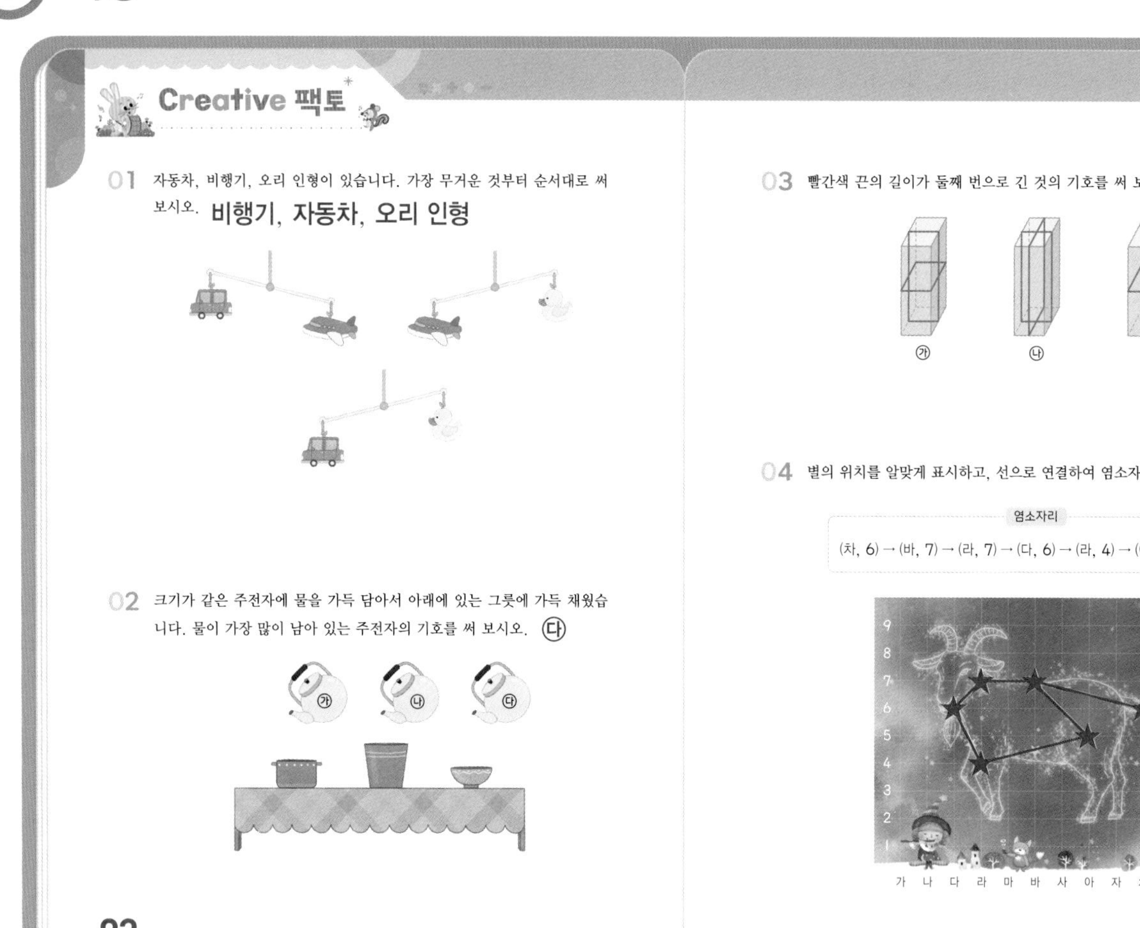

Creative 팩토
정답과 풀이 42쪽
01 자동차, 비행기, 오리 인형이 있습니다. 가장 무거운 것부터 순서대로 써 보시오. 비행기, 자동차, 오리 인형
02 크기가 같은 주전자에 물을 가득 담아서 아래에 있는 그릇에 가득 채웠습니다. 물이 가장 많이 남아 있는 주전자의 기호를 써 보시오. ㉰
03 빨간색 끈의 길이가 둘째 번으로 긴 것의 기호를 써 보시오. ㉰
04 별의 위치를 알맞게 표시하고, 선으로 연결하여 염소자리를 완성해 보시오.
염소자리
(차, 6) → (바, 7) → (라, 7) → (다, 6) → (라, 4) → (아, 5) → (바, 7)
92
93

01 비행기는 자동차보다 무겁고, 자동차는 오리 인형보다 무겁습니다.
따라서 무거운 순서는 비행기, 자동차, 오리 인형입니다.

02 가장 작은 그릇을 채우기 위해 필요한 물의 양이 가장 적으므로, ㉰ 주전자에 물이 가장 많이 남아 있습니다.

03 끈의 길이 중 가장 짧은 길이를 ①, 중간 길이를 ②, 가장 긴 길이를 ③으로 표시하면 다음과 같습니다.

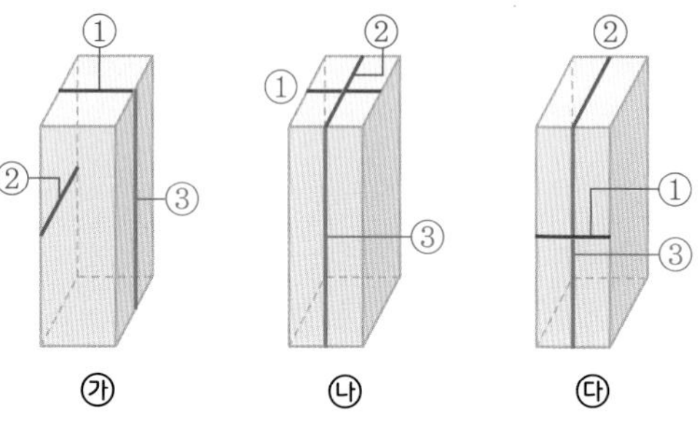

㉮는 ①이 4개, ②가 2개, ③이 2개이고,
㉯는 ①이 2개, ②가 2개, ③이 4개이고,
㉰는 ①이 2개, ②가 4개, ③이 2개입니다.
길이가 가장 긴 것부터 순서대로 쓰면
㉯, ㉰, ㉮이므로 둘째 번으로 긴 것은 ㉰입니다.

04 점의 위치를 찾아 표시하고, 점의 순서대로 선을 연결합니다.

Challenge 영재교육원

정답과 풀이 43쪽

01 다음은 여러 가지 과일의 무게를 비교한 것입니다.

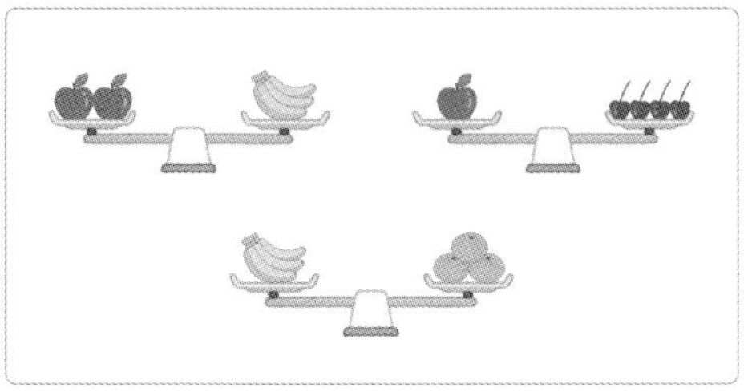

위의 그림을 이용하여 빈 곳에 알맞은 과일의 개수를 써 보시오.

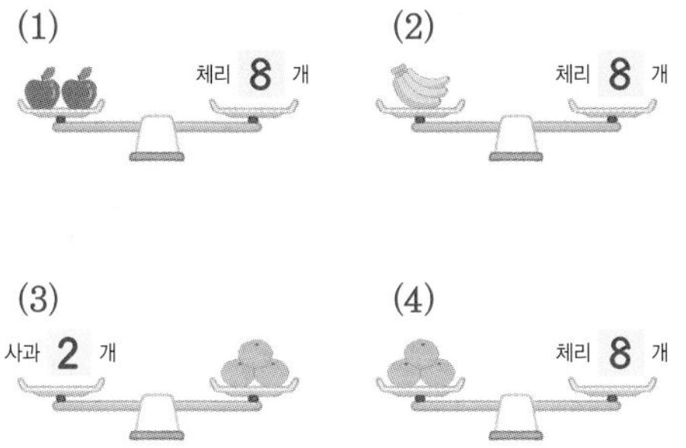

(1) 체리 8 개

(2) 체리 8 개

(3) 사과 2 개

(4) 체리 8 개

02 보기 는 길이가 3인 종이를 한 번 접어서 놓은 것입니다. 물음에 답해 보시오. 온라인 활동지

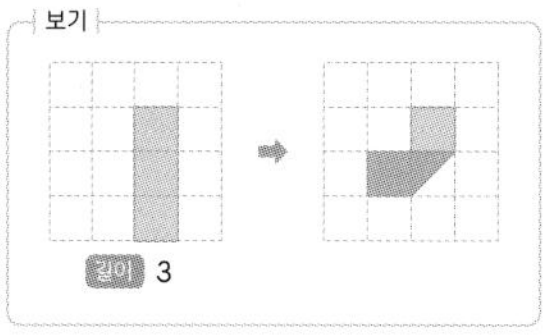

보기 길이 3

(1) 접은 모양의 종이를 폈을 때 종이의 길이를 안에 써넣으시오.

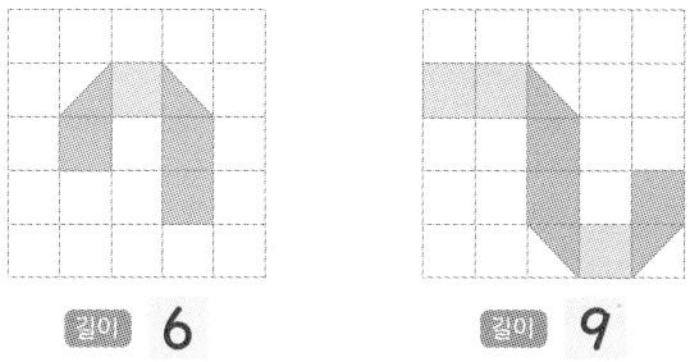

길이 6 길이 9

(2) 종이를 폈을 때 길이가 다른 종이 1개를 골라 기호를 써 보시오. ㉯

㉮ ㉯ ㉰

94 95

01

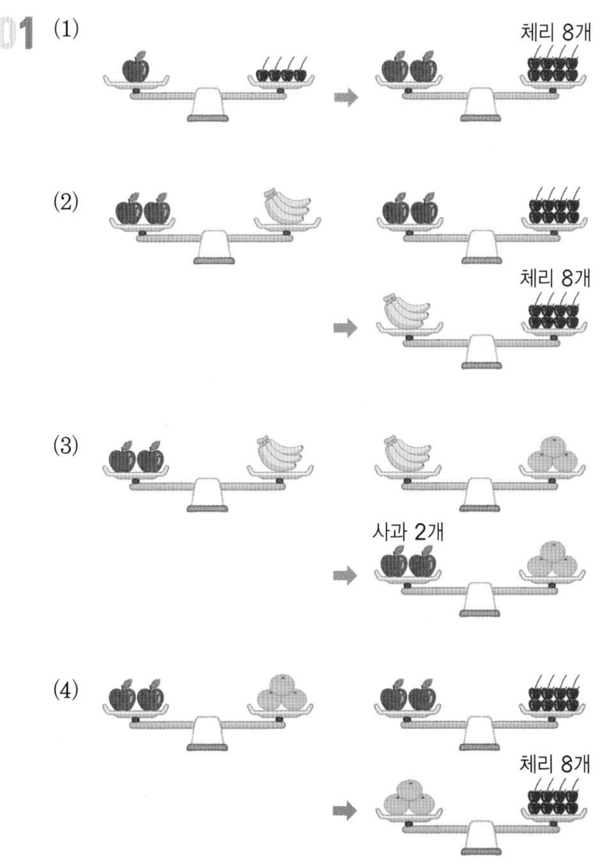

02 한 번 접힌 부분을 펼쳤을 때 길이는 □의 길이와 같으므로 □의 개수만큼 종이의 길이가 됩니다.

(1)

TIP (종이를 펼쳤을 때 모양)

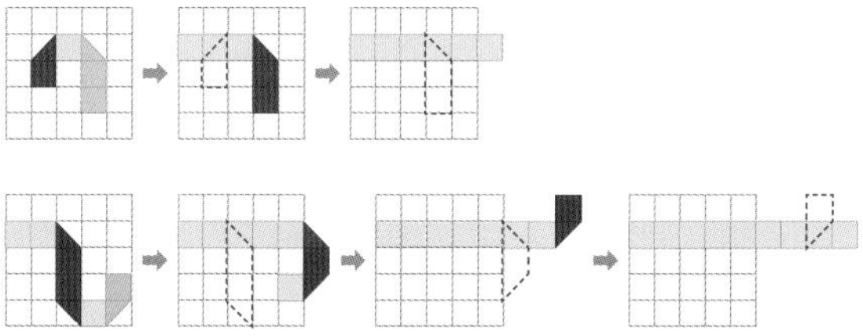

(2)

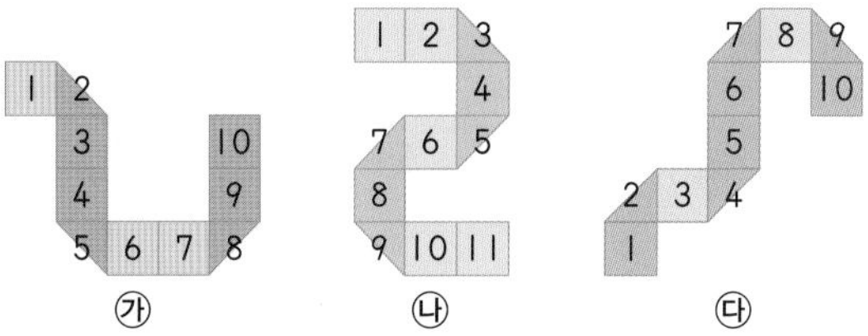

㉮ ㉯ ㉰

㉮는 10칸, ㉯는 11칸, ㉰는 10칸이므로 길이가 다른 종이는 ㉯입니다.

형성평가 수 영역

01 찢어진 달력에 있는 수의 개수와 숫자의 개수를 각각 세어 보시오.

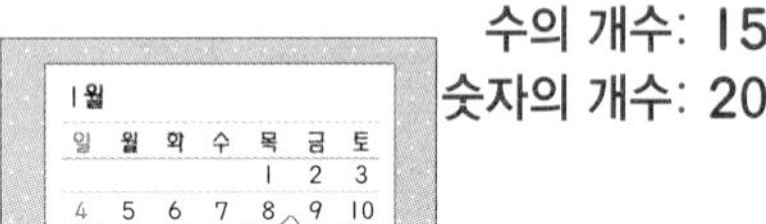

수의 개수: 15개
숫자의 개수: 20개

02 다음은 고대 그리스 수입니다. 안에 알맞은 고대 그리스 수를 써넣으시오.

ΔII + ΓIII = ΔΔ

2

03 숫자 0에서 막대 1개를 옮겨서 다른 숫자 2개를 만들어 보시오.

04 양면이 오른쪽과 같은 카드 2장이 있습니다. 카드 2장을 뒤집은 횟수의 합이 4번일 때, ? 에 알맞은 면은 그림면입니까? 숫자면입니까? 숫자면

3

01 1월에 적혀 있는 수의 개수는 1개, 1일부터 14일까지 수의 개수는 14개이므로 수의 개수는 모두 1+14=15(개)입니다.
1월에 적혀 있는 숫자의 개수는 1개, 1일부터 9일까지의 숫자의 개수는 9개, 10일부터 14일까지 숫자의 개수는 10개이므로 숫자의 개수는 모두 1+9+10=20(개)입니다.

TIP 수와 숫자의 개수를 셀 때 월에 적혀 있는 1을 빠뜨리지 않도록 주의합니다.

02 ΔII = Δ + II = 10+2=12
ΓIII = Γ+I+I+I=5+1+1+1=8
12+8=20 → ΔΔ

03

04 2 카드는 뒤집기 전과 뒤집은 후의 보이는 면이 다르므로 2 카드는 홀수 번 뒤집었습니다.
카드 2장을 뒤집은 횟수의 합이 4번이므로 그림 카드도 홀수 번 뒤집었습니다.
따라서 ? 에 알맞은 카드는 숫자면입니다.

형성평가 수 영역

05 1부터 20까지의 수 배열표가 있습니다. 숫자 1은 숫자 2보다 몇 개 더 많은지 구해 보시오. 9개

1	2	3	4	5	6	7	8	9	10
11	12	13	14	15	16	17	18	19	20

06 막대 6개를 모두 사용하여 만들 수 있는 디지털 두 자리 수 중 가장 작은 수를 써 보시오. 14

→ 14

4

07 9부터 16까지의 수를 더한 값은 짝수입니까? 홀수입니까? 짝수

9 + 10 + 11 + 12 + 13 + 14 + 15 + 16

08 4장의 숫자 카드 중 2장을 사용하여 만들 수 있는 두 자리 수 중에서 둘째 번으로 작은 수를 구해 보시오. 16

5

05 숫자 1은 다음과 같이 있으므로 12개입니다.

①	2	3	4	5	6	7	8	9	①0
①①	①2	①3	①4	①5	①6	①7	①8	①9	20

숫자 2는 다음과 같이 있으므로 3개입니다.

1	②	3	4	5	6	7	8	9	10
11	1②	13	14	15	16	17	18	19	②0

따라서 숫자 1은 숫자 2보다 12－3＝9(개) 더 많습니다.

06 가장 작은 두 자리 수인 10부터 만들어 가면서 필요한 막대 수를 확인합니다.

→ 8개

→ 4개

→ 7개

→ 7개

 …
→ 6개

07 9＋11＋13＋15는 홀수를 짝수 번 더한 것이므로 짝수입니다.
10＋12＋14＋16은 짝수를 짝수 번 더한 것이므로 짝수입니다.
짝수와 짝수를 더하면 짝수입니다.

08 만들 수 있는 가장 작은 수부터 써 보면 13, 16, 19…입니다.
따라서 둘째 번으로 작은 수는 16입니다.

형성평가 수 영역

09 다음 조건 에 맞는 수를 찾아 써 보시오. 28

조건
① 25보다 큰 두 자리 수입니다.
② 35보다 작은 두 자리 수입니다.
③ 십의 자리 수와 일의 자리 수의 합은 10입니다.

10 막대를 사용하여 만든 디지털 수 97에서 막대 1개를 빼서 만들 수 있는 수 중 가장 작은 수를 만들어 보시오.

97 → 1개 빼기 → 37

수고하셨습니다!

6

정답과 풀이 44쪽

09 25보다 크고 35보다 작은 두 자리 수는 26, 27, 28…, 34입니다.
그중에서 십의 자리 수와 일의 자리 수의 합이 10인 수는 28입니다.

10 97 → 1개 빼기 → 37

형성평가 퍼즐 영역

01 노노그램의 규칙에 따라 빈칸을 알맞게 색칠해 보시오.

규칙
① 위에 있는 수는 세로줄에 연속하여 색칠된 칸의 수를 나타냅니다.
② 왼쪽에 있는 수는 가로줄에 연속하여 색칠된 칸의 수를 나타냅니다.

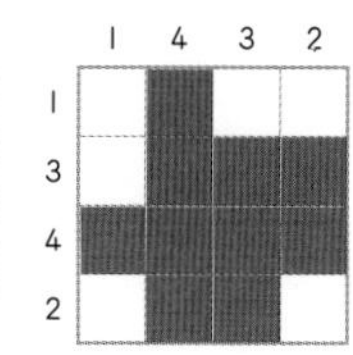

02 노노그램 미로의 규칙에 따라 강아지가 음식이 있는 곳까지 가는 길을 그려 보시오.

규칙
① 위와 왼쪽에 있는 수는 강아지가 각 줄에 지나가야 하는 방의 개수를 나타냅니다.
② 한 번 지나간 방은 다시 지나갈 수 없습니다.

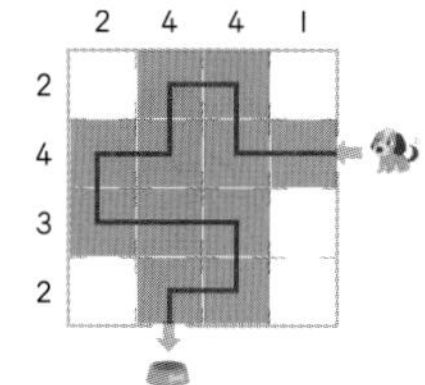

8

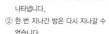

03 거울 연결 퍼즐의 규칙에 따라 친구와 과일을 찾아 선으로 연결해 보시오.

규칙
① 친구와 과일을 1개씩만 연결해야 합니다.
② 모든 칸을 지나가야 합니다.
③ 각 칸은 한 번씩만 지나가야 합니다.
④ 거울을 만나면 방향이 바뀝니다.

04 스도쿠의 규칙에 따라 빈칸에 알맞은 수를 써넣으시오.

규칙
① 가로줄의 각 칸에 주어진 수가 한 번씩만 들어갑니다.
② 세로줄의 각 칸에 주어진 수가 한 번씩만 들어갑니다.

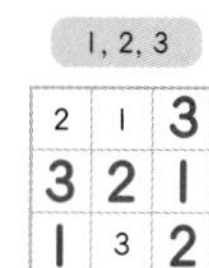

9

---

01 전략 순서에 따라 반드시 채워야 하는 칸부터 색칠하고, 색칠하지 않아야 하는 칸에는 ×표 해 가며 퍼즐을 해결합니다.

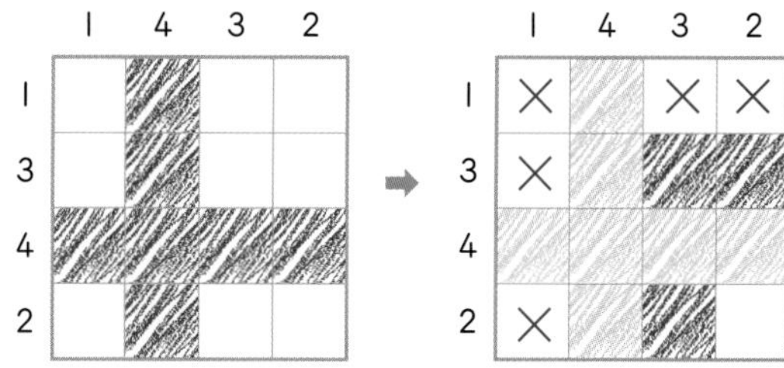

02

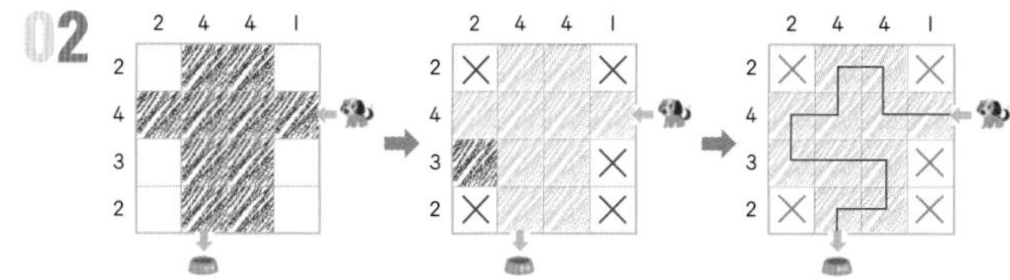

03 친구 또는 과일을 시작점으로 규칙에 따라 가로 또는 세로 방향으로 선을 그어 친구와 과일을 연결합니다.

04 각 줄에서 1부터 3까지 수 중 빠진 수를 찾아 써넣습니다.

2	1	3
	2	
	3	

➡

2	1	3
3	2	1
1	3	2

형성평가 퍼즐 영역

05 거울 퍼즐의 규칙에 따라 손전등에서 나온 빛이 지나는 길을 그리고, 빛이 지나는 점의 개수의 차를 구해 보시오.

규칙
① 빛은 손전등의 방향에 따라 가로 또는 세로로 비춥니다.
② 빛은 거울을 만나면 방향을 바꿉니다.

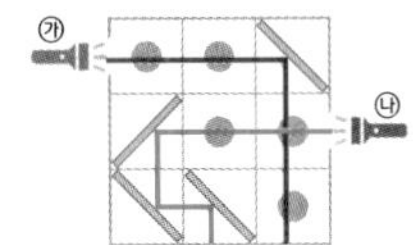

➡ ㉮ 손전등에서 나온 빛이 2 개 더 많이 지납니다.

06 캔캔 퍼즐의 규칙에 따라 빈칸에 알맞은 수를 써넣으시오.

규칙
① 작은 수는 굵은 선으로 둘러싸인 블록 안에 들어갈 수들의 합을 나타냅니다.
② 가로줄과 세로줄의 각 칸에 1부터 3까지의 수가 한 번씩만 들어갑니다.

3	2	1
1	3	2
2	1	3

07 스도쿠의 규칙에 따라 빈칸에 알맞은 수를 써넣으시오.

규칙
① 가로줄의 각 칸에 주어진 수가 한 번씩만 들어갑니다.
② 세로줄의 각 칸에 주어진 수가 한 번씩만 들어갑니다.

1, 2, 3, 4

2	1	3	4
1	3	4	2
4	2	1	3
3	4	2	1

08 4개 금지 퍼즐의 규칙에 따라 빈칸에 ○, ×를 알맞게 그려 보시오.

규칙
① 가로줄, 세로줄에 ○ 또는 ×가 연속하여 4개가 되면 안됩니다.
② 모든 대각선줄에 ○ 또는 ×는 연속하여 4개가 되면 안됩니다.

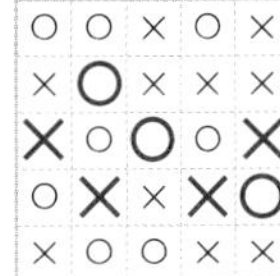

○	○	×	○	×
×	○	×	×	×
×	○	○	○	×
○	×	×	×	○
×	○	○	×	×

10 11

05 손전등의 방향을 따라 선을 그리다가 거울을 만나면 방향을 바꾸어 그립니다.

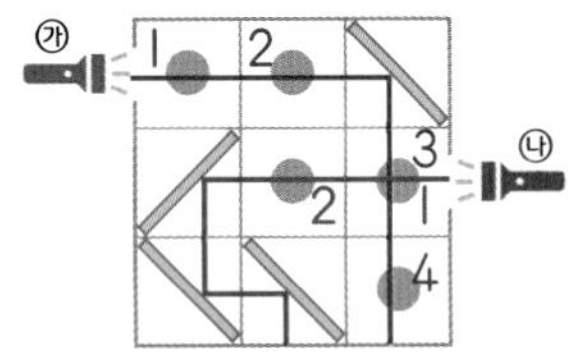

➡ ㉮ 손전등에서 나온 빛이 2개 더 많이 지납니다.

06

➡
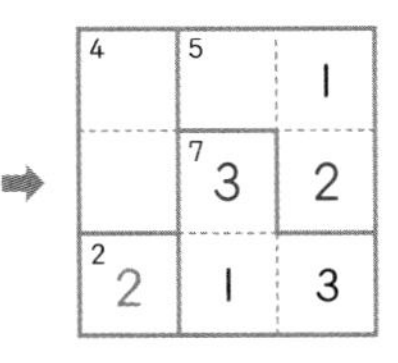
➡
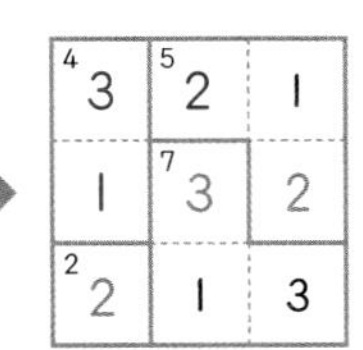

07 각 줄에서 1부터 4까지 수 중 빠진 수를 찾아 써넣습니다.

2		3	4
1	3	4	2
4	2	1	
3		2	

➡

2	1	3	4
1	3	4	2
4	2	1	3
3	4	2	1

08 가로줄, 세로줄, 대각선줄에 ○, ×가 연속하여 3개인 곳을 찾아 4개가 되지 않도록 빈칸에 ○ 또는 ×를 그립니다.

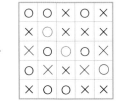

○	○	×	○	×
×	○	×	×	×
	○	○	○	
○		×		
×	○	○	×	×

➡

○	○	×	○	×
×	○	×	×	×
×	○	○	○	×
○	×	×	×	○
×	○	○	×	×

형성평가 퍼즐 영역

09 틱택 로직의 규칙 에 따라 빈칸에 ○, ×를 알맞게 그려 보시오.

규칙
① 가로줄, 세로줄에 있는 ○의 수와 ×의 수는 서로 같습니다.
② 각 줄에서 ○ 또는 ×는 연속하여 2개까지만 그릴 수 있습니다.

○	○	×	×	○	×
×	×	○	○	×	○
○	×	○	○	×	×
○	○	×	×	○	×
×	○	×	○	×	○
×	×	○	×	○	○

10 거울 연결 퍼즐의 규칙 에 따라 친구와 색 구슬을 찾아 선으로 연결해 보시오.

규칙
① 친구와 색 구슬을 1개씩만 연결해야 합니다.
② 모든 칸을 지나가야 합니다.
③ 각 칸은 한 번씩만 지나가야 합니다.
④ 거울을 만나면 방향이 바뀝니다.

수고하셨습니다!

12

정답과 풀이 47쪽

09 ○, ×가 많이 있는 줄부터 규칙을 따라 빈칸에 ○ 또는 ×를 그립니다.

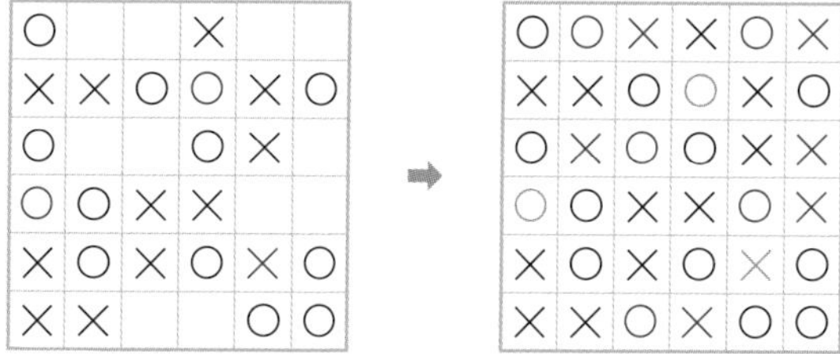

○			×		
×	×	○	○	×	○
○			○	×	
○	○	×	×		
×	○	×	○	×	○
×	×			○	○

➡

○	○	×	×	○	×
×	×	○	○	×	○
○	×	○	○	×	×
○	○	×	×	○	×
×	○	×	○	×	○
×	×	○	×	○	○

10 친구 또는 구슬을 시작점으로 규칙에 따라 가로 또는 세로 방향으로 선을 그어 친구와 구슬을 연결합니다.

평가

01 키가 둘째 번으로 큰 고양이가 서 있는 곳을 찾아 기호를 써 보시오. ㉰

02 먹이를 먹으러 가는 길이 가장 긴 동물의 이름을 찾아 써 보시오. 강아지

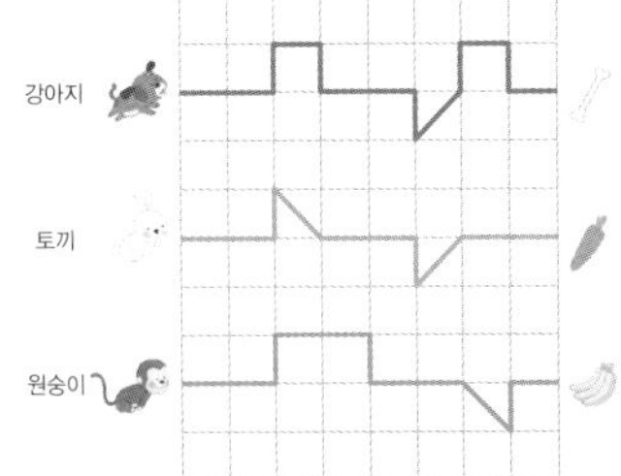

03 가장 가벼운 구슬부터 순서대로 기호를 써 보시오. ㉯, ㉮, ㉰

㉮ ㉯㉯ ㉰ ㉮㉯

04 ㉮, ㉯, ㉰ 중에서 가장 큰 컵을 찾아 기호를 써 보시오. ㉰

- ㉯ 컵에 물을 가득 담아 ㉮ 컵에 부으면 물이 넘칩니다.
- ㉯ 컵에 물을 가득 담아 ㉰ 컵에 부으면 반만 찹니다.

01 뒤쪽의 크기가 다른 칸에 수를 표시합니다. 같은 크기의 칸을 하나씩 지우고 남은 칸의 크기를 비교합니다.

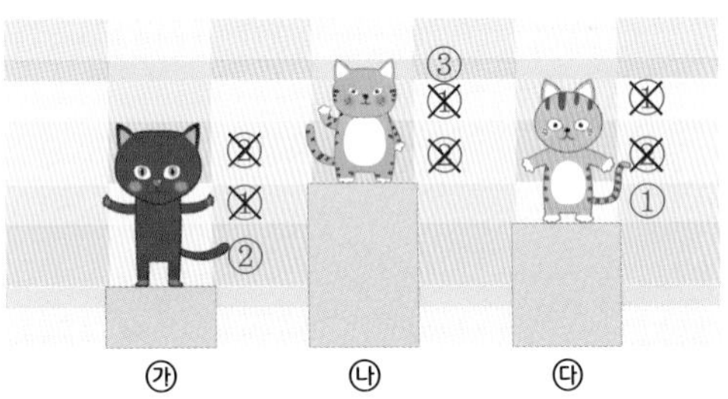

㉮는 ②가 남고, ㉯는 ③이 남고, ㉰는 ①이 남았으므로 둘째 번으로 큰 고양이는 ㉰입니다.

02 같은 길이의 길을 하나씩 지우고, 남은 길의 개수를 비교합니다.

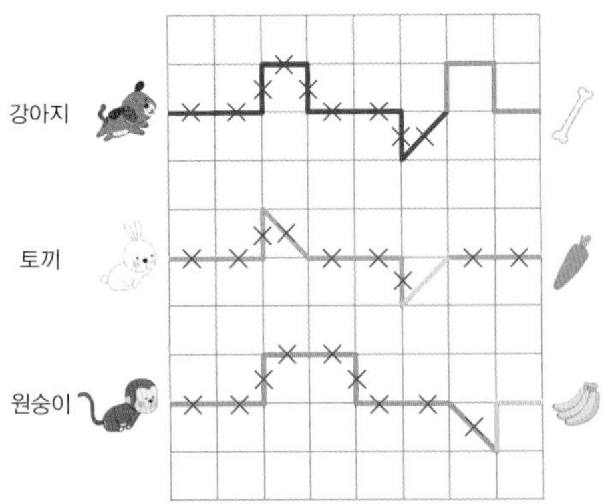

따라서 강아지가 남은 길의 개수가 가장 많으므로 먹이를 먹으러 가는 길이 가장 긴 동물은 강아지입니다.

03 ㉮ 구슬 1개의 무게는 ㉯ 구슬 2개의 무게와 같습니다.
㉰ 구슬 1개의 무게는 ㉮와 ㉯ 구슬의 무게를 더한 것과 같으므로 ㉯ 구슬 3개의 무게와 같습니다.
따라서 가장 가벼운 구슬은 ㉯ 구슬이고, 가장 무거운 구슬은 ㉰ 구슬입니다.

04 ㉮ 컵은 ㉯ 컵보다 더 작습니다.
㉰ 컵은 ㉯ 컵보다 더 큽니다.
따라서 가장 큰 컵은 ㉰ 컵입니다.

형성평가 측정 영역

05 (라, 3)에 있는 동물의 이름을 써 보시오. 원숭이

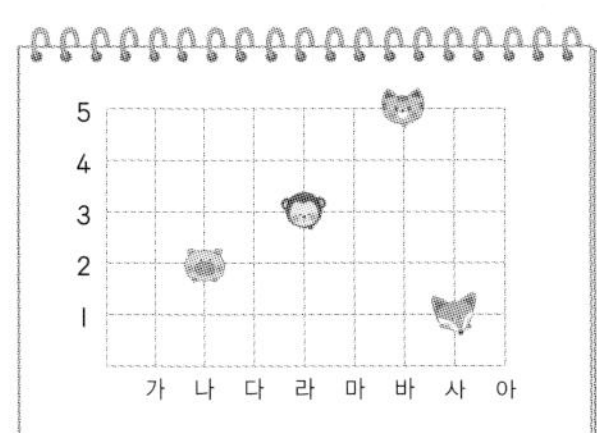

06 셋째 번으로 긴 물고기를 찾아 기호를 써 보시오. ㉰

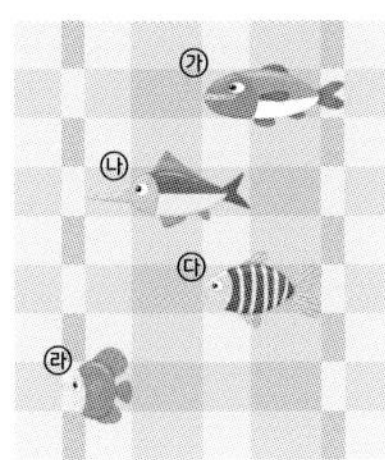

07 세 항아리 중 가장 무거운 것을 찾아 기호를 써 보시오. ㉯

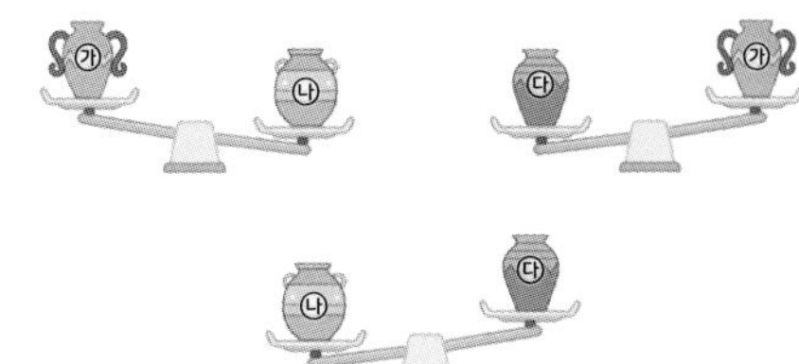

08 그릇 ㉮의 물이 넘치려면 적어도 몇 개의 구슬을 넣어야 하는지 구해 보시오. 4개

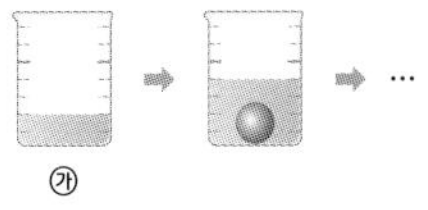

16 17

05 (글자, 숫자) 순서로 위치를 찾아봅니다.

06

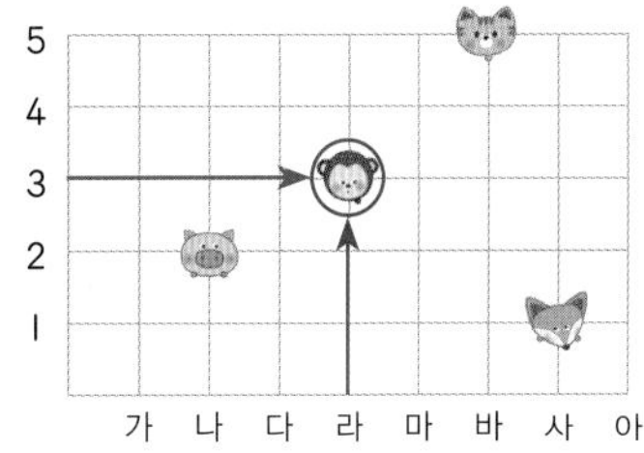

㉮는 ①, ②, ③이고, ㉯는 ①, ②, ①이고, ㉰는 ①, ②이고, ㉱는 ①, ③입니다.
따라서 셋째 번으로 긴 물고기는 ㉰입니다.

07 ㉮는 ㉯와 ㉰보다 가벼우므로 가장 가볍습니다.
㉯와 ㉰ 중에서 더 무거운 것은 ㉯이므로 가장 무거운 것은 ㉯입니다.

08 구슬 1개를 넣으면 물의 높이가 2칸 올라갑니다.
그릇 ㉮에서 물이 넘치려면 눈금이 7칸 올라가야 합니다.
구슬 4개를 넣으면 눈금이 8칸 올라갈 것이므로 물이 넘치게 됩니다.

형성평가 측정 영역

09 바위의 위치를 찾아 ○표 하고, 다람쥐가 물 웅덩이와 바위를 피해 도토리까지 가는 가장 짧은 길을 그려 보시오.

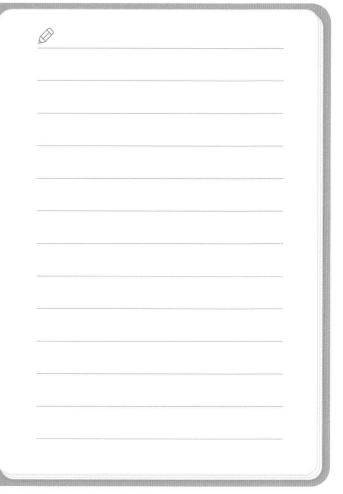

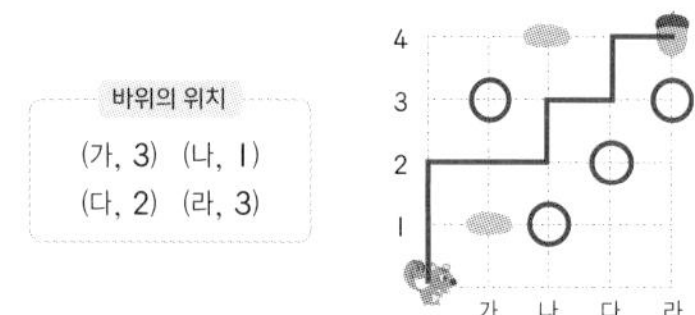

10 상자를 묶은 끈의 길이가 가장 긴 것의 기호를 써 보시오. ㉮

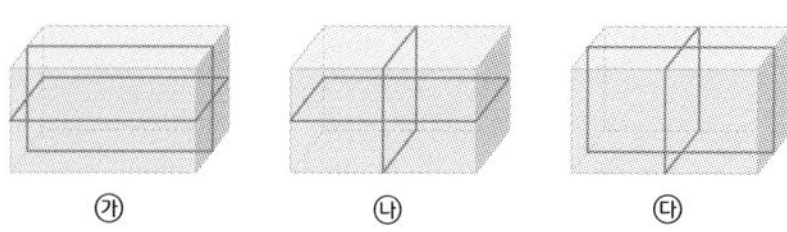

수고하셨습니다!

정답과 풀이 50쪽

09 먼저 바위를 표시한 다음, 길을 그려 봅니다.

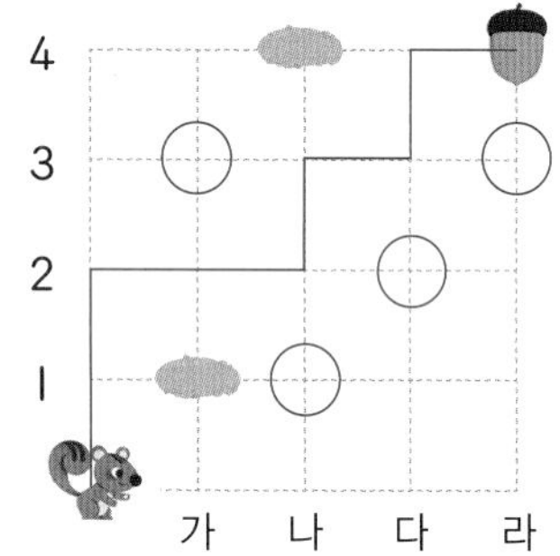

10 가장 짧은 길이는 ①, 가장 긴 길이는 ②, 중간 길이는 ③으로 표시하면 다음과 같습니다.

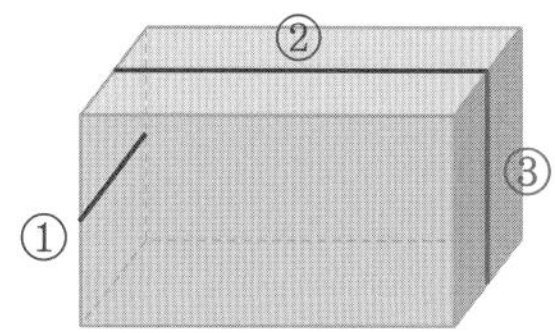

㉮는 ①이 2개, ②가 4개, ③이 2개이고,
㉯는 ①이 4개, ②가 2개, ③이 2개이고,
㉰는 ①이 2개, ②가 2개, ③이 4개입니다.
따라서 길이가 가장 긴 것을 찾으면 ㉮입니다.

총괄평가

Lv.1 기본 A

01 수와 숫자를 구분하여 각각의 개수를 세어 보시오.

8, 22, 16, 7, 37, 9

수의 개수: 6 개

숫자의 개수: 9 개

02 막대 5개를 모두 사용하여 만들 수 있는 디지털 숫자 3개를 찾아 써 보시오.

→ 2, 3, 5

03 동전 2개를 뒤집은 횟수의 합이 7번일 때, ?에 알맞은 모양을 찾아 ○표 하시오.

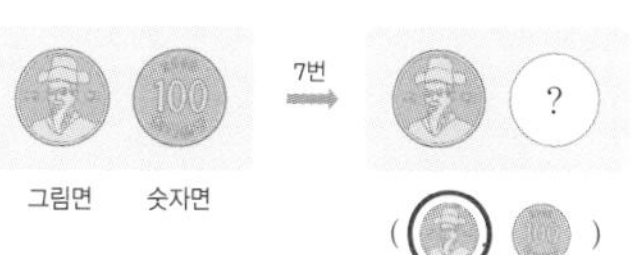

04 거울 퍼즐의 규칙에 따라 손전등에서 나온 빛이 지나는 길을 그리고, 빛이 지나는 점의 개수의 차를 구해 보시오.

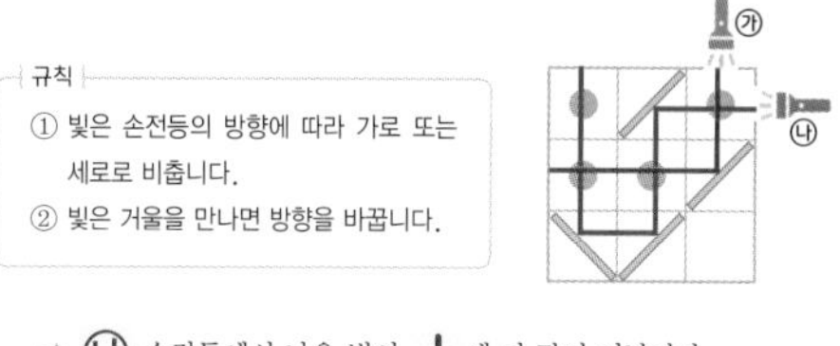

규칙
① 빛은 손전등의 방향에 따라 가로 또는 세로로 비춥니다.
② 빛은 거울을 만나면 방향을 바꿉니다.
㉮
㉯

➡ ㉯ 손전등에서 나온 빛이 1 개 더 많이 지납니다.

20 21

01 수는 8, 22, 16, 7, 37, 9 ➡ 6개
숫자는 8, 2, 2, 1, 6, 7, 3, 7, 9 ➡ 9개

02 디지털 숫자를 쓰고, 필요한 막대의 수를 세어 5개가 되는 것을 찾습니다.

03 그림면인 동전은 뒤집은 후에도 그림면이므로 짝수 번 뒤집었습니다.
7에서 짝수를 빼면 홀수가 되므로 숫자면인 동전은 홀수 번 뒤집게 됩니다.
따라서 ?에 알맞은 모양은 그림면이 됩니다.

04

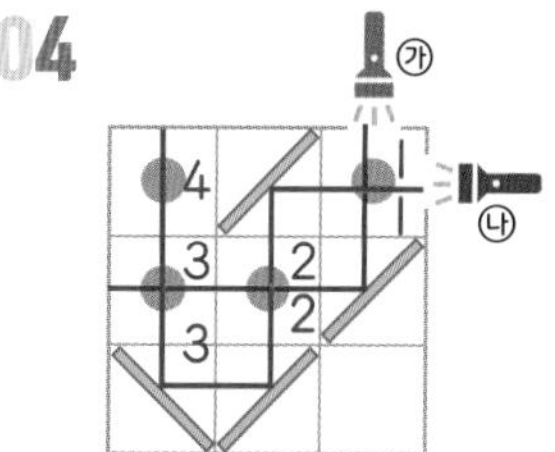

➡ ㉯ 손전등에서 나온 빛이 1개 더 많이 지납니다.

총괄평가 I

Lv.1 기본 A

05 스도쿠의 규칙 에 따라 빈칸에 알맞은 수를 써넣으시오.

규칙
① 가로줄의 각 칸에 주어진 수가 한 번씩만 들어갑니다.
② 세로줄의 각 칸에 주어진 수가 한 번씩만 들어갑니다.

1, 2, 3

2	3	1
1	2	3
3	1	2

06 틱택 로직의 규칙 에 따라 빈칸에 ○, ×를 알맞게 그려 보시오.

규칙
① 가로줄, 세로줄에 있는 ○의 수와 ×의 수는 서로 같습니다.
② 각 줄에서 ○ 또는 ×는 연속하여 2개까지만 그릴 수 있습니다.

22

07 길이가 가장 긴 것부터 순서대로 기호를 써 보시오. ㉯, ㉰, ㉮

㉮
㉯
㉰

08 바나나, 딸기, 방울토마토 중에서 1개의 무게가 가장 무거운 과일과 가장 가벼운 과일의 이름을 써 보시오.

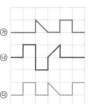

• 가장 무거운 과일: 바나나
• 가장 가벼운 과일: 방울토마토

23

05

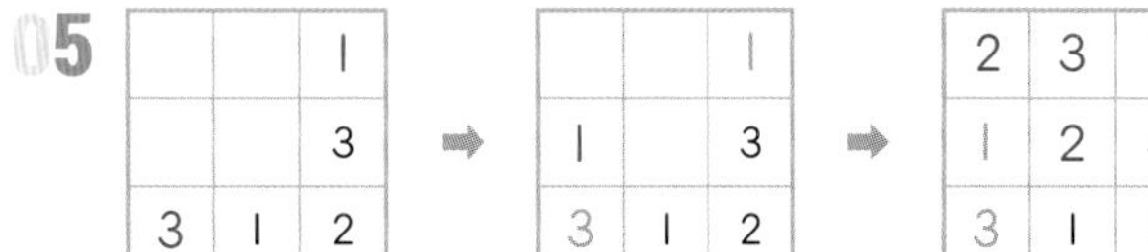

06

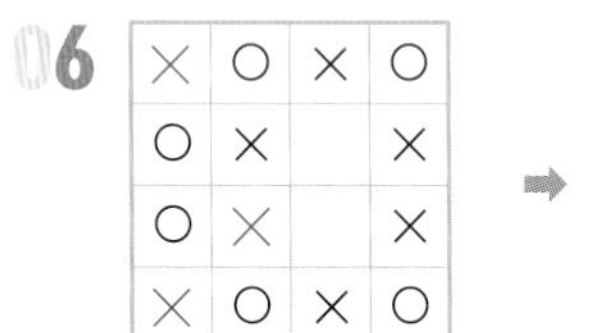

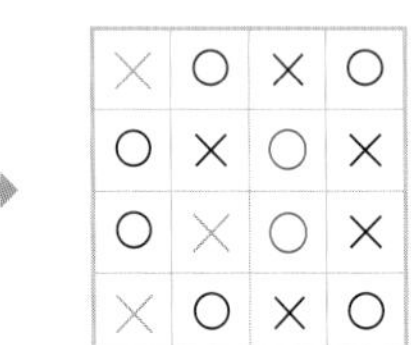

07

㉮
㉯
㉰

따라서 길이가 가장 긴 것은 ㉯이고, 가장 짧은 것은 ㉮입니다.

08 바나나 1개의 무게는 딸기 4개의 무게와 같고, 방울토마토 6개의 무게와 같으므로 바나나가 가장 무겁고, 방울토마토가 가장 가볍습니다.

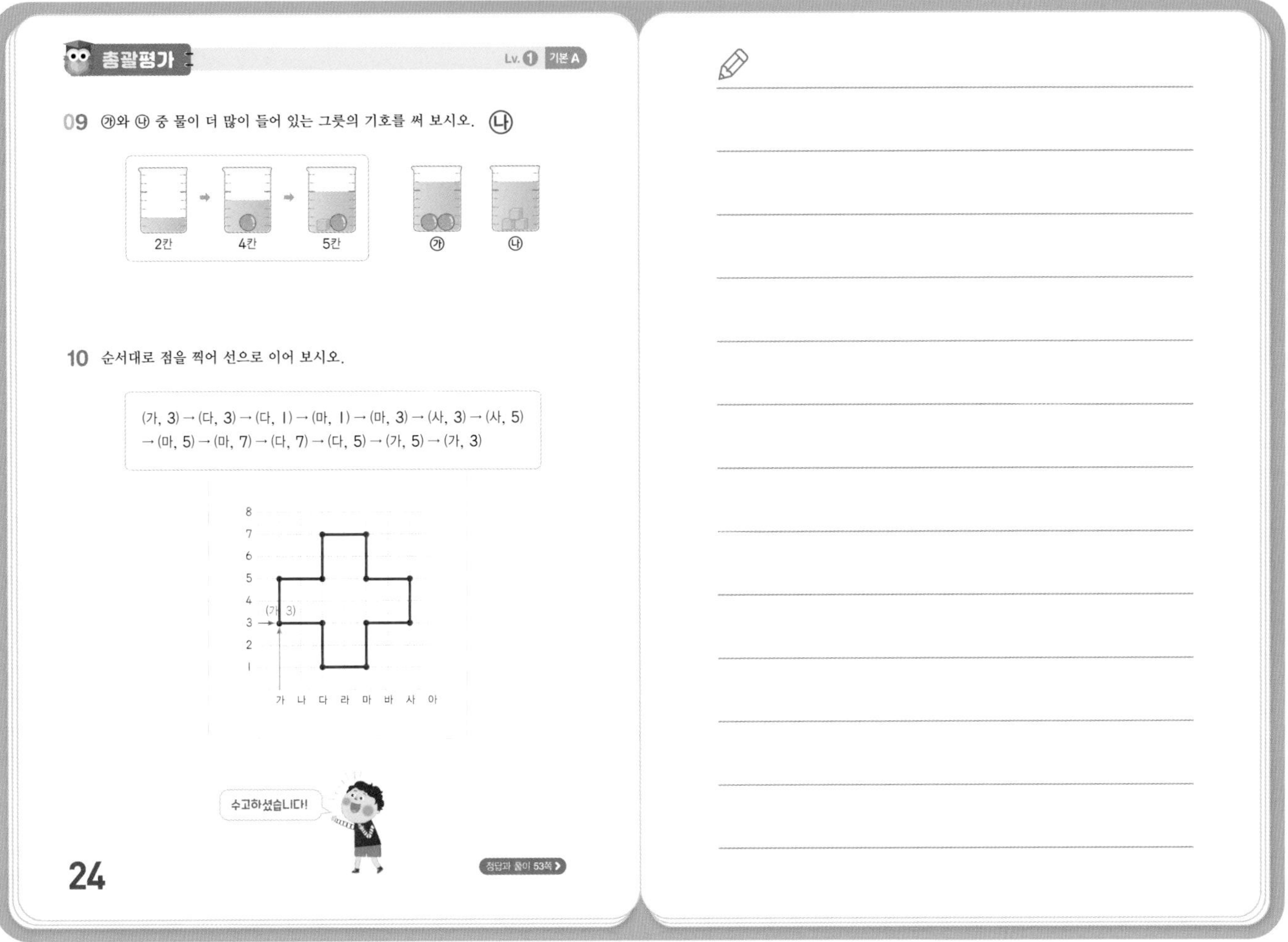

총괄평가 Lv.1 기본 A

09 ㉮와 ㉯ 중 물이 더 많이 들어 있는 그릇의 기호를 써 보시오. ㉯

2칸 → 4칸 → 5칸 ㉮ ㉯

10 순서대로 점을 찍어 선으로 이어 보시오.

(가, 3) → (다, 3) → (다, 1) → (마, 1) → (마, 3) → (사, 3) → (사, 5) → (마, 5) → (마, 7) → (다, 7) → (다, 5) → (가, 5) → (가, 3)

24

정답과 풀이 53쪽

09 구슬 1개를 넣으면 눈금 2칸이 높아집니다.
블록 1개를 넣으면 눈금 1칸이 높아집니다.
㉮에서 구슬 2개를 꺼내면 눈금 4칸이 낮아지므로 2칸이 됩니다.
㉯에서 블록 3개를 꺼내면 눈금 3칸이 낮아지므로 3칸이 됩니다.
따라서 물이 더 많이 들어 있는 그릇은 ㉯입니다.

10 순서대로 연결하면 모양이 만들어집니다.

MEMO

창의사고력
초등수학

팩토

팩토는 자유롭게 자신감있게 창의적으로
생각하는 주·니·어·수·학·자입니다.

Free Active Creative Thinking O. Junior mathtian

논리적 사고력과 창의적 문제해결력을 키워 주는

매스티안 교재 활용법!

대상	창의사고력 교재		연산 교재
	팩토슐레 시리즈	팩토 시리즈	원리 연산 소마셈
4~5세	 팩토슐레 Math Lv.1 (6권)		
5~6세	 팩토슐레 Math Lv.2 (6권)		
6~7세	 팩토슐레 Math Lv.3 (6권)	 팩토 킨더 A  / 팩토 킨더 B  / 팩토 킨더 C  / 팩토 킨더 D	 소마셈 K시리즈 K1~K8
7세~초1		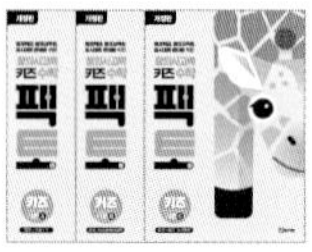 팩토 키즈 기본 A, B, C 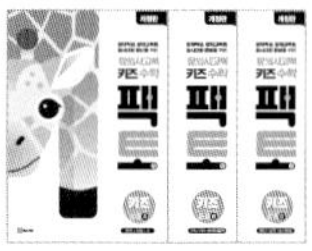 / 팩토 키즈 응용 A, B, C	 소마셈 P시리즈 P1~P8
초1~2		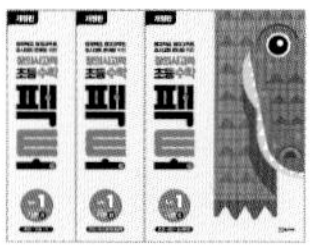 팩토 Lv.1 기본 A, B, C 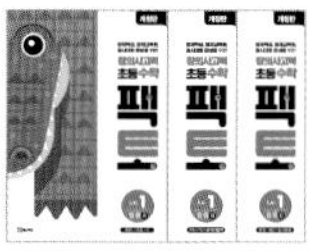 / 팩토 Lv.1 응용 A, B, C	 소마셈 A시리즈 A1~A8
초2~3		 팩토 Lv.2 기본 A, B, C 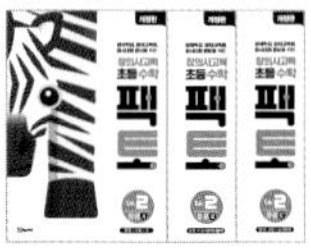 / 팩토 Lv.2 응용 A, B, C	 소마셈 B시리즈 B1~B8
초3~4		 팩토 Lv.3 기본 A, B, C 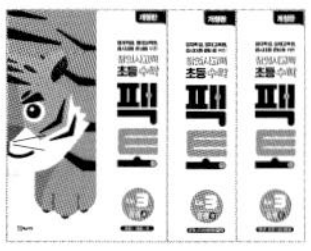 / 팩토 Lv.3 응용 A, B, C	 소마셈 C시리즈 C1~C8
초4~5		 팩토 Lv.4 기본 A, B  / 팩토 Lv.4 응용 A, B	 소마셈 D시리즈 D1~D6
초5~6		 팩토 Lv.5 기본 A, B  / 팩토 Lv.5 응용 A, B	
초6~		 팩토 Lv.6 기본 A, B  / 팩토 Lv.6 응용 A, B	